食品机械设备维修与保养

邱礼平　主　编

龙　秀　副主编

化学工业出版社

·北京·

本书是为有志于从事食品加工事业的读者编写的，针对目前食品加工企业普遍使用的机械及常出现的故障，运用通俗语言详解各类食品加工生产线及加工设备，重点描述常用食品机械设备使用保养及简单维修知识。全书共分为十一章，分别是：绪论，典型食品加工生产线，食品输送机械设备，食品清理和筛分机械设备，切割、破碎机械设备，食品分离机械设备，混合机械设备，杀菌机械设备，浓缩、干燥机械设备，食品包装机械设备，机械制图原理。每章后都有思考题，旨在培养读者学习探索能力及总结能力。

　　本书可作为职业教育食品类专业教材，也可作为各类食品公司岗前培训教材。

图书在版编目（CIP）数据

　　食品机械设备维修与保养/邱礼平主编． —北京：
化学工业出版社，2010.10（2022.3 重印）
　　ISBN 978-7-122-09361-5

　　Ⅰ．食…　Ⅱ．邱…　Ⅲ．①食品加工设备-维修
②食品加工设备-保养　Ⅳ．TS203

　　中国版本图书馆 CIP 数据核字（2010）第 164607 号

责任编辑：张　彦	文字编辑：李　玥
责任校对：战河红	装帧设计：杨　北

出版发行：化学工业出版社（北京市东城区青年湖南街 13 号　邮政编码 100011）
印　　装：北京科印技术咨询服务有限公司数码印刷分部
720mm×1000mm　1/16　印张 16¼　字数 342 千字　2022 年 3 月北京第 1 版第 5 次印刷

购书咨询：010-64518888　　　　　　　售后服务：010-64518899
网　　址：http://www.cip.com.cn
凡购买本书，如有缺损质量问题，本社销售中心负责调换。

定　　价：68.00 元　　　　　　　　　　　　　　　　版权所有　违者必究

前　言

随着人民生活水平的提高，人们对食品的要求也越来越高，希望得到品种多样、安全的食品。安全、多样的食品离不开食品加工业的发展，而食品加工业的发展又离不开食品机械的发展。目前，我国的食品加工业比较发达，食品生产企业较多，但规模较小，产值超亿元的企业占食品企业总数比例小。食品的生产离不开食品机械，由于各种原因，食品在加工过程中出现的食品机械故障问题不少。而由于成本及人才的原因，食品加工企业往往缺少食品机械修理工。因此，当食品加工过程中出现机械故障时，企业无法及时对故障机械进行修理，严重影响生产效率。据了解，食品加工企业出现的机械故障绝大部分是简单的机械故障，如果食品加工企业的工人稍加学习就可对故障机械进行维修。

本教材是专为有志于从事食品加工事业的读者编写的，在内容编排上充分考虑了初学者的认知规律和心理特点，针对目前食品加工企业普遍使用的机械及常出现的故障，以食品机械知识为基础，以食品加工工序为主线，运用通俗语言详解各类食品加工生产线及加工设备，重点描述常用食品机械设备使用保养及简单维修知识，力求做到知识性与实用性相结合，通过各种方式激发读者兴趣。每章都有思考题，旨在培养读者学习探索能力及总结能力。本书可作为职业教育食品类专业教材，也可作为各类食品公司岗前培训教材。

本书由邱礼平担任主编，龙秀担任副主编。其中，第一章由邱礼平编写，第二、四、八、十章由河北省廊坊市食品工程学校李政编写，第六、七、十一章由广东省食品药品职业技术学校方召编写，第三章及第九章由广东省食品药品职业技术学校龙秀编写，第五章由广东省食品药品职业技术学校汪园编写，广东省绿色食品办公室马细兰参与了第二章第一、二节和第十章第一节的编写。

由于编者水平有限，书中难免存在不当之处，敬请读者批评指正。

编　者
2010 年 5 月

目　　录

第一章 绪 论

食品机械是食品科学与工程专业的重要内容之一，它和食品工艺紧密联系在一起，是食品企业的灵魂。食品机械的现代化程度是衡量一个国家食品工业发展水平的重要标志。食品机械工业的技术进步为食品制造业和食品加工业的快速发展，提供了重要的条件保障。而食品工业的不断发展又给食品制造业提出了一个个新的课题，要求其不断创新、不断发展与完善。因此，食品工业的发展反过来又促进了食品机械制造业的发展。

食品机械制造业是直接为食品工业服务的行业。食品机械作为装备工业领域的一部分，往往被人们所忽略。随着人们生活水平的提高，人们对食品多样化及食品安全的要求越来越高，食品机械逐渐得到人们的重视。经过 50 多年的发展，我国食品机械行业从无到有、从低端到高端、从单机到成套设备，取得了令人瞩目的成绩。

但在 30 年前，中国的食品加工业还非常落后，主要的原因就是缺乏食品机械工业的有力支持。30 年前，中国食品大多是作坊式的生产，仅有和面及焙烤使用了一些简单的机械，就连每班生产 3 万包的方便面设备都不能制造，每班生产 6000 瓶的汽水设备还需要进口。而当时北京糕点二厂全部使用的是进口设备，生产的产品现在看也是一些极普通的产品，且主要服务对象局限于特供及外宾。1981 年，全国食品和包装机械总产值仅 18 亿元人民币，最大的饼干设备幅宽才 560mm，包装机械仅能满足 5000t/年的啤酒灌装，并且是人工贴标，牙膏包装、清凉油包装都是"技术革新"产品。

我国食品加工整个行业真正的转变是从民营企业的大量涌入开始的。自 1981 年开始，以江苏地区为代表的乡镇企业，以广东地区为代表的民营企业如雨后春笋般涌现，在食品和包装机械领域很快形成国营、乡镇、民营企业三足鼎立的局面，新产品不断涌现，新企业茁壮成长。在这种形式下，1981 年中国包装技术协会包装机械委员会成立，包装机械纳入了国家计划范畴。1989 年又成立了中国食品工业协会食品机械专业分会，1994 年将两协会合并成立中国食品和包装机械工业协会。在协会的有力扶持下，行业得到了飞速的发展，食品和包装机械由测绘仿制为主向自主创新转变，由单机向成套设备供货转变，生产线的概念已初步形成，市场上已少有裸装食品出售，食品作坊数量锐减。现在，全国年销售额 500 万元以上的食品生产企业已经实现机械化或自动化生产和包装，其使用的装备基本上都是国内制造。进入 21 世纪，我国的食品和包装机械已由简单生产线向自动化生产线发展，其单线的生产规模也在不断提升，如啤酒灌装线已达到 50000 瓶/h，从卸箱开始，洗箱、洗瓶、灌装、压盖、杀菌、贴标，直到装箱下线，基本上不用人工操作，有些饮料生产车间基本上做

1

到无人化管理，饼干、糕点、糖果等生产线直至包装成成品都达到了自动化。

自 1995 年以后，食品和包装机械行业始终保持着每年 15% 以上的增长速度。尤其是近几年来，每年均保持 30% 以上的增长速度，出口创汇额也屡创新高，创造了辉煌的业绩。中国食品工业近几年的高速发展带动了食品机械年均增速超过 20%。2007 年，中国食品工业总产值超过 31000 亿元，相应的食品机械销售总额为 519 亿元。尽管考虑到食品机械近几年性价比在提高，其销售额的增长不可能与食品工业同步，但食品机械的增长率赶不上食品工业的增长率，远不能完全满足国内食品工业的需求，因此市场前景非常好。

2007 年，中国食品和包装机械行业销售产值达 1017.79 亿元，较 2006 年增长 22.88%，产销率达 96.55%。我国的食品和包装机械以"物美价廉"享誉国际市场，"出口"也成为众多企业获取更大生存空间的一个渠道，成为很多企业新的利润增长点。2008 年，中国食品和包装机械制造业完成产品销售收入 1262.00 亿元，占食品工业的 3.16%，占机械工业的 1.39%。其中，食品机械产品销售收入为 620.66 亿元，比 2007 年增长 23.28%；包装机械产品销售收入为 641.34 亿元，比 2007 年增长 32.59%。2008 年，我国食品和包装机械进出口总额为 487341.21 万美元。2009 年 1～5 月，中国食品和包装机械制造行业工业总产值 243.23 亿元人民币，工业销售产值 232.64 亿元人民币，比 2008 年同期分别增长 9.07% 和 7.36%。但新产品产值和出口交货值出现下降，分别为 8.75 亿元人民币、16.5 亿元人民币，比 2008 年同期分别下降 4.89% 和 15.82%。

改革开放以来，食品包装机械行业通过引进、消化、吸收和自主创新，已经生产出了可以替代进口产品的灌装机、制袋充填封口包装机、热收缩包装机、贴标机、打码机、喷码机、真空包装机、多功能枕式糖果包装机、高速 PET 吹瓶机等。如今，我国的食品包装技术正在成为一项跨学科的系统工程，一批国产品牌的食品包装机械已经达到或正在努力赶超世界先进水平。

近几年来，贸易国际化为中国食品和包装机械行业开拓了广阔的市场。中国食品和包装机械工业协会每年均组织企业到国外参加世界知名的食品和包装机械展览会，同时，国内举办的行业展会上也逐渐有外商前来采购，行业出口量逐年上升。2007 年，食品机械出口达到 5.33 亿美元，比 2006 年增长 64%，主要产品是食品、饮料工业用生产设备，过滤净化设备、酿酒设备、挤奶及乳品设备等；包装机械出口为 7.62 亿美元，较 2006 年增长 55.83%，主要设备有包装、打包机器、灌装生产线、纸箱、纸盒、纸桶设备、电阻焊机器等。然而，与国外同行相比，国内食品和包装机械生产企业无论在外观设计、产品技术指标还是功能上都有着一定程度的差距。为了满足国内市场的需要，部分食品和包装机械仍需进口。比如在成品粮加工领域，国产设备加工后的收得率一般要比进口设备的收得率低 1～2 个百分点。另外，粮油原料的综合利用也逐渐被提到议事日程。以水稻加工为例，从原粮加工后剩下的米皮、米糠里可以提取米糠油、玉米蛋白和精炼玉米油等经济价值很高的原料产品。但是国内不能生产这样的加工设备，只有从国外进口。我国曾经进口 80 多套苹果榨汁设备，成为世界苹果汁出口大国。不难看出，食品原料的综合加工增值空间很大，有待国内企业投资开发相应的加工设备。据统计，2007 年国内食品和包装机械进口额为 22.72 亿美元，比上一年增长 13.29％。其中，食品机械进口额为 6.2 亿美元，比上一年增长 29.35％；包装机械进口 16.52 亿美元，比 2006 年增长 19.55％。分析目前进口设备的情况，大部分设备国内均有制造，但是在外观、质量上，我们还有明显的差距，功能上差距不大；有少量设备我们还没有涉足，而这些设备一般不是用量较大的设备，因为用户较少。自行研发这种设备如果没有大量用户，必然投入大、产出小，一般是不合算的，所以尚未开发。目前国内食品和包装机械制造企业尚处在积累资金阶段，主要目光还未放眼全球占领市场，尚未顾及国内市场不大、技术含量高的产品。我国人口众多，目前食用原粮的人口比例还相当大，但随着人们收入的提高、生活的改善，人们的家务劳动会越来越少，对加工的食品成品要求会越来越多，越来越高。这些要求要靠食品机械和包装机械的发展来满足。中国的食品和包装机械企业应该与时俱进，全方位地提高产品质量、技术含量和可靠性，满足市场的需求。中国食品和包装机械企业，任重而道远。

第一节　食品机械的分类

我国食品工业有着悠久的历史，食品种类繁多，食品机械的种类也非常繁杂。按照食品的种类和行业的不同，食品机械可分为粮油加工设备、果蔬保鲜与加工设备、畜禽产品加工设备、水产品加工设备、方便食品加工设备、饮料加工设备和食品加工中废弃物综合利用设备等。

按照食品加工工序不同，食品加工设备又可以分为食品粉碎机械设备、食品清理与分选机械设备、食品输送机械设备、食品分离机械设备、食品混合机械设备、食品纯化机械设备、食品浓缩机械设备、食品干燥机械设备、食品杀菌机械设备、食品熟化机械设备、食品冷冻机械设备、食品成型机械设备和食品包装机械设备。

食品加工设备的分类随着食品加工业的发展又分化出了不少新的加工设备种类，例如在分离机械设备中发展出了超临界萃取机械设备、纳滤机械设备、微波辅助萃取机械设备、超声辅助萃取机械设备等新的分离机械设备；在食品粉碎机械设备中新推出了气流粉碎机械设备、振动粉碎机械设备、球磨粉碎机械设备等超细粉碎机械设备。

第二节　我国食品机械工业

一、我国食品机械工业的发展现状

参照国际分类标准，我国的食品工业主要分为食品加工业、食品制造业、饮料制造业、烟草加工业。

（1）食品加工业　包含粮油加工业、蔬菜加工业、水果加工业、饲料加工业、植物油加工业、制糖业、屠宰及肉蛋加工业、水产品加工业、盐加工业及其他食品加工业。

（2）食品制造业　包含糕点制造业、糖果制造业、乳品制造业、罐头食品制造业、发酵制品制造业、调味品制造业及其他食品制造业。

（3）饮料制造业　包含酒精及饮料酒、软饮料制造业、制茶业等，我国也将中药材、中成药制造业划在此行业。

（4）烟草加工业　包含烟叶复烤及卷烟制造。

食品工业发展带动了食品机械的发展。

二、我国食品机械工业与国外先进技术水平的差距

食品机械现代化的程度是衡量一个国家食品工业发展的重要标志，它直接关系到食品制造业和加工业产品科技含量的多少，以及食品深加工附加值的高低。进入 21 世纪以来，尽管我国食品机械工业随着食品工业的发展得到了快速的发展，但整体上仍存在着行业之间的不平衡，与国外相比，存在着较大的差距。具体体现在以下几个方面。

（一）产品质量

发达国家的食品机械产品无论从内在质量还是外观质量，都大大超过我国的食品机械产品。内在质量主要表现在产品性能、关键零部件和易损件寿命、稳定性和可靠性等方面；外观质量主要是表现在造型美观、表面粗糙度等方面。造成我国机械产品与国外机械产品质量差距的主要原因是采用的设计理论落后、设计手段老化、设计方法单一、制造技术和检测手段落后等。此外，国内许多原材料、基础件质量不稳定，也直接影响了我国机械产品的整体质量。

（二）产品技术水平

我国食品机械与国外食品机械在产品技术水平上存在较大差距，主要表现在两个方面：①基础工业通用技术（包括机械制造技术、材料技术、微电子技术、光电技术、真空技术、控制技术、传感技术等）的先进性及不同技术的有效组合；②高新技术（包括超微粉碎技术、超临界萃取技术、超高压灭菌技术、低温杀菌技术、微波技术、挤压膨化技术等）的推广应用。发达国家食品机械工业的主要特点是高新技术实用化、产品节能化以及食品加工生产线安全卫生、运行可靠、高度机械化和自动化。

食品加工企业追求的是高效率、低能消耗、加工过程中营养成分和风味损失少、环境污染小，而先进的生产装备是提高生产效率、降低能源消耗、保持食品营养成分和风味、减少环境污染的重要保障。我国由于劳动力相对廉价，不同领域发展的显著不平衡，仍然存在着高度自动化、半机械化与人工作坊并存的现象，技术难度大的关键机械很少问世，重要的、关键的设备仍需依赖进口。我国的食品机械主要产品的技术水平远远落后于发达国家，其中 60% 的技术水平处于发达国家 20 世纪 60 年代末的、70 年代初的水平，20% 处于其 20 世纪 70 年代末、80 年代初的水平，5%～

10％处于发达国家 20 世纪 80 年代末、90 年代初的水平，只有 10％左右达到发达国家水平。从整体上来讲，我国食品机械行业水平还要落后发达国家 20 年。

（三）产品种类

目前国外食品机械产品品种有 3000 多种，成套数量多，基本上可满足当前食品工业的需要。我国食品机械产品的品种及成套数量都较少，新产品的开发还处于跟在发达国家之后进行消化吸收的阶段，特别是在产品的综合利用与环境保护等方面缺乏深入研究，高新技术产品欠缺，不少食品工业急需的食品机械产品不得不从国外进口。

（四）行业科研水平

我国食品机械行业技术水平落后，产品结构不尽合理，品种及配套数量少，机械加工水平低，装备落后，基础件和配套件寿命短，新产品开发能力严重不足。国外一些食品包装装备企业的成功经验表明，企业用于研究开发的投资占销售额 1％时企业难以生存，占 2％时可勉强维持，占 5％时才有竞争力。而我国食品包装装备企业用于研究开发的投资平均还不足 1％。进入 21 世纪以来，我国政府非常重视农产品加工业的科研投入，科技部在科技攻关计划"863"计划中，多次投入巨资，列入用于有关农产品深加工技术与设备研究开发，这使得我国的食品加工业的科研水平得到很大的改善。但是从整体上讲，我国食品机械制造企业在科研投入方面仍严重不足。发达国家食品机械企业科研开发费用占企业销售额的 8％～10％，科研人员占企业总人数的比例也相当高。而我国食品机械的科研与开发能力十分薄弱，大部分企业基本上没有自己的科研力量，科研投入也不足。据统计，全国研发经费只占企业销售收入的 0.3％～0.5％，研发人员只占从业人员的 3.4％～4％，研究院所和高等院校的试验条件落后。相比国外的科研投入水平，我国的科研投入严重不足，导致我国食品机械行业自动化程度低，市场满足能力差；单机产品多，成套设备少；主机多，辅机少；技术含量低的产品多，高技术、高附加值、高生产率的产品少；初加工设备多，深加工设备少；通用机型多，特殊要求、特殊物料加工的机型少。产品性能与国外同类产品相比，生产能力低、能耗高，平均能耗为发达国家的 4～6 倍。尤其是大型成套设备，性能差距更大，国内比较先进的机型，其生产能力是国外先进水平的 1/2 左右，而我国食品装备整体技术水平落后发达国家 20 年左右。企业缺乏试验研究条件，检测手段很不完备。科研院所和大专院校大部分科研课题没能转化为生产力，没有形成科研与生产紧密结合的技术进步力量。

据中国投资顾问公司发布的《2009—2012 年中国食品包装机械行业投资分析及前景预测报告》预测，从 2011 年到 2015 年，中国食品与包装机械业总产值有望突破 6000 亿元。但目前中国食品包装机械对国外高端技术的过度依赖，已经严重制约了中国食品包装工业持续、稳定发展。面对未来食品包装的发展趋势，国内企业应立足科技创新，加大自主创新力度，减少污染和重视环境保护。

另外，我国在行业市场信息方面与发达国家也有较大的差距。

第三节 我国食品机械制造业的发展方向

近年来，我国食品和包装机械工业虽然取得了较大成就，但与国外先进水平相比仍然差距甚大，亟待提高。

一、产学研相结合，建立技术创新战略联盟

我国食品与包装机械企业规模小，集中度分散，没有能力投入资金开展研发工作，原始创新匮乏，共性技术供给不足，缺乏核心竞争力。因此，要健全产学研一体化的技术创新体系，要探索建立产业技术创新联盟，构建企业与优秀的研究院所和著名的高校相结合的共性技术创新平台，瞄准发展的共性关键技术与装置，共同开发、共担风险、联合竞争、共同受益。通过增强创新能力，提升食品和包装机械产品的国际竞争能力，改变过去那种"多品种、小批量"的行业特点，在专业化方面下工夫，形成"少品种、高精尖"的竞争格局。现在国际食品和包装机械经济利益的获取方式，不再是过去传统意义上的品种、数量等物化的有形资本，取而代之的是知名品牌、高新技术应用以及技术壁垒、技术创新、安全卫生等无形资本的作用。因此，我国食品和包装机械的出路在于搞好技术标准、产品品牌、技术壁垒、技术创新、安全卫生等工作。

二、我国食品机械工业的发展重点

（一）粮油加工设备

通过发展粮油加工设备来提高技术结构水平，加快产品结构升级换代，使我国食品机械进入设备质量、品种数量、技术含量的提高和调整时期。发展能提高大米、面粉得率，降低杂质含量的技术和装备；适当发展免淘米、珠光洁米、专用粉、杂粮精加工的技术和设备；发展粮食深加工和综合利用的技术和设备；发展膨化等油脂浸出工艺、油脂精炼和豆粕低温脱溶技术与装备；开发并应用棉籽、菜籽的脱毒技术与装备；发展大豆加工和综合利用设备。

（二）淀粉加工设备

我国淀粉机械应在提高生产能力和技术水平上狠下工夫，解决好关键主机和设备成套方面的问题。进一步加大薯类资源开发和综合利用，应全面开发马铃薯全粉的生产设备及开发利用马铃薯全粉生产系列食品的加工工艺和设备。

（三）方便食品加工设备

为使城乡居民饮食生活进一步多样化、方便化，满足人们对方便食品在营养、卫生、经济、风味等方面的需求，发展方便面、方便米饭、方便粥、方便米粉、膨化食品、馒头、包子、春卷、馄饨、饺子等方便主食加工成套设备；发展各种蔬菜、肉、蛋、禽、水产品等速冻小包装相关设备；发展快餐、学生课间餐、营养餐、午餐等工作化生产装备；重点发展传统食品、保健品、婴幼儿食品加工设备，同时还应注意发

展各种休闲膨化食品加工设备。

（四）果蔬保鲜与加工设备

在果蔬保鲜与加工设备发展方面，仍有广阔的市场需求。今后一段时间应发展果蔬分级技术与装备，高得率的鲜榨果汁技术和设备，节能的浓缩技术和设备，速冻及脱水技术与设备，发展分离和提取果蔬资源尤其是皮、籽等废弃物中功能成分的技术与设备，发展全自动速冻果蔬加工成套设备及相关配套设备。

（五）乳品加工机械

我国的乳品机械市场空间很大。我国的乳品机械研发应朝着增加产品品种、提高关键产品的质量方面发展，发展国内急需的大型自动化生产线。研发原料奶的自动质检、检测仪器，低温预处理有关设备，原料奶的储藏设备，专用鲜奶检测仪器；发展大中型乳品微机自动化生产设备；发展高技术性能和质量水平的均质机；发展鲜奶生产的超高温瞬时杀菌设备、灭菌奶的无菌灌装设备及其与超高温瞬时灭菌设备的成套化设备；研发牛奶的分离技术和设备；开发高效率、低能耗的多次蒸发器；研发奶粉二次干燥设备、大型奶粉生产线及小型奶酪加工设备。

（六）肉类加工设备

目前我国家禽屠宰设备以中、小型成套设备为主，大型设备还需进口。在中、小型成套设备中，关键设备如胴体分割、骨肉分离、电麻、自动宰杀、内脏摘取等与发达国家存在较大差距。熟肉制品加工关键设备如盐水注射机、斩拌机、全自动真空灌肠机、蒸煮设备等与发达国家也存在较大差距。在肉类加工设备发展方面，应朝着增加产品品种、提高产品质量和技术水平上狠下工夫。大力发展熟肉制品和方便肉食品的加工设备，同时加大发展冷冻肉、分割肉、小包装肉等加工和包装设备；发展畜、禽屠宰的内脏、血、皮、骨、毛和各种腺体等的综合利用技术和设备，应用分离、提纯技术和设备，开发功能性、生理活性物质的加工设备。

（七）饮料加工设备

我国饮料工业近十几年发展迅速。饮料加工机械有清洗机械、分级选果机械、粉碎机械、打浆机、榨汁机、分离机、均质机、过滤机、浓缩设备、热交换机械、水处理设备、汽水混合机、提香机、杀菌机械、灌装设备、冷饮成套设备等。

目前，我国饮料设备的年生产能力已达 2000 万吨以上，行业内已引进国际 20 世纪 90 年代先进水平的三片式易拉罐生产线和灌装线以及 PET 瓶、利乐包、康美盒等一次性软包装生产线，各种规格、型号的玻璃瓶、塑料瓶灌装线，浓缩果汁、纯净水生产线，高压杀菌设备以及其他各种饮料生产设备，国际上最先进的 PET 瓶无菌灌装设备也被引进投入使用。先进的生产工艺技术如膜分离技术、酶工程技术、无菌灌装技术等也在国内饮料行业得到应用。

国产饮料机械基本能满足饮料加工业的一般要求，尚不能完全满足饮料工业发展的需要。与发达国家相比，存在产品规格不全、成套性差、大型成套设备少、自动化水平不高、先进技术应用不多等差距。今后应加强目前缺门短项的单机（如浓缩、杀菌、香味回收等）新产品开发，加快新技术的应用，提高设备的可靠性、稳定性。

(八) 无菌包装设备

无菌包装诞生于20世纪40年代，应用于20世纪60年代，发展于20世纪70年代，到20世纪90年代中，国外已有数十家生产各种无菌包装设备的公司。目前，国外发达国家的液体食品包装中，无菌包装已占65%以上，且每年以超过5%的速度增长。我国的无菌包装技术起步于20世纪70年代，到20世纪80年代末、90年代初迅速地发展起来，从最初的引进国外成套无菌设备生产线及包装耗用材料到自主研究开发，我国的无菌包装技术经历了从无到有，并逐渐走向成熟的过程。

目前，世界上较有影响力的无菌包装器材生产企业有瑞典利乐包装有限公司、美国国际纸业公司、德国PKL公司、德国意韦卡公司和日本大日本印刷株式会社等。从北京航空工艺研究所于1988年底研制成功国内第一条大袋无菌包装生产线开始，目前国内广东省远东食品包装机械有限公司、安徽省科苑集团、杭州中亚包装有限公司、上海轻工机械厂等10余家企业已经有能力生产各种无菌包装生产线。

三、食品加工业中高新技术配套装备的研究

可应用于食品机械生产中新的食品加工技术主要有以下几种。

(一) 冷杀菌技术

传统的高温杀菌方法容易破坏食品的原有风味和维生素C，使酶特性发生变化，影响食品品质。美国食品与药物管理局（FDA）1995年7月通过了Coolpure公司的冷杀菌法，该法适用于液态或可泵送食品的杀菌，采用短时高电压脉冲杀灭液体和黏性食品中的微生物。冷杀菌技术包括物理冷杀菌和化学冷杀菌。近年来发展较快的物理冷杀菌技术包括超高压杀菌、脉冲电场杀菌、脉冲磁场杀菌、电子射线杀菌、强光脉冲杀菌等。目前有关冷杀菌的机理研究较多，开发了不少不同规格的小型试验设备，但技术实施的共同困难是设备的放大问题。

(二) 超临界流体萃取技术

超临界流体萃取技术是利用某些物质（主要是一些低沸点、在常温常压下呈气态的物质）处于超临界状态下所具有的优良溶解特性，来分离混合物中目标组分的一种高新分离技术。超临界流体萃取技术常常以CO_2为溶媒，在萃取食品、香料、中药材中有效成分时，具有萃取温度低、选择性好、无有机溶剂残留、对环境无污染等优点，因此得到快速的发展，前景广阔。我国已经研制出了萃取容积达1000L的超临界流体萃取设备，25L以下的试验设备比较普及，且性能基本可以满足试验的需要，但生产型的设备还有待完善。我国已进口多套大型超临界流体萃取生产设备，单只萃取釜的容积最大达3500L。

(三) 超声波技术

超声波技术在食品加工中有多种应用，例如超声强化萃取技术、超声波均质机细化技术、超声波细胞破碎技术等。

超声强化萃取技术是借助超声波的"空化效应"，使得提取介质中的微小气泡压

缩、爆裂、破碎后提取原料和细胞壁，加速了天然产物中有效成分的溶出；借助超声波的"机械振动"和"热效应"还可进一步强化溶出成分的扩散，因此超声强化可以大大缩短提取时间，降低提取温度，提高提取效率。

传统的高压式均质机已发展到了极限，即不可能再靠提高压力的方法来取得进一步细化物料的效果，对纤维状结构和脂肪球的破碎效果不理想。目前美国已研制成功新一代聚能式超声波均质机，能使果汁饮料中的固形物尺寸细化到 $0.1\sim0.5\mu m$，不会像高压均质机那样因升温而改变物料特性。

（四）挤压技术

挤压技术是借助螺杆挤压机完成输送、混合、加热、加压、质构重组、熟制、杀菌、成型等多加工单元，从而取代食品加工的传统生产方法。目前已研究开发出适应高淀粉、高蛋白质、高脂肪、高水分的挤压加工机械，用于生产各类工程肉、水产、谷物早餐等食品。螺杆挤压机分为单螺杆挤压机和双螺杆挤压机。

（五）真空技术

真空技术在食品工业的应用潜力很大。目前食品工业普遍采用真空浓缩、真空包装、真空充氮气包装、真空贴体包装、真空干燥、真空油炸、真空熏蒸、真空输送、真空浸渍、真空冷却等技术。

除上述新的食品加工技术以外，还要提高信息化技术水平，发挥在线自动监控、柔性制造、电子商务等信息化技术，改造和提升传统产业。企业内部要实现信息化管理，把原材料、加工、库存、物流、销售过程用信息化管理技术真正链接起来。建立以市场信息为先导，原料、加工、销售与物流信息等为一体的完整的产业信息体系，实现各产业链之间信息的有效反馈和衔接，提升国际竞争力。

加强学科建设，培养高素质人才，增强创新能力，离不开高素质人才的支撑。近年来，食品和包装装备专业人才的培养力度减弱。据不完全统计，到 2008 年底，全国高校中没有单独设置食品机械专业，社会需求的食品装备人才的培养只能通过相关的一些专业来完成，如机械类专业、食品工程专业、包装工程专业等。

"食品机械没有专门的专业设置，从事食品机械的人员来自于相关专业毕业的学生，而食品装备有其自身的材料、卫生、工艺过程控制、不同原料特殊加工、包装储存、流通保质等要求，除学好普通机械技术外，仍要加大对专业技术的培养。而且，在新技术不断发展的今天，生物技术在食品工程中已经发挥了不可估量的作用，针对此情况，更需要设备结构、过程条件精确控制、在线检测手段方面的专业优秀人才。但我们在人才储备上显然很欠缺。"时任中国农业机械化科学研究院常务副院长的李树君不无忧虑地说。

李树君认为，加强食品机械学科建设是培养高素质人才的重要举措。在目前具有较好食品机械基础学科的高等院校，建立具备雄厚师资队伍、优良研究环境和有丰硕学术业绩的优势学科，培养食品机械行业所需的高素质人才；在一批基础较好的科研院所，鼓励科技人才开展知识创新、技术创新再教育，培养更多高素质人才，以满足行业发展的需求。

思 考 题

1. 按照食品加工工序不同，食品加工设备分为哪些？
2. 我国食品机械工业是改革开放以后发展起来的新兴产业，与工业发达国家相比，还有很大差距，主要表现在哪些方面？
3. 今后一个时期，我国食品机械工业的发展重点是什么？
4. 举例说明，可应用于食品机械生产中新的食品加工技术主要有哪些。

第二章 典型食品加工生产线

第一节 果蔬、乳制品、软饮料加工生产线

一、果蔬加工生产线

(一)浓缩果蔬汁生产线

1. 浓缩果蔬汁生产工艺流程

　　原料→进入果槽→洗果→洗涤→提升→分级→破碎→榨汁→香精回收→澄清→粗滤→超滤→农药降解→杀菌→蒸发浓缩→无菌灌装→封口→贴标签→成品

2. 浓缩果蔬汁生产工艺主要设备流程

　　浓缩果蔬汁生产工艺主要设备流程如图2-1所示,其主要设备流程如下:

　　原料→水流输送槽→均果机→螺旋提升机→冲浪式洗果机→毛刷洗果机→滚杠检果机→板式提升机→榨汁机(锤式破碎机)→带推进器单螺杆泵→振动式过滤机→储罐→饮料泵→双联过滤器→板式灭酶换热器→三效蒸发浓缩器→单螺杆泵→酶解脱胶储罐→单螺杆泵→超滤机→瞬时杀菌器→无菌罐装

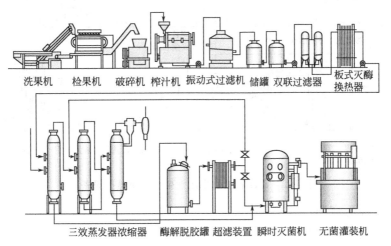

　　洗果机　检果机　破碎机　榨汁机　振动式过滤机　储罐　双联过滤器　板式灭酶换热器

　　三效蒸发器浓缩器　酶解脱胶罐　超滤装置　瞬时灭菌机　无菌灌装机

图2-1　浓缩果蔬汁生产线设备

　　浓缩果汁中常见的生产线有苹果汁生产线。近年来,我国浓缩苹果汁行业已经从成长阶段发展到相对成熟期,果蔬汁加工的关键设备(如榨机、超滤、蒸发器、灌装机)基本上是从国外引进的。榨机设备主要有瑞士布赫HPX系列榨机,韦斯伐里亚

的卧式螺旋离心机，福乐伟、贝尔杜齐、阿姆斯等的履带式压榨机。超滤主要为瑞士布赫公司、乌尼贝丁公司、英国 APV、利乐、阿姆斯等公司利用美国高科、英国 PCI 公司的管式超滤膜块制造的超滤器。蒸发器主要为瑞士乌尼贝丁管式蒸发器，德国 GEA 公司的管式、板片式蒸发器，利乐、贝尔杜齐、施密特、阿姆斯等公司的板片式蒸发器；单效蒸发器则采用阿伐拉伐公司的 CT-9 离心薄膜蒸发器。灌装机主要引进意大利等生产的无菌灌装机。

（二）浑浊和澄清果蔬汁生产线

1. 浑浊和澄清果蔬汁生产工艺流程

（1）果蔬原料→清洗→挑选→分级→榨汁→分离→杀菌→冷却→调和→均质→脱气→杀菌→灌装→浑浊果蔬汁

（2）果蔬原料→清洗→挑选→分级→榨汁→分离→杀菌→冷却→离心分离→酶法澄清→过滤→调和→脱气→杀菌→灌装→澄清果蔬汁

2. 浑浊和澄清果蔬汁生产工艺主要设备流程

浑浊和澄清果蔬汁生产工艺主要设备流程如图 2-2 所示。

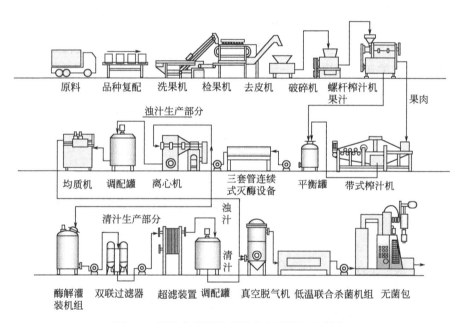

图 2-2　浑浊和澄清果蔬汁生产线机械与设备

（三）果蔬脆片生产线

1. 果蔬脆片生产工艺流程

原料→浸泡→清洗去皮→修整→切片（段）→灭酶杀青→真空浸渍→脱水→速冻→真空油炸→真空脱油→冷却→称量包装

2. 果蔬脆片生产工艺主要设备流程

果蔬脆片生产工艺主要设备流程如图 2-3 所示。

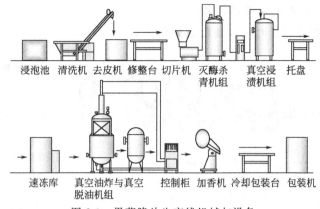

浸泡池　清洗机　去皮机　修整台　切片机　灭酶杀　真空浸　托盘
　　　　　　　　　　　　　　　　　　　青机组　渍机组

速冻库　真空油炸与真空　控制柜　加香机　冷却包装台　包装机
　　　　脱油机组

图 2-3　果蔬脆片生产线机械与设备

二、乳制品加工生产线

（一）巴氏消毒奶生产线

巴氏杀菌是指杀死引起人类疾病的所有病原微生物及最大限度破坏腐败菌和乳中酶的一种加热方法。用巴氏杀菌法生产的消毒乳称为巴氏消毒乳。一般牛奶采用高温短时巴氏杀菌，即 75℃下 15~20s 或 80~85℃下 10~15s。乳经杀菌后，需及时进行冷却，通常将乳冷却至 4℃左右。

1. 巴氏消毒奶生产工艺流程

玻璃瓶→清洗→消毒→干燥
　　　　　　　　　↓
原料乳验收→净化→冷却→储存→标准化→均质→杀菌→冷却→灌装封口→装箱→冷藏
　　　　　　　　　↑
塑料袋、纸容器

2. 巴氏消毒奶生产工艺设备流程

根据以上工艺流程进行的设备配套如图 2-4（b）所示。

（二）冰淇淋生产线

1. 冰淇淋生产工艺流程

软质冰淇淋
　　↑
配料→杀菌→过滤→均质→成熟→凝冻→灌装→包装→硬化→冷藏→硬质冰淇淋
　　　　　　　　　　　　　　　　　　　　↓
硬化→涂巧克力→包装→冷藏→紫雪糕

2. 冰淇淋生产工艺设备流程

根据以上工艺流程进行的设备配套如图 2-4（c）所示。

（三）脱脂奶粉生产线

1. 脱脂奶粉生产工艺流程

奶油
　↑
原料乳验收→预处理→标准化→脱脂→预热杀菌→浓缩→喷雾干燥→冷却→包装→成品

2. 脱脂奶粉生产工艺主要设备流程

根据实验工艺流程进行的设备配套如图 2-4(d) 所示。

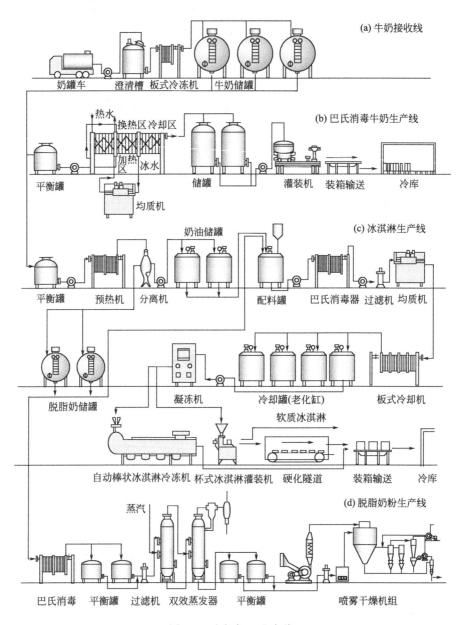

图 2-4　牛奶加工生产线

三、软饮料加工生产线

软饮料是指酒精含量低于 0.5% (质量比) 的天然或人工配制的饮料,又称清凉饮料、无醇饮料。所含酒精限指溶解香精、香料、色素等用的乙醇溶剂或乳酸饮料生产过程的副产物。

软饮料的主要原料是饮用水或矿泉水、果汁、蔬菜汁或植物的抽提液。有的含甜味剂、酸味剂、香精、香料、食用色素、乳化剂、起泡剂、稳定剂和防腐剂等食品添加剂。

软饮料的种类按原料和加工工艺分为果汁及其饮料、蔬菜汁及其饮料、植物蛋白质饮料、植物抽提液饮料、乳酸饮料、矿泉水和固体饮料等；按性质和饮用对象分为特种用途饮料、保健饮料、餐桌饮料和大众饮料等。世界各国通常采用第一种分类方法。但在美国、英国等国家，软饮料不包括果汁和蔬菜汁。

（一）纯净水

1. 饮用纯净水的生产工艺流程

制瓶→消毒瓶、盖
↓
原水→活性炭净水器→砂芯过滤→精滤→去离子器→臭氧杀菌→紫外杀菌→灌封→贴标→包装→成品

2. 纯净水生产工艺设备流程

两级纯净水水处理设备工艺流程如图 2-5 所示。

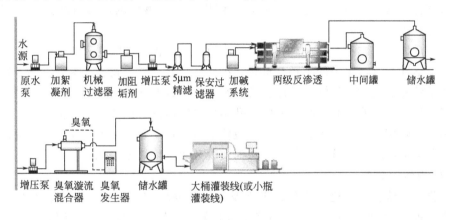

图 2-5　两级纯净水水处理设备工艺流程

根据国家纯净水标准对饮用纯净水的水质规定和水源水质的实际情况，水处理系统一般采用了砂滤、炭滤、树脂软化作为预处理，主机为单级反渗透装置，最后通过臭氧杀菌工艺，使产品水符合国家饮用纯净水标准。

3. 主要设备

（1）电渗析器　电渗析器是利用离子交换膜的选择透过性进行工作，电渗析器的主要组成部分是离子交换膜，分为阳膜和阴膜。阳膜只允许阳离子通过而阴离子被阻挡，阴膜只允许阴离子通过而阳离子被阻挡。在外加电场的作用下，水中的离子做定向迁移，阳离子向负极移动，阴离子向正极移动，当离子到达膜表面时，由于离子交换膜的选择透过性，电极的极室中只有极水通过，极水参与电极反应，在阳极进行氧化反应，在阴极进行还原反应，阳极呈酸性，阴极呈碱性。同时有电极反应物产生。

电渗析器极水要流畅，以便排出反应物。

（2）臭氧混合器 臭氧是已知可利用的最强的氧化剂之一，氧化能力仅次于氟。臭氧可使细菌、真菌等菌体的蛋白质外壳氧化变性，可杀灭细菌繁殖体和芽孢、病毒、真菌等。常见的大肠杆菌、粪链球菌等，杀灭率在 99％以上。臭氧具有不稳定性，在常温下可以自行还原为氧气，不会污染环境。而且原料广泛，水、空气都是制取臭氧源，符合保护环境的要求。在纯水、矿泉水、无盐水的生产中，臭氧可起到消毒、灭菌、增氧、净化和改善口感的作用；在污水处理中，臭氧可处理污水中难处理的化学物质，并有脱色、去异味作用。它在水处理工程中得到广泛应用。臭氧在矿泉水、纯净水生产中应用于灭菌已很普遍。其中在矿泉水生产中，臭氧灭菌可不损失和影响水中的有益元素，为生产高质量的矿泉水提供保障。在一定浓度下持续 5～10min，臭氧对各种菌类都可以达到杀灭的程度。臭氧混合器是为加强臭氧杀菌而特设的设备。臭氧与水充分混合，其浓度达到 2mg/L 时，作用 1min，可将大肠杆菌、金黄色葡萄球菌、细菌的芽孢、黑曲霉、酵母等微生物杀死。

（3）反渗透 反渗透亦称逆渗透，是用足够的压力使溶液中的溶剂（通常指水）通过反渗透膜（或称半透膜）分离出来。因为它和自然渗透的方向相反，故称反渗透。根据各种物料的不同渗透压，就可以使用大于渗透压的反渗透法达到分离、提取、纯化和浓缩的目的。

（4）活性炭过滤器 活性炭在水溶液中对溶质有极强的吸附和除浊作用，因而当水流通过活性炭时，水中的各种有机物、细菌、色素、微生物、余氯、臭味及部分重金属离子就能被吸附。活性炭过滤器常安装在砂棒过滤器之后。

（5）超滤 超滤是利用膜表面的微孔结构对物质进行选择性的分离过程，是通过加压和半透膜作用来实现水的净化。当液体混合物在一定的压力下流经膜表面时，溶剂及小分子透过膜，大分子被截留，从而实现分离、浓缩或净化。

（二）植物蛋白饮料

植物蛋白饮料指以植物果仁、果肉及大豆为原料（如大豆、花生、杏仁、核桃仁、椰子等），经加工、调配后，再经高压杀菌或无菌包装制得的乳状饮料。

植物蛋白饮料根据原料不同，可分为豆乳类饮料、椰子乳饮料、杏仁乳（露）饮料、其他植物蛋白饮料等。

1. 杏仁露生产工艺

杏仁选拣→去皮→脱毒→软化→粗磨→精磨→分离→调配→均质→灌封→杀菌→冷却→保温→检验→包装→成品

2. 杏仁露生产工艺主要设备流程

超高温瞬时杀菌（UHT）设备是杏仁露生产线重要的设备之一，有关超高温杀菌设备，在本书内容中有详细的介绍。此类生产线一般配有就地清洗系统（CIP），清洗方便自动，大大提高了生产效率。清洗液的加热为自动加热方式，通过温度控制仪设定清洗温度，通过控制蒸汽调节阀的开启量来限制蒸汽的量，从而使清洗液维持在所需的温度。CIP 站各罐内液位的高低采用自动报警并指示，当清洗液的浓度达不到清洗浓度时，通过气动隔膜泵进行浓酸浓碱的添加。清洗过程中CIP液的输送是通过人工操作相应的管路阀门进行。罐内缺水时进行人工补水。

第二节　油炸、焙烤食品生产线

一、焙烤食品生产线

焙烤食品泛指面食制品中采用焙烤工艺的一大类产品，面包、饼干、糕饼、膨化食品、夹馅饼等食品均属于焙烤食品。下面以面包和蛋糕生产加工工艺流程为例来学习焙烤食品生产线。

（一）面包生产线

1. 面包生产工艺流程

面粉、酵母、水、其他辅料→第一次调制面团→第一次发酵→第二次调制面团→第二次发酵→定量切块→搓圆→预醒发→成型→最后醒发→焙烤→冷却→包装→成品

2. 面包生产工艺主要设备流程

面包生产线设备流程如图2-6所示。面包焙烤箱根据热源的不同，可分为煤炉、煤气炉、燃油炉和电炉等，其中电炉又可分为普通电烤炉、远红外烤炉和微波炉。

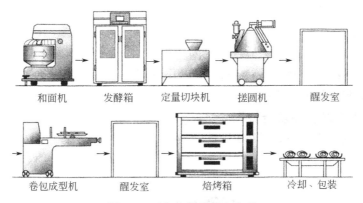

和面机　　发酵箱　　定量切块机　　搓圆机　　醒发室

卷包成型机　　醒发室　　焙烤箱　　冷却、包装

图 2-6　面包生产线设备流程

面包焙烤箱常用的热源是电加热器，常用的有远红外加热和微波加热两大类。电加热器是一种通过电热元件把电能转变为热能的加热装置，经常应用在大型的生产线中。在批量化生产公司，一般采用隧道炉，生产效率高。隧道炉结构如图2-7所示。

在实验室和小作坊的一般采用单层和多层的箱式烤炉比较多。应用广泛，操作简单，维修和保养方便。箱式烤炉如图2-8所示。

（二）蛋糕生产线

1. 蛋糕生产工艺主要流程

面团调制→馅料加工→糕点成型→焙烤→冷却→包装→成品

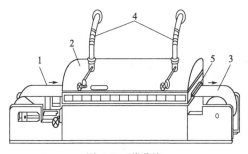 

图 2-7 隧道炉   图 2-8 箱式烤炉

1—入炉端钢带；2—炉顶；3—出炉端

钢带；4—排气管；5—炉门

2. 蛋糕生产设备工艺流程

面粉、鸡蛋等（打蛋机）→烘烤（烤炉）

二、油炸食品生产线

在食品加工工业中，经常采用油炸方式来加工一些以米粉和坚果为原料的食品。用油炸工艺生产的食品品种有果制品（如炸马铃薯片、炸香蕉片等）、油炸坚果、炸面包圈、膨化快餐食品、冷藏方便食品（如炸鱼、鸡、肉和休闲风味食品）等。

油炸的方法主要有浅层油炸和深层油炸、常压深层油炸和真空深层油炸、纯油油炸和水油混合式油炸。

1. 油炸食品工艺流程

以油炸薯条为例，其工艺流程如下。

原料清洗→擦皮（脱皮）→筛选→切片→水洗→热烫→吹干→油炸→滤油→调味→风干→冷却→包装→成品

2. 油炸食品生产线主要设备流程

油炸生产线主要设备如图 2-9 所示。

图 2-9 油炸生产线设备流程

1—拌粉机；2—复合压延机；3、5—提升机；4—油脂机；6—调味机；7—烘干机

（1）间歇式水油混合式油炸设备 间歇式水油混合式油炸设备如图 2-10 所示，

18

在同一敞口容器内加入油和水，相对密度小的油占据容器的上半部分，相对密度大的水则占据容器的下半部分，在油层中部水平安装电热管加热。水油混合式工艺具有限位控制、分区控温、自动过滤、自我清洁等优点。

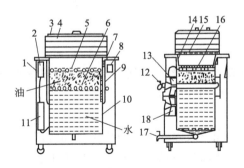

图 2-10　间歇式水油混合式油炸设备

1—箱体；2—操作系统；3—锅盖；4—炸笼；5—滤网；6—冷却循环气筒；7—排油烟管；8—控温仪；

9—油位计；10—油炸锅；11—电器控制系统；12—排油阀；13—冷却装置；14—蒸煮锅；

15—排油烟孔；16—加热器；17—排污阀；18—脱排油烟装置

（2）水油混合式连续深层油炸设备　水油混合式连续深层油炸设备如图 2-11 所示，其工作过程是待炸食品进入油炸机后，落在输送带上。由于生坯在炸制过程中，水分大量蒸发，体积膨松，密度减小，因此易漂浮在油表面，造成上下表面色泽差异很大，成熟度不一。所以用潜油网带，强迫炸坯进入油中。油的加热方式有电热加热和煤气加热两种。

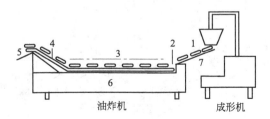

图 2-11　连续深层油炸设备

1—食品生坯；2—油炸机入口；3—潜油网带；4—炸货输送带；5—油炸机出口；

6—机体；7—食物生坯输送带

第三节　食用油加工生产线

一、食用油概述

食用油脂指以油料作物制取的植物油及经过炼制的动物脂肪。油脂化学的全称为甘油三脂肪酸酯，简称甘三酯。油是常温下呈液态的油脂，脂是常温下呈固态的油。

食用油脂的加工方法有精炼法、压榨法、溶剂萃取法（浸出法）和水代法。

常见的油有毛油、精炼油、色拉油、硬化油等。根据含脂肪酸的多少和脂肪酸的饱和程度，可将油分为三类：不干性油、半干性油、干性油。

二、制油工艺流程

1. 压榨法

油料种子→清理→破碎→软化→轧坯→蒸炒→压榨→油→水化→离心脱水→碱炼→水洗→脱色→脱臭→冷却→成品油

2. 浸出法

原料筛选→脱壳和去壳→破碎→轧压→烘干→加溶剂浸出→三次蒸馏去溶剂→水化脱磷脂→真空脱臭后得成品油→碱炼、脱色等加工工艺→精炼油或色拉油

三、食用油生产工艺主要设备流程

花生油压榨设备流程如图 2-12 所示。

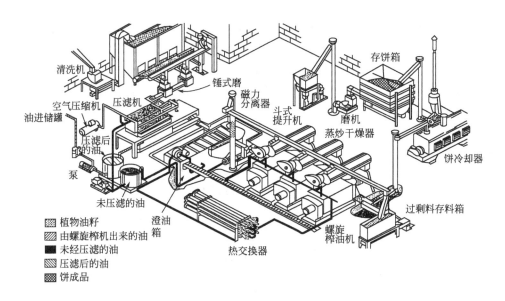

图 2-12 花生油压榨设备流程

第四节 肉制品加工生产线

一、火腿肠生产工艺流程

原料肉预处理→盐水注射（切块→湿腌）→腌制、滚揉→切块→添加辅料（→绞碎或斩拌）→滚揉→装模→蒸煮（高压灭菌）→冷却→检验→成品

二、火腿肠生产主要设备

（一）火腿生产线主要设备

1. 真空滚揉机

真空滚揉机如图 2-13 所示。肉块经摔打、相互挤压和滚揉，使肉体蛋白质分解成水溶性蛋白，易被人体吸收，增强肉的结着力，增强产品弹性，改善制品的切片性，防止切片时破碎，同时能使添加料（淀粉等）与肉体蛋白质互为掺和，以达到肉质变嫩、口感好、出品高的目的。它是西式火腿生产线不可缺少的设备之一。

2. 斩拌机

斩拌机如图 2-14 所示，斩拌机利用斩刀高速旋转，将肉及辅料斩成肉馅或肉泥，还可以将佐料、水、肉馅、冰片或冰块一起搅拌均匀，能确保肉制品的斩切细度，发热小，斩切时间短，提高产品的弹性和出品率。斩拌机一般完全采用不锈钢作原材料，易清洗。在每次用完后要及时清洗，防止细菌等微生物的蔓延和滋生。

3. 烟熏箱

烟熏箱如图 2-15 所示。熏烟是由熏材不完全燃烧而产生的，它是由水蒸气、气体（如氮、氧、有机气体等）、液体（如树脂等）和微粒固体物质组成的化合物，从而促使烟熏食品具有特有的风味和芳香味。烟熏制品随着烟熏时间的延长，颜色越来越浓重，而且烟熏温度越高，呈色越快。烟熏制品表面上形成的棕褐色是美拉德反应的结果，即蛋白质或其他含氮化合物中的游离氨基与糖或熏烟中的羰基化合物反应产生棕褐色物质。烟熏食品常含有对人体不利的物质。

图 2-13　真空滚揉机　　　　图 2-14　斩拌机　　　　图 2-15　烟熏箱

烟熏的方法有直接烟熏法和间接烟熏法。直接烟熏法指在烟熏室内使木片燃烧的方法。间接烟熏法是一种不在烟熏室内发烟，用烟雾发生器将烟送入烟熏室，对制品进行熏烤的方法。烟熏的材料一般均选用树脂含量较少的橡子木、山核桃木、山毛榉木、白桦杨木等或其锯末、木屑。杉木、松木等软木树脂含量较多，一般不作为烟熏材料使用，木材加工厂送来的废木料往往混有这类材料，所以使用时一定要注意。稻壳、玉米秆、高粱秆、豆秆等也是很好的烟熏材料，稻壳的有效性介于硬木和软木之间，稻壳燃烧热量低，燃烧残渣的生成量多，但防腐性物质产生量也多。

（二）肉制品设备的清洗

烟熏箱的清洗：生产结束后→将烟熏箱位于生区和熟区之间的门关闭→将烟熏箱内的油渣和灰分倒出→打开箱门→对烟熏箱的室内用热水进行清洗。在操作烟熏箱工作时要注意温度和清洗剂的选择。

在肉禽加工厂中，酸性清洗剂常用于去除矿物质沉淀。这类清洗剂在除去因使用碱性清洗剂或其他清洗剂而形成的矿物质沉积物时特别有效。

由于 NaOH 属强碱性清洗剂，添加硅酸盐的目的是减少洗液的腐蚀性、提高洗液的渗透性和 NaOH 溶液的清洗效果，这类清洗剂常用于去除重污垢，例如烟熏室中的污垢。

第五节　方便食品加工生产线

方便食品是指部分或完全熟制，不经烹调或仅需简单加热、冲调就能食用的食品。该类食品包括方便面、方便米饭、方便粥、方便米粉（米线）、方便粉丝、方便湿米粉、方便湿面、麦片、黑芝麻糊、红枣羹、油茶、方便豆花等。方便食品的分类见表 2-1。

表 2-1　方便食品的分类

方便食品类别		脱水干燥工艺类	非脱水干燥工艺类
主食类方便食品	米制品	方便米饭、方便粥、方便米粉(米线)等	方便湿米粉等
	面制品	方便馄饨(饺子)、方便通心面等	方便湿面等
	其他作物制品	方便粉丝等	魔芋粉丝等
冲调类方便食品	米制品	速溶米粉等	
	面制品		油茶(面糊)等
	其他作物制品	玉米片、燕麦片、红枣羹、方便豆花等	黑芝麻糊等

一、方便面生产工艺流程

以附带汤料的油炸方便面为例，其生产工艺流程如下。

面团调制→熟化及供料→切面→盘花→连续蒸煮→切块→入模→连续油炸→脱模→鼓风冷却→整列→加汤料→包装

二、方便面生产工艺设备流程

油炸方便面生产工艺主要设备流程如图 2-16 所示。

1. 面粉调制机

面粉调制机如图 2-17 所示。主要是把配制好的面粉，进行松散混合，再成团加工进一步成熟调制，最终使得面团塑性增强，达到工艺要求。该设备结构较其他的设备简单，不易出现其他的故障，清洗比较方便。

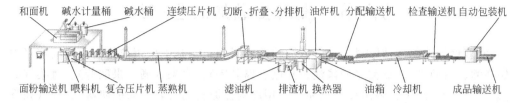

和面机　碱水计量桶　碱水桶　　连续压片机　切断、折叠、分排机　油炸机　分配输送机　　检查输送机自动包装机

面粉输送机　喂料机　复合压片机　蒸熟机　　滤油机　　排渣机　换热器　　油箱　冷却机　　成品输送机

图 2-16　油炸方便面生产工艺主要设备流程

图 2-17　面粉调制机

图 2-18　静置熟化机

2. 静置熟化机

静置熟化机如图 2-18 所示。面团熟化是使面团在静置时消除张力，使处于紧张状态的面团网络结构松弛，并进一步使各自分散的小球状团粒结构在重压下彼此粘连。

3. 波纹成型机

波纹成型机如图 2-19 所示。面团经复合碾压，经波纹成型装置把面团切条折花自动成型。

4. 蒸面机

蒸面机如图 2-20 所示。通过蒸汽作用，使面条由生变熟的过程。蒸面机结构简单，维修和保养方便。由于蒸面机本身是高温生产设备，所以微生物很难生存，生产完后经常用 60℃ 的热水进行冲洗。

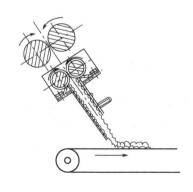

图 2-19　波纹成型机

图 2-20　蒸面机

第六节　发酵食品加工生产线

发酵食品采用多种原料，且多以淀粉质原料为主。其中采用植物性原料的有麦类（如啤酒、白酒等）、豆类（如酱油、豆豉、腐乳等）、水果（酒、果醋等）、蔬菜（如泡菜）、茶叶（红茶、茶菌等）制品。采用动物性原料的有乳（如酸奶等）、肉（如香肠等）制品。

一、啤酒生产线

啤酒是以大麦为原料，先将大麦制成麦芽，再进行糖化和发酵，形成营养丰富、适合饮用、酒精含量较低的饮料酒类。

（一）啤酒的分类

根据工艺分类可分两大类：以德国、捷克、丹麦、荷兰为典型的下面发酵法啤酒；以澳大利亚、新西兰、加拿大为典型的上面发酵法啤酒。根据是否巴氏灭菌可分为生啤酒、熟啤酒。根据麦芽度可分为8°啤酒、10°啤酒、12°啤酒、14°啤酒、18°啤酒。根据色泽可分为黑啤酒、黄啤酒、淡色啤酒。

（二）啤酒生产工艺流程

啤酒生产工艺主要包括制麦、糖化、发酵三个过程。

1. 制麦

大麦→粗选→精选→浸麦→发芽→绿麦芽→烘干、除根

2. 糖化

麦芽及辅料→粉碎→糊化（加水）→过滤→煮沸（酒花）→糖化→冷却→冷麦汁→成品麦芽

3. 发酵

冷麦汁→主发酵→后发酵

（三）啤酒生产线主要设备

啤酒生产线主要设备如图2-21所示。

1. 萨拉丁发芽箱

萨拉丁发芽箱结构如图2-22所示。萨拉丁箱多在小型麦芽厂普遍使用。筛孔板长宽比缩小为2:1，开孔率在25%以上。板上湿大麦层厚0.6～0.8m，板下倾斜通道通风，等压穿过麦层。发芽反应是放热效应，故要求风温要低于16℃。否则，发芽温度过高，麦层厚层中温度不均，发芽质量也不均匀。箱内翻拌机纵向运行，慢速翻拌以控制发芽速度，排除热量及CO_2。板下顺流通风改为错流，翻拌机的翻拌体改为空心螺旋式，减少翻拌剪切力，从而不损伤麦芽。表面箱内麦层厚度可增到1.0m以上，可提高翻拌速度。

2. 糖化罐

糖化罐如图2-23所示，在糖罐上一般配备有温度计、搅拌机、加热设备、通风

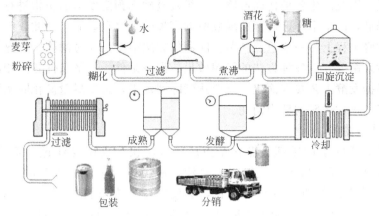

图 2-21 啤酒生产线设备

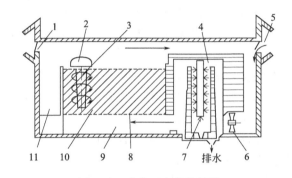

图 2-22 萨拉丁发芽箱结构

1—排风；2—翻拌机；3—螺旋翼；4—喷雾室；5—进风；6—风机；
7—喷嘴；8—筛板；9—风道；10—麦层；11—走道

设施、进水口、排液口等设施，还有空气净化系统。

糖化罐的主要作用就是将麦芽中不溶性物质转化为水溶性物质，提供发酵基，使淀粉在酶的作用下变成发酵性糖。利用麦芽中所含有的各种水解酶，在适宜的条件下，将麦芽和辅料中的不溶性大分子物质（淀粉、蛋白质、半纤维素等）逐步分解为可溶性的低分子物质的分解过程。由此制备的浸出物溶液就是麦汁。麦芽在进入糖化罐前用 60℃ 水浸 60s，接着粉碎并要保留完整的麦皮，在糖化罐中加入糖化酶和复合酶（中型蛋白酶）及麦芽，45℃ 下作用 1h，将多糖及蛋白质分解，用碘液鉴定淀粉是否完全分解。完全分解后将温度升高至 78℃，使酶钝化以免影响啤酒的品质。在糖化过程中要加入石膏调节 pH，甲醛可使啤酒中的蛋白质沉淀，从而使啤酒更加清亮。

微生物在繁殖和耗氧发酵过程中都需要氧气，通常以空气作为氧源。空气中含有各式各样的微生物，这些微生物随着空气进入培养液，在适宜的条件下，它们会大量繁殖，消耗大量

图 2-23 糖化罐

25

的营养物质，以及产生各种代谢产物，干扰甚至破坏预定发酵的正常进行，使发酵产品的效率降低，产量下降，甚至造成发酵彻底失败等严重事故。因此，空气的除菌就成为耗氧发酵工程上的一个重要环节。除菌的方法很多，如过滤除菌、热杀菌、静电除菌、辐射杀菌等，但各种方法的除菌效果、设备条件、经济条件各不相同。所需的除菌程度根据发酵工艺要求而定，既要达到除菌效果，又要尽量简化除菌流程，以减少设备投资和正常运转的动力消耗。

3. 快速麦汁过滤槽

（1）过滤槽的工作原理　糖化结束后，应尽快地应用麦汁过滤槽把麦汁和麦槽分开，以得到清亮和较高收得率的麦汁，避免影响半成品麦汁的色香味。因为麦槽中含有的多酚物质，浸渍时间长，会使麦汁带有不良的苦涩味和麦皮味。麦皮中的色素浸渍时间长，会增加麦汁的色泽，但微小的蛋白质颗粒可破坏泡沫的持久性。

麦芽汁过滤分为两个阶段：首先对糖化醪过滤得到头号麦汁；其次对麦槽进行洗涤，用78～80℃的热水分2～3次将吸附在麦槽中的可溶性浸出物洗出，得到二滤和三滤洗涤麦汁。

过滤槽既是最古老的又是应用最普遍的一种麦汁过滤设备。是一圆柱形容器，槽底装有开孔的筛板，过滤筛板既可支撑麦槽，又可构成过滤介质，醪液的液柱高度为1.5～2.0m，以此作为静压力实现过滤。

利用过滤槽过滤麦芽汁与其他过滤过程相同，筛分、滤层效应和深层过滤效应综合进行，其过滤速度受以下各种因素的影响。

① 穿过滤层的压差　指麦汁表面与滤板之间的压力差。压差大，过滤的推动力大，滤速快。

② 滤层厚度　滤层厚，相对过滤阻力增大，滤速降低。它与投料量、过滤面积、麦芽粉碎的方法及粉碎度有关。

③ 滤层的渗透性　麦汁渗透性与原料组成、粉碎方式、粉碎度及糖化方法有关。渗透性小，阻力大，会影响过滤速度。

④ 麦汁黏度　麦汁黏度与麦芽溶解情况、醪液浓度及糖化温度有关。麦芽溶解不良，胚乳细胞壁的 β-葡聚糖、戊聚糖分解不完全，醪液黏度大。温度低、浓度高，黏度亦大。如黏度过大会造成过滤困难。相反，浓度低，温度高，则黏度低。

⑤ 过滤面积　相同质量的麦汁，过滤面积愈大，过滤所需时间愈短，过滤速度愈快。反之，所需时间愈长，过滤速度愈慢。

（2）过滤槽的主要结构　快速麦汁过滤槽如图 2-24 所示。它主要由槽体、麦汁回流管等构成。

① 槽体　过滤槽槽身为圆柱体，其上部配有弧球形或锥形顶盖，顶盖上有可开关闸门的排气筒。槽底大多为平底或浅锥形底，平底槽分为三层，最上层为水平筛板，第二层为麦汁收集层，最外层是可通入热水保温的夹底。过滤槽中心有一个能升

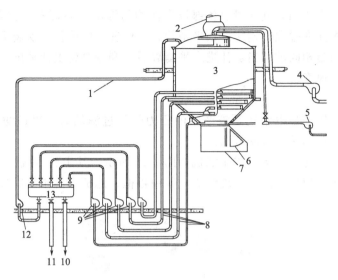

图 2-24　快速麦汁过滤槽

1—麦汁回流管；2—气孔；3—槽体；4—醪泵；5—洗槽水泵；6—废糟门；7—废糟至承受槽；

8、10—麦汁管；9—麦汁泵；11—废水管；12—麦汁回流泵；13—承受器

降带2~4臂耕糟机的中心轴。过滤槽的材质多为不锈钢，也有铸铁或铜制作的。过滤槽有效容积为总容积的80%左右，麦糟层的厚度根据麦芽粉碎的方法不同而不同。麦芽干法粉碎（含回潮粉碎）糟层厚度为25~40cm，麦芽湿法粉碎（含连续浸渍粉碎）糟层厚度为40~50cm。

② 过滤筛板　老式过滤筛板多用黄铜、紫铜或磷青铜制成，整个筛板是由多块面积为0.7~1.0m²筛板拼装而成。筛板上面用铣床铣出长方形筛孔，筛孔上部宽度为0.7mm，下部孔宽为3~4mm，上下孔之间形成梯形，以减少阻力，这对防止筛板堵塞十分有利。筛板开孔率在6%~8%。新型筛板为不锈钢板制作，开孔率在10%~15%。

筛板与槽底的间距一般控制在8~15mm，筛板由支脚支撑，由于间距小，在麦汁通过调节阀排出时形成抽吸力，对过滤有力。

新型过滤槽对上述问题进行了改进，筛板与槽底的间距增加到12~20mm，还在收集层底部安装了喷嘴和排污阀，以便及时清洗排除沉淀物。

③ 麦汁收集管　平底过滤槽在麦汁收集层每1.25~1.5m²面积上均匀设置一根收集麦汁管，使其既不重叠，又无死角。滤管的内径为25~45mm，其自由流通截面积为5~15cm²，为了使收集层保持液位，防止从麦汁出口阀及麦汁管吸进空气，产生气室，堵塞滤板，在出口阀上装有鹅颈弯管，鹅颈管出口必须高于筛板2~5cm，这样可以避免产生吸力，而吸入空气。

目前使用的新型过滤槽的直径可达12m以上，筛板面积50~110m²。新型过滤槽比传统过滤槽作了较大改进，根据槽的直径，在槽底下面安装1~4根同心环管，麦汁滤管就近与环管连接，使麦汁滤管长度基本一致。这样在排除麦汁时，管内产生

的摩擦阻力就基本相同，确保糟层各部位麦汁均匀渗出。环管麦汁首先进入平衡罐，平衡罐高于筛板并在罐顶部连接一根平衡管，以保证糟层液位。安装平衡罐与传统滤槽鹅颈弯管作用是相同的，当麦汁进入平衡罐后，利用泵将麦汁抽出，这样减少了压差，加快了过滤速度。

4. 压滤机

板框式麦汁压滤是以泵送醪液产生的压力作为过滤动力，以过滤布作为过滤介质、谷皮为助滤剂的垂直过滤方法。

（1）板框式压滤机　板框式压滤机如图 2-25 所示，其主要由板框、滤布、滤板、顶板、支架、压紧螺杆或液压系统组成，其中板框、滤板、滤布组成过滤元件。

图 2-25　板框式压滤机

板框式压滤机可分传统和新型两种形式。传统压滤机使用人工装卸滤布，每次滤布要卸下清洗干净。新型压滤机实现了自动控制，其中包括压力自控、麦汁流速调节、洗糟水温自控、麦汁质量的测定。蝶形控制阀替代麦汁调节阀，机械自动拉开滤框，喷洗滤布，自动压紧。

（2）传统压滤机工艺操作过程　传统压滤机工艺操作过程如下。

压入热水→进醪→头号麦汁→洗糟→排糟→洗涤

① 压入热水　装好滤布后从底部泵入 78～80℃热水，预热设备、排除空气并检查滤机是否密封，半小时后排掉。

② 进醪　醪液在泵送前要充分搅拌，泵送时以 1.5～2m/s 流速泵入压滤机，进入各滤框。利用蝶阀控制，视镜可看到醪液的流量，并用液体流量计调节机内压力上升，同时排出机中的空气。压力通常为 0.03～0.05MPa，泵送时间约 20～30min。

③ 头号麦汁　进醪的同时开启麦汁排出阀，使头号麦汁排出与醪液泵入同时进行，在滤饼未形成前，头号麦汁浑浊，应回流至糖化锅。30min 左右后，头号麦汁全部排出进入煮沸锅，关闭过滤阀，并由流量计定量。

④ 洗糟　头号麦汁排尽后，立即泵入 75～80℃洗糟热水，洗糟水应与麦汁相反的方向穿过滤布，流经板框中的麦糟层，将残留麦汁洗出，洗糟压力应小于 0.08～0.1MPa，残糖洗至规定要求。洗糟结束，可利用蒸汽或压缩空气将洗糟残水顶出以提高收得率。

⑤ 排糟　洗糟残水流完后拆开滤机，卸下麦糟，通过螺旋输送器输送出去。

⑥ 洗涤　滤布用高压水冲洗，再自动压紧，聚丙烯滤布每周只需洗涤一次，以

28

1.5%～2%氢氧化钠加磷酸盐（150g/L）配成洗涤液，加热至70～80℃对整个压滤机回流泵送3～4h，以空气顶出洗液，自动打开压滤机，喷尽沉淀物和碱性溶液，备下次操作。

（3）过滤设备的操作与维护　过滤设备的操作与维护主要注意以下几个方面。

① 耕刀减速器的转速应从小到大。

② 耕刀转动时要经常检查减速机油温、油量，箱体温度过高时，应检查油量和油是否变质。油量过少应及时加到视镜的2/3处。

③ 耕刀主轴填料不应压得过紧或过松。

④ 耕刀应与筛板保持20～30mm的间距。

二、果酒生产线

（一）果酒酿造工艺流程

以葡萄酒生产线为例，其生产工艺流程如下。

葡萄→除梗、分选→破碎→葡萄浆调配→前发酵→压榨→调制成分→后发酵→添桶→换桶→
原酒→陈酿→换桶→调配→澄清处理→装配杀菌→成品

（二）果酒酿造工艺主要设备流程

1. 果酒酿造设备流程

破碎除梗机→各种压榨机械设备→发酵罐设备→过滤机械设备→灌装设备→空气净化系统

2. 葡萄酒酿造设备流程

采用"闪蒸技术"的葡萄酒酿造设备部分流程如图2-26所示。

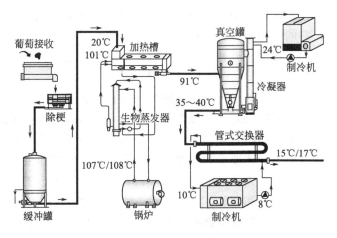

图2-26　葡萄酒酿造设备部分流程

29

第七节　设备的维修与保养基本知识

一、设备的维护

设备的维护是对设备有形磨损的局部补偿形式，它的主要内容包括设备的维护、保养及检查。

（一）设备的维护和保养

1. 设备的维护

设备的维护，是设备自身运行的客观要求。企业要经常保持设备完好的运行状态，除正确使用外，必须做好设备的维护工作。设备维护的目的主要是及时处理设备运行中经常出现的问题，使设备的使用状况得到改善，保证设备的正常运行和清洁、整齐、润滑、安全，延长设备的使用寿命。

① 清洁就是设备内外要清洁，线路、管道要通畅，各部位不漏油、漏气。这一点对食品企业的设备管理尤为重要，有的设备还要求做好杀菌处理。

② 整齐是指生产所用的工具、附件要摆放整齐。安全防护装置齐全、合理。保证路线的畅通。

③ 润滑是设备维护保养的重要环节，经常及时地润滑设备可以减少磨损，延长设备的寿命，保证生产顺利进行。要按设备的润滑要求，定时、定点、定量地加油、换油，保证油路畅通。

④ 安全就是要严格遵守安全操作规程。对操作人员实行定人、定机及交接班制度。要熟悉设备的结构、性能，正确地使用，保证设备的正常运转，避免安全事故的发生。

2. 设备的保养

设备的保养工作，依工作量和难易程度可分为日常保养和定期保养制度。

（1）日常保养　又称例行保养，是一种经常性的、不占用设备工作时间的保养，由操作工人完成，它的保养项目和部位较少，大多数在设备的外部。作为交接班时检查的内容，包括清扫、加油、调整及检查零部件的完整和运行头状况，每个轮班进行一次。

（2）定期保养　是当设备运行一定时间后所进行的保养，一般要占用设备工作时间，又可分为一、二、三级保养。一级保养是在专职检修人员指导和配合下，由操作工人承担。它的保养部位和项目较多，由设备外部进入设备内部。保养的内容是设备内部的清洁、润滑和拧紧，还要进行设备的部分调整。二级保养主要在设备内部，由专职检修人员承担，操作工人协助完成。保养部位和项目最多，工作内容主要是内部清洁、润滑、局部解体检查和调整。三级保养，主要对设备主体部分进行解体、检查和调整工作，同时，要对零部件的磨损情况进行测量、鉴定直至更换达到磨损限度的零件。

(二) 设备的检查

设备的检查是设备管理工作中的一个重要环节,是对机器设备的运行情况、技术性能、磨损程度等进行的检查和校验。通过检查,可以了解和掌握设备技术情况的变化,核实并消除隐患。根据检查结果,提出改进修理工作的措施,有目的地做好修理前的准备工作,提高修理质量和缩短修理时间。设备的检查有以下几种类型。

1. 设备的检查按时间划分可分为日常检查和定期检查

日常检查是指每日检查和交接班检查,主要是由操作工人每天对设备进行检查,可与日常保养结合起来完成。目的在于及时发现设备运行中的不正常状况,以便进行必要的维护、保养与修理。定期检查就是按照检查计划,在操作人员配合下,由专职检修人员定期执行。常有月检、季检、年检。目的在于全面准确地掌握设备零件的磨损情况,以便确定修理时间和修理的具体内容。

2. 设备的检查按性能划分可分为机能检查和精度检查

机能检查就是对设备的各项机能进行检查和测定。如检查设备的漏油、漏气、防尘、密封等情况,看其是否能保证设备正常运行,以及检查和测定设备零件耐高温、高压的性能等情况。精度检查是对设备的加工精度进行检查和测定,确定设备精度的变化情况。

在各种检查中,不仅要通过检查人员的感官来判断,更要运用科学的检测工具和仪器进行检查,以确保检查的精度性和准确性。设备检查可采用新兴的设备诊断技术(又称监测技术)。这种技术是在设备上安装仪表,使之对设备的运行状况进行监测等。通过各种监测技术,能够及时准确地掌握设备的磨损、老化的程度及部位,及早进行预报和维修,减少由于不清楚设备的磨损情况盲目拆卸带来的损伤和因设备停车造成的经济损失。

二、设备的修理

设备的修理是指通过修复和更换两种手段,修复损坏的设备,恢复设备的效能。设备修理的实质是对有形磨损的补偿,它是设备管理工作中一项不可缺少的工作。在设备寿命后期的修理尤为重要。

(一) 设备的修理方式

设备修理按其修理的内容和工作量的不同,一般分为小修、中修和大修三种。

1. 小修

小修是指工作量较小的局部修理。它是在设备工作地进行的,通常是通过修复、更换部分磨损较快的零件,调整设备局部机构,以保证设备正常运转,达到修复设备的目的。

2. 中修

中修是指对设备机器进行部分解体,要更换和修复设备的主要零件和数量较多的其他磨损零件,校正机器设备基准,使设备的使用功率、精度等技术指标达到规定要求。

3. 大修

大修是工作量最大的一种修理，需要把设备全部进行拆卸清洗、更换及修复磨损零件与部件，修理基准零件，以全面恢复设备原有精度、性能和生产率。设备的大修还应与设备的更新改造结合起来。在大修的同时改造那些工艺性能落后、耗能大、使用维护不方便的零部件，有效地改善设备技术状况，使设备的配套结构更加先进合理。

（二）设备的修理制度

目前，我国工业企业实行的设备修理制度，主要有以下几种。

1. 计划预防修理制度

计划预防修理制度简称计划预修制，是根据设备的磨损规律，通过对设备进行有计划的维护、检查和修理，以保证设备经常处于良好状态的一种修理制度。计划预修制的特点是通过计划来实现修理的预防性，它主要包括日常维护、定期检查、计划修理等方面。计划预修制的两个主要内容是计划修理方法和修理定额标准。

（1）设备的计划修理方法　设备的计划修理方法有标准修理法、检查后修理法及定期修理法。

① 标准修理法　又称强制修理法。这种方法对设备的修理日期、类别和内容，都预先制定具体计划。不管设备运转中的技术状况如何，都严格地按计划进行。这种方法可以在修理前做好充分准备，缩短修理时间，并有效地保证设备的正常运行，防止计划外停机。但它的修理成本高，一般只用于安全性要求很高的关键设备，如动力、自动生产线等设备。

② 检查后的修理法　这种方法只事先规定设备的检查计划，根据对设备的检查结果和以前的修理资料，制定具体的修理日期、类别和内容。这种方法简便易行，其最大的特点是依据设备实际的磨损情况来定，可以避免过度修理，以降低修理费用。但如果掌握不好，会影响修理前的准备工作或发生计划外的停机。

③ 定期修理法　是根据设备实际使用情况和磨损程度，参考有关检修周期，粗略地制定设备修理工作的计划日期和修理工作量。确切的修理日期和修理内容，则是根据每次修理前的检查，再详细规定。这种方法实际上是上面两种方法的结合，是我国目前应用较广的一种方法。这种修理方法的理论根据是机器磨损规律。它的最大特点是有利于做好修理前的准备，缩短修理占用时间。

（2）修理定额标准　它是计划预防修理中制定修理计划的依据。常用的修理定额标准主要有：修理周期，是指相近两次大修之间，机器设备的工作时间；修理间隔期，是指相近两次修理（无论大、中、小修）之间，机器设备的工作时间；修理周期结构，是指一个修理周期内，大、中、小修及定期检查的次数及排列的次序；修理复杂系数，是用来表示机器设备修理的复杂程度，并用于计算设备修理工作量，它可以通过分析比较公式法计算出来；修理工作量定额，是完成机器设备的各种修理工作所需的劳动时间标准，通常由一个修理复杂系数所需的劳动时间来表示。修理工作劳动量即为修理复杂系数与修理工作量定额之积；修理停歇时间定额，是指从机器停止工作到修理工作完毕，并经质量检查合格验收为止所经过的时间；修理费用定额，是指为完成设备修理所规定的费用标准，以完成一个修理复杂系数所需费用表示。有了上述各种修理定额标准，不可以制定设备的修理计划。

2. 保养维修制度

保养维修制度是指由一定类别的保养和一定类别的修理组成的设备维修制度。它打破了操作工人与维修工人间绝对化的分工界限，进一步贯彻以预防为主的方针，做到以保为主，以修为辅。在实际生产中，由于各类设备的工艺特点和复杂程度的不同，各企业采取的保养修理制度也有所不同，常见的有："三保二修"制，即日常保养、一级保养、二级保养与中修、大修；"三保大修"制，即日常保养、一级保养、二级保养和大修；"两保二修"制，即日常保养、一级保养、小修和大修。

3. 预防维修制度

预防维修制度是我国从国外引进的一种多形式的维修体系，它的理论基础是设备的故障理论和规律。这种制度包括的设备维修方式主要有以下几种。

（1）日常维修　它是指设备的日常保养、检查、清理、调整、润滑、更换等活动。

（2）事后维修　事后维修又称故障维修，它属于非计划修理，一是对非重点设备故障发生后的维修，另一是对事先无法预计的突发故障的修理。

（3）预防维修　是指对重要设备及一般设备的重点部位进行的预防性能维修。

（4）生产维修　是将事后维修与预防维修相结合起来的维修方式。其结果是既节约了维修费用，又保证了生产的进行，所采取的方式就是对重点设备进行预防维修，对一般设备进行事后维修。

（5）改善维修　是将设备的改造与设备的修理相结合，以改善原有设备的效率、性质和精度。

（6）维修预防　指在进行新设备的设计和制造时，就考虑到提高设备的可靠性、维修性和经济性。

（7）预知维修　又称预测维修、预报维修，是指在设备监测技术指导下进行的一种新的设备维修方式。它同预防维修的最主要的差别是需配置自动监测仪表，以发出警报实施维修。

（三）设备维修与管理的技术经济指标

设备通过维修管理应达到其技术状态最佳、维修与管理费用最经济的效果。设备的维修与管理是否达到目标，可用以下的技术经济指标来衡量。

1. 设备技术状态指标

设备技术状态指标可以用设备完好率、设备故障率以及故障频率来评价。它们的计算公式如下：

$$设备完好率 = \frac{安好设备的台数}{设备的总台数} \times 100\%$$

$$设备故障率 = \frac{故障停机时间}{生产运转时间} \times 100\%$$

$$故障频率 = \frac{故障次数}{生产运转时间} \times 100\%$$

2. 经济指标

经济指标是指用于评价设备维修与管理过程中的费用支出情况，可用单位产品维修费和维修费用率来考核：

$$单位产品维修费 = \frac{维修费用}{年产品总量}$$

$$维修费用率 = \frac{维修费用}{生产费用总额} \times 100\%$$

思 考 题

1. 举例说明典型的食品加工生产线有哪些。

2. 简述浓缩果汁生产工艺流程。

3. 纯净水生产工艺主要有哪些设备？

4. 面包生产工艺主要有哪些设备？

5. 火腿生产线主要有哪些设备？

6. 方便面生产线主要有哪些设备？

7. 啤酒生产线主要有哪些设备？

8. 名词解释：①日常保养；②定期保养；③日常检查；④定期检查。

9. 根据修理的内容和工作量，设备的修理方式有哪些？

10. 我国工业企业实行的设备修理制度主要有哪几种？

第三章　食品输送机械设备

第一节　食品输送机械设备概述

　　输送机械是现代食品加工企业中不可缺少的设备。在食品的生产过程中，需要合理地使用各种输送机械与设备来完成对食品原料、辅料、半成品、成品的运输，将各生产环节衔接起来，构成生产自动线，以保证生产连续性，提高劳动生产率和产品质量，减轻工人劳动强度，减少物料在输送中的污染，保证食品卫生。

　　在食品加工过程中，需要输送的物料种类繁多，而且各种物料的性质差异很大，因此，输送机械与设备的选用要根据物料来确定。食品输送机械的类型，按其工作原理可分为连续式输送机械和间歇式输送机械两大类，按其所输送物料的状态可分为固体物料输送设备和流体物料输送设备。固体物料输送设备有带式输送机、螺旋式输送机、刮板式输送机、斗式提升机、气力输送装置等。流体物料输送设备有各种类型的泵（如离心泵、螺杆泵、齿轮泵、滑片泵等）、流送槽以及真空吸料装置。

一、固体物料输送设备

1. 带式输送机

　　带式输送机是食品工厂中使用最广泛的一种固体连续输送机械。它常用于在水平方向或倾斜度<25°的方向上对物料进行连续输送，适合于输送密度为 $0.5 \times 10^3 \sim 2.5 \times 10^3 \, \text{kg/m}^3$ 的各种块状、颗粒状、粉状物料，也可输送成件物品，或者作为选择检查台、清洗和预处理操作台，主要用在原料预处理、选择装填、成品包装及成品仓库。其输送速度为 $0.02 \sim 4.0 \, \text{m/s}$。

　　带式输送机具有结构简单、输送路线布置灵活、输送距离长、不损伤被输送物料、维护检修容易、无噪声等优点。主要缺点是倾斜角度不宜太大、不封闭、轻质粉状物料在输送过程中时易飞扬等。

2. 螺旋输送机

　　螺旋输送机是一种不带挠性牵引构件的连续输送机械，它利用螺旋的转动将物料向前推移而完成物料的输送。主要适用于短距离地输送各种需密闭输送的松散的粉状、粒状、小块状物料。在输送过程中，还可对物料进行搅拌、混合、加热和冷却等操作。但不宜输送易变质的、黏性大的、易结块的及大块的物料。

　　螺旋输送机的主要优点是：结构简单，横断面尺寸小，在其他输送设备无法安装时或操作困难时的地方使用；机槽可以是全封闭的，能实现封闭输送，能减少物料对环境的污染，对输送粉尘大的物料尤为适宜；输送时，可以多点进料，也可以多点卸料，工艺安排灵活。主要缺点是：物料在输送过程中与机槽、螺旋体件的摩擦以及物料间的搅拌翻动等原因，使输送功率消耗较大，同时对物料有一定的破碎，特别是对机槽和螺旋叶片有强烈的磨损。

3. 刮板输送机

刮板输送机是一种借助于牵引构件上刮板的推动力，使散粒物料沿着料槽连续移动的输送机械。料槽内料层表面低于刮板上缘的刮板输送机称为普通刮板输送机；料槽表面高于刮板上缘的刮板输送机称为埋刮板输送机。刮板输送机的类型包括水平刮板输送机、倾斜刮板输送机和自清式刮板输送机三种，倾斜输送时的倾角一般小于35°，输送距离不超过50m。

刮板输送机结构简单，能在任意位置上进料和卸料，不但用于粮食的短距离输送，还可用于果蔬加工中的物料水平和倾斜升运作业。

4. 斗式提升机

斗式提升机是用于垂直或大倾角输送粉状、颗粒状及块状物料的连续输送设备。斗式提升机的类型，按输送物料的方向不同可分为倾斜式和垂直式，按牵引构件的不同可分为带式和链式。

斗式提升机的主要优点是：结构简单紧凑，横断面外形尺寸小，可显著节省占地面积；提升高度较大（一般为7～10m，最大可达30～50m）；生产率范围较大（3～160m³/h）；有良好的密封性能，可避免污染环境。其主要缺点是：对过载较敏感，必须连续均匀地进料；料斗和牵引构件易磨损；输送物料种类受到限制。

5. 气力输送设备

气力输送设备是利用空气在密闭管道内的高速流动，物料在气流中被悬浮输送到目的地的一种运输方法，也称为气流输送。目前已被广泛应用，如利用气流输送大麦、大米、瓜干、面粉等，都收到良好的效果。

与其他机械输送设备相比，气流输送设备具有以下一些优点。

① 设备简单，操作方便，容易实现自动化、连续化。

② 密封性好，可有效控制粉尘外扬，减少粉尘爆炸的危险性，保证了安全生产。

③ 输送路线能随意组合、变更，输送距离大。

④ 在输送过程中，可以同时对输送物料进行加热、冷却、混合、粉碎、干燥和分级除尘等操作。

根据物料流动状态，气力输送可分为悬浮输送和推动输送两大类（目前采用较多的是使散粒物料呈悬浮状态的输送形式）。悬浮输送又可分为吸送式、压送式和吸送与压送相组合的综合式三种。

吸送式气力输送的优点是供料简单方便。缺点是输送物料的距离和生产率受到限制，装置对密封性要求高，进入风机的空气必须预先除尘。

压送式气力输送的优点是可同时把物料输送至几处，且输送距离较长，生产率较高；容易发现漏气位置，且对空气的除尘要求不高。其缺点是由于必须从低压往高压输料管中供料，故供料装置较复杂，并且不能或难以由几处同时吸取物料。

混合式气力输送综合了吸送式和压送式的优点，既可以从几处吸取物料，又可以把物料同时输送到几处，且输送的距离可较长。其主要缺点是含尘的空气要通过鼓风机，使其工作条件变差，同时整个装置的结构也较复杂。

二、流体物料输送设备

食品生产中，常常需要将流体物料从低处输送到高处，或沿管道输送至较远的位置。食品工厂输送流体物料常用各种泵来完成，为保证食品卫生和减少酸性物料对泵的腐蚀，凡与物料接触的零件多采用不锈钢材料，且要求有较完善的密封性。根据不同的作用原理，输送泵可分为离心式、旋转式和往复式三类。

食品厂对泵有以下特殊要求。

① 对便于拆洗的结构，泵体内无死角，便于清理。

② 有防止空气吸入的措施，以免形成大量泡沫，影响下一工序的操作。

③ 与物料接触的部分能耐腐蚀，对物料无不良影响。

1. 离心泵

离心泵是目前使用最广泛的流体输送设备。具有结构简单、性能稳定及维护方便等优点。它既能输送低、中黏度的溶液，也能输送含悬浮物的溶液。

2. 螺杆泵

螺杆泵是一种旋转式容积泵，是利用一根或数根螺杆与螺腔的相互啮合使空间容积变化来输送流体物料。螺杆泵有单螺杆、双螺杆和多螺杆之分，按安装位置的不同又可分卧式和立式两种，在食品工厂中多使用单螺杆卧式泵，用于输送高黏度的黏稠液体及带有固体物料的各种浆液。如番茄酱生产线和果汁榨汁线上常采用这种泵，在乳品厂也将其用于向喷雾干燥塔离心盘内输送浓奶以及炼乳的输送等。

3. 齿轮泵

齿轮泵也是一种旋转式容积泵，齿轮泵的种类较多，按齿轮的啮合方式可分为外啮合式和内啮合式；按齿轮形状可分为正齿轮泵、斜齿轮泵和人字齿轮泵等。在食品工厂中，多采用外啮合（正）齿轮泵，主要用来输送黏稠液体，如油类、糖浆等。

齿轮泵结构简单、工作可靠，应用范围较广，虽流量较小，但扬程较高。所输送的料液必须具有润滑性，否则齿面极易磨损，甚至发生咬合现象。

4. 滑片泵

滑片泵属于往复式容积泵，适宜用于酱体和肉糜等黏稠物料的输送。

5. 真空吸料装置

真空吸料是一种简易的流体输送方法，只要厂内有真空设备，都可以借助真空吸料装置来实现液体物料的输送或提升。采用真空吸料装置，在输送过程中，料液不通过结构复杂、不易清洗的部件，避免了料液通过泵体而带来的腐蚀、污染、清洗等问题；由于物料处于真空的储罐中，比较卫生，同时把料液组织内的部分空气排除，减少成品的含气量；可直接利用系统真空作为动力，简化了动力装置。但真空吸料装置输送距离近、提升高度有限，效率较低，只适合于黏度较低的液料，尤为适宜于果酱、番茄酱等带有固体块、粒的料液。

在真空吸料装置中，产生真空的动力源为各类真空设备，常用的真空设备有水环式真空泵和旋片式真空泵。

6. 流送槽

它是属于水力输送物料的装置。用于把原料从原料堆场送到清洗机或预煮机中，适用于番茄、蘑菇、菠萝、苹果和其他块茎类原料的清洗输送。

第二节 食品输送机械设备识图

一、带式输送机设备识图

1. 带式输送机的结构

带式输送机结构如图 3-1 所示，是由挠性输送带作为物料承载件和牵引件来输送物料的运输机构的一种形式。

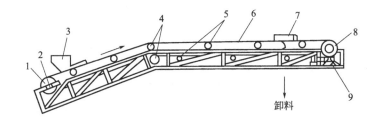

图 3-1 带式输送机

1—张紧滚筒；2—张紧装置；3—装料漏斗；4—改向滚筒；5—支撑托辊；6—环形带；

7—卸载装置；8—驱动滚筒；9—驱动装置

2. 带式输送机的主要构件

（1）输送带（挠形封闭环形带） 在带式输送机中，输送带既是承载件又是牵引件，它主要用来承放物料和传递牵引力。它是带式输送机中成本最高，又易磨损的部件，因此，对所选输送带要求强度高、挠性好、耐磨、耐腐蚀，同时还必须满足食品卫生要求。

常用的输送带主要有橡胶带、各种纤维织带、钢带、网状钢丝带、塑料带等，其中最常用的是普通橡胶带。

（2）滚筒 带式输送机滚筒分驱动滚筒和改向滚筒两大类。驱动滚筒与驱动装置相连，其外表面可以是裸露的金属表面，也可包上橡胶层来增加摩擦系数。改向滚筒用来改变输送带的运行方向和增加输送带再驱动滚筒上的围包角。

滚筒的结构如图 3-2 所示，主要有钢板焊接结构 ［图 3-2(a)］ 和铸焊结构 ［图 3-

2(b)〕两类。

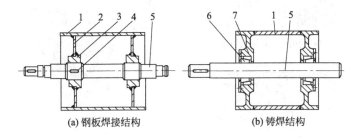

图 3-2　滚筒结构

1—筒体；2—腹板；3—轮毂；4—键；5—轴；6—胀圈；7—铸钢组合腹板

（3）支撑托辊　支撑托辊由固定托架和滚柱构成，其主要作用是支撑输送带及其下方物料，保证输送带平稳运行。托辊分为上托辊（载运托辊）和下托辊（空载托辊）两种。上托辊又有平直上托辊和槽形上托辊之分，上托辊的几种常见形式如图 3-3 所示。

对于较长的胶带输送机，为有效防止胶带跑偏脱出，每隔若干组托辊须安装一个两边有挡板的调整托辊，这种托辊在横向能摆动。调整托辊如图 3-4 所示。

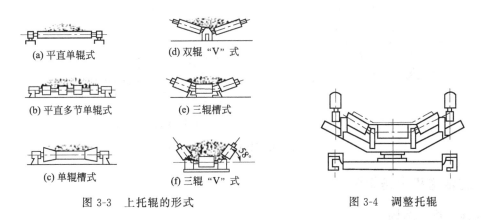

图 3-3　上托辊的形式　　　　　　　　图 3-4　调整托辊

（4）驱动装置　带式输送机的驱动装置主要由电动机、减速装置、驱动滚筒等组成。驱动滚筒的牵引力，应根据输送带在滚筒表面不打滑为条件来确定。可以通过加大包角 α 和摩擦系数 f 的办法来增加滚筒的牵引力。图 3-5 中方案（a）和（b）就是通过增加包角的办法来提高滚筒的牵引力，采用图（c）的布置形式可增大滚筒的牵引力。

（5）张紧装置　在带式输送带中，由于输送带具有一定的延伸率，因此在工作拉力作用下，输送带本身会变长。这个增加的长度需要得到补偿，否则输送带与驱动滚筒间不能紧密接触从而导致打滑，致使带式输送机无法正常工作。补偿输送带伸长量的装置称为张紧装置，常用的张紧装置有螺杆式、重锤式和压力弹簧式，如图 3-6 所示。

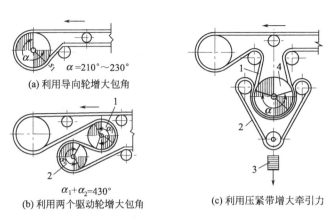

(a) 利用导向轮增大包角   α=210°～230°

(b) 利用两个驱动轮增大包角   α₁+α₂=430°

(c) 利用压紧带增大牵引力

图 3-5　驱动装置滚筒布置方案

1—传送带；2—压紧带；3—重锤；4—驱动轮

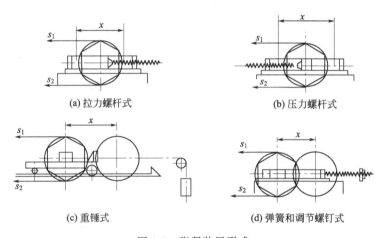

(a) 拉力螺杆式

(b) 压力螺杆式

(c) 重锤式

(d) 弹簧和调节螺钉式

图 3-6　张紧装置形式

二、螺旋输送机设备识图

1. 螺旋输送机的结构

　　螺旋输送机的一般结构如图 3-7 所示。螺旋输送机的核心部分是由一根装有螺旋叶片的转轴（常称输送螺旋）和料槽（壳体）组成的。输送螺旋通过轴承安装在料槽两端的轴承座上，其一端的轴头与传动装置相连，当机身较长时常在输送螺旋中间加装吊架（又称中间轴承）。料槽的顶面和底部分别开设进、出料口。

2. 螺旋输送机的主要构件

　　（1）螺旋体　螺旋体是由螺旋轴和焊接在轴上的螺旋叶片组成。

　　① 螺旋叶片　输送螺旋片上焊有螺旋叶片，螺旋叶片的面型根据输送物料的不同有实体面型、带式面型和叶片面型等几种形式，如图 3-8 所示。

　　② 螺旋轴　螺旋轴有空心和实心之分，为减轻轴的重量，常采用空心轴。螺旋轴一般是由 2～4m 长的空心轴通过轴节段装配而成，连接时将轴节段插入空心轴的

40

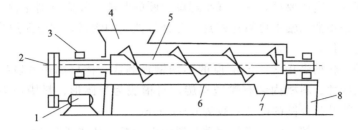

图 3-7　螺旋输送机结构

1—电动机；2—传动装置；3—轴承；4—进料口；5—输送螺旋；6—料槽；7—出料口；8—机架

(a) 实体面型　　　　(b) 带式面型　　　　(c) 叶片面型

图 3-8　螺旋叶片的面型

衬套内，用螺钉固定连接起来，如图 3-9 所示。

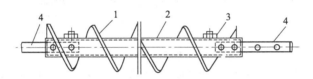

图 3-9　螺旋轴的节段连接方法

1—螺旋叶片；2—螺旋轴；3—螺钉；4—轴节段

在大型螺旋输送机上，常采用法兰连接方法，在螺旋轴端和连接轴端均焊有法兰盘，再用螺钉将法兰盘固定起来，如图 3-10 所示。螺旋轴一般用无缝钢管制成，其尺寸由结构及焊接工艺决定。

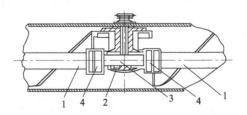

图 3-10　螺旋轴的法兰连接方法

1—螺旋轴；2—对开式滑动轴承；3—连接轴；4—法兰盘

（2）轴承　螺旋轴的两端装有轴承，有时中部还装有中间轴承。轴承的作用是支撑螺旋轴，减少工作阻力，保证螺旋轴灵活旋转。在物料输送方向的终端应安置止推轴承，以承受物料被输送时给螺旋轴带来的轴向反力（螺旋轴应布置为受拉构件，即出料口布置在有止推轴承处）。中间轴承的设计应保证物料输送的有效断面，不使物料堵塞。中间轴承宽度要窄，尽量减小螺旋中断的距离，并应特别注意密封。对磨琢性小的物料，采用滑动轴承可简化密封；对磨琢性大的物料，则应采用滚动轴承，并采用较完善的密封。

（3）料槽　料槽多用3～8mm厚的不锈钢板制成，槽口周边各段接口处均焊有角钢，以增加刚性。料槽内装有输送螺旋，料槽底为半圆形，料槽顶为平面且有上盖。料槽与螺旋叶片外圆的间隙一般为6～10mm。

（4）驱动装置　螺旋输送机的驱动装置由电动机、减速器及联轴器组成。

三、刮板输送机设备识图

1. 普通刮板输送机设备识图

普通刮板输送机的结构如图3-11所示。牵引构件1上按一定间距固定有一定数量的刮板2，刮板2在机壳4内沿着料槽（机壳下半部，图上没有画出）运动。牵引构件1环绕在驱动轮3和张紧轮7上，由驱动轮驱动，并被张紧轮张紧。

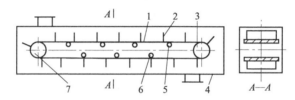

图 3-11　普通刮板输送机结构

1—牵引构件；2—刮板；3—驱动轮；4—机壳；5—托辊；6—压辊；7—张紧轮

2. 埋刮板输送机设备识图

埋刮板输送机是由普通刮板输送机发展而来的，其结构如图3-12所示，主要由封闭机槽、刮板链条、驱动链轮、张紧轮、进料口和卸料口等部件组成。

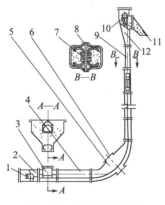

图 3-12　埋刮板输送机

1—张紧轮；2—机尾；3—加料段；4—水平段；
5—弯曲段；6—盖板；7—刮板链条；8—机筒；
9—垂直段；10—驱动轮；11—卸料口；12—机头

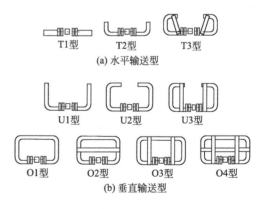

图 3-13　埋刮板输送机常见的刮板结构形式

埋刮板输送机常见的刮板结构形式如图 3-13 所示。在水平输送时一般采用 T 形刮板,在包含有垂直段的输送时可选用 U 形或 O 形刮板。

为使输送机具有良好的自清理性能,有些机槽横断面为 U 形,其刮板形状与机槽相应,下缘为弧形,如图 3-14 所示。

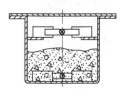 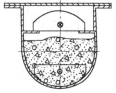

(a) 无自清理功能的平底机槽　　(b) 有自清理功能的 U 形机槽

图 3-14　埋刮板输送机机槽横断面

四、斗式提升机设备识图

1. 斗式提升机的结构

斗式提升机主要由牵引构件、滚筒（或链轮）、张紧装置、进料和卸料装置、驱动装置和料斗等组成。图 3-15 所示为倾斜式提升机的结构示意,它主要由支架、张紧装置、驱动装置和装料口组成。图 3-16 所示为垂直斗式提升机的结构示意,它主要由料斗、牵引带（或链）、驱动装置、机壳和进料口、卸料口组成。

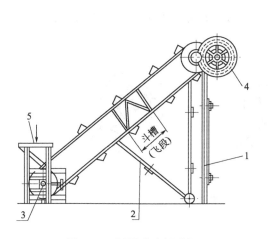 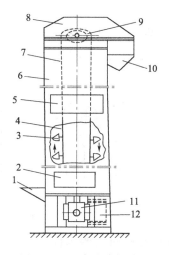

图 3-15　倾斜斗式提升机

1、2—支架；3—张紧装置；4—驱动装置；5—进料口

图 3-16　垂直斗式提升机

1—进料口；2、5、12—孔口；3—料斗；

4、7—输送带；6—外壳；8—驱动滚筒外壳；

9—驱动滚筒；10—卸料口；11—张紧装置

图 3-17 所示为料斗在牵引带上的布置形式,它取决于被输送物料的特性、使用场合和料斗装、卸料方式。

43

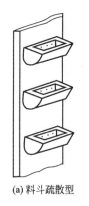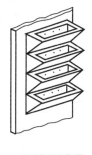

(a) 料斗疏散型　　　　　(b) 料斗密集型

图 3-17　料斗布置形式

斗式提升机的装料方式分为挖取式和撒入式，如图 3-18 所示。

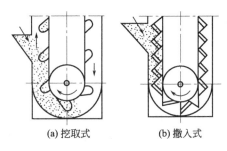

(a) 挖取式　　　　　(b) 撒入式

图 3-18　斗式提升机装料方式

物料装入料斗后，提升到上部进行卸料。卸料方式分为离心式、重力式和离心重力式三种形式，如图 3-19 所示。

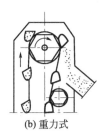

(a) 离心式　　　　　(b) 重力式　　　　　(c) 离心重力式

图 3-19　斗式提升机卸料方式

2. 斗式提升机的主要构件

（1）料斗　料斗是提升机的盛料构件，根据运送物料的性质和提升机的结构特点，料斗有三种不同的形式，即圆柱形底的深斗、浅斗以及尖角形斗，如图 3-20 所示。

（2）牵引构件　斗式提升机的牵引构件，有胶带和链条两种。胶带和带式输送机的输送带相同，将料斗用头部特殊的螺钉和弹性垫片固接在胶带上，带宽比料斗的宽度大 30～40mm。链条常用套筒链或套筒滚子链，其节距有 150mm、200mm、

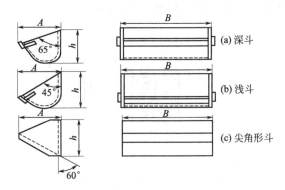

图 3-20　料斗的形状

250mm 等数种。当料斗的宽度较小（160～250mm）时，用一根链条固接在料斗的后壁上；当料斗的宽度较大时，用两根链条固接在料斗两边的侧板上，即借助于角钢把料斗的侧边和外链板相连。

五、气力输送装置设备识图

1. 气力输送装置结构

（1）吸送式气力输送装置　结构如图 3-21 所示。

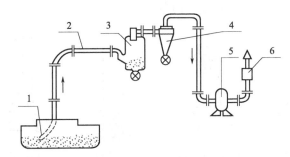

图 3-21　吸送式气力输送装置

1—吸嘴；2—输料管；3—分离器；4—除尘器；5—风机；6—消声器

（2）压送式气力输送装置　结构如图 3-22 所示。

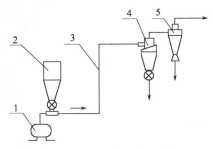

图 3-22　压送式气力输送装置

1—鼓风机；2—供料器；3—输送管；4—分离器；5—除尘器

45

（3）混合式气力输送装置　结构如图 3-23 所示。

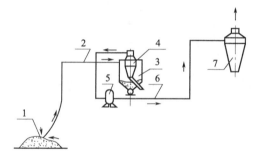

图 3-23　混合式气力输送装置

1—吸嘴；2、6—输料管；3、7—分离器；4—除尘器；5—鼓风机

2. 气力输送装置的主要部件

气力输送装置主要由供料器、输料管系统、分离器、除尘器、卸料（灰）器、风管及其附件和气源设备等部件组成。

（1）供料器　吸送式气力输送供料器有吸嘴，压送式气力输送料器有旋转式供料器。

吸嘴的结构形式很多，可分为单筒吸嘴和双筒吸嘴两类。单筒吸嘴结构简单，是一段圆管，下端做成直口、喇叭口、斜口或扁口，如图 3-24 所示。双筒吸嘴由两个不同直径的同心圆组成，如图 3-25 所示。内筒的上端与输料管相连，下端做成喇叭形，目的是为了减少空气及物料流入时的阻力。

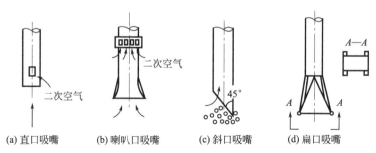

(a) 直口吸嘴　　(b) 喇叭口吸嘴　　(c) 斜口吸嘴　　(d) 扁口吸嘴

图 3-24　单筒吸嘴形式

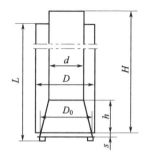

图 3-25　双筒吸嘴

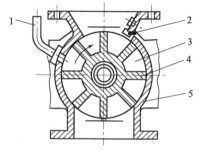

图 3-26　旋转式供料器

1—均压管；2—防卡挡板；3—格室；

4—叶轮；5—壳体

46

旋转式供料器结构如图 3-26 所示，它主要由均压管、防卡挡板、叶轮和壳体组成，壳体两端用端盖密封，壳体上部与加料斗相连，壳体下部与输料管相通。

（2）输料管系统　输料管系统由直管、弯管、挠性管、增压管、回转接头、管道连接部件等根据工艺要求配制连接而成。

输料管为易磨损构件，特别是弯管磨损较快，必须采取提高耐磨性的措施。图 3-27 所示为各种弯管结构形式，以加强或便于更换易磨损的弯管外侧。

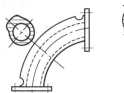

图 3-27　弯管的结构形式

为了使输料管和吸嘴有一定的灵活性，可在吸嘴与垂直管连接处和垂直管与弯管连接处安装一段挠性管（如套筒式软管、金属软管、耐磨橡胶软管和聚氯乙烯管等），但由于软管阻力较硬管大（一般为硬管的两倍或更大），故尽可能少用。

由于气流在输送过程中要受到摩擦和转弯等阻力，还可能有接头漏气等压力损失，因此在阻力大、易阻塞处或弯管的前方以及长距离水平输料管上，可安装增压器来补气增压。图 3-28 所示为涡流式增压器的结构，压缩空气从供风管进入通气环道后，经喷嘴沿切线方向吹入输料管，在输料管压缩空气呈螺旋态前进，并推动物料向前运动。

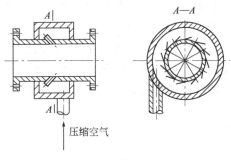

图 3-28　涡流式增压器

（3）分离器　分离器的作用是把被输送的物料从空气流中分离出来。其分离的方法是通过适当地降低气流速度、改变气流运动方向或依靠离心分离的作用，将物料颗粒分离出来。常用的物料分离器有容积式和离心式两种形式。容积式分离器的结构如图 3-29 所示。离心式分离器的结构如图 3-30 所示，它是由切向进风口、内筒、外筒和锥筒体等几部分组成。

（4）除尘器　除尘器的形式很多，目前应用较多的是离心式除尘器和袋式过滤器。

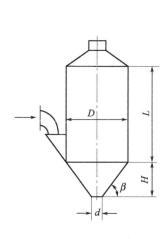

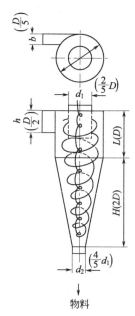

图 3-29 容积式分离器　　　　　　　　　图 3-30 离心式分离器

　　离心式除尘器又称旋风除尘器，结构和工作原理与离心式分离器相同。所不同的是离心式除尘器的筒径较小，圆锥部分较长。这样，一方面使得与分离器同样的气流速度下，颗粒所受到离心力增大；另外延长了气流在除尘器内停留的时间，有利于分离效率的提高。

　　袋式过滤器是一种用有机纤维或无机纤维过滤布将气体中的粉尘过滤出来的净化设备，因滤布多做成布袋形，故称袋式过滤器。其结构如图 3-31 所示。

　　（5）卸料（灰）器　为了把物料从分离器中卸出和把灰尘从除尘器中排出，并防止空气进入气体输送装置内造成生产率的降低，必须在分离器和除尘器的下部分别装设卸料（灰）器。目前应用最广的是旋转叶轮式卸料（灰）器。

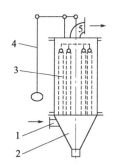

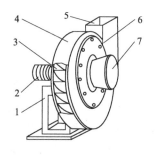

图 3-31 袋式过滤器

1—进气管；2—锥形体；3—袋子；

4—振打机构；5—排气管

图 3-32 离心式通风机的构造

1—机架；2—轴和轴承；3—叶轮；

4—机壳；5—出风口；

6—风舌；7—进风口

旋转式卸料器的结构和计算与旋转式供料器（见图 3-26）完全相同，所不同的是其上部不是与加料斗相连，而是与分离器相通，其下部不是连着输料管，而是和外界相通；其均压管不再是把格室的高压气体引出，而是使叶轮格室在转到接近分离器卸料口时借助均压管使叶轮格室内的压力与分离器中的压力相等，从而使分离器中的物料便于进入卸料器的叶轮格室中。

（6）气源设备　气力输送装置所采用的气源设备主要有离心式通风机、空气压缩机、罗茨鼓风机和水环式真空泵等。离心式通风机的构造如图 3-32 所示。

六、离心泵设备识图

1. 离心泵结构

离心泵结构如图 3-33 所示，其结构主要由泵壳、叶轮、轴封装置和电机等部分组成。

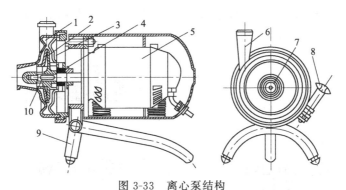

图 3-33　离心泵结构

1—活动泵壳；2—叶轮；3—固定泵壳；4—轴封装置；5—电动机；
6—出口；7—进口；8—快拆箍；9—支架；10—泵轴

2. 离心泵的主要构件

（1）叶轮　叶轮是将原动机的机械能传送给液体的部件，提高液体的静压能和动能。叶轮有多种形式，按其结构可分为封闭式、半封闭式和开启式。叶轮的各种形式见图 3-34，食品工厂中常采用封闭式叶轮 ［图 3-34(a)］，因其扬程和流量较大，功率较高，但小型泵较多采用开启式叶轮 ［图 3-34(c)］。

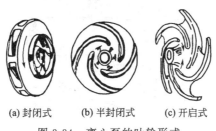

(a) 封闭式　　　(b) 半封闭式　　　(c) 开启式

图 3-34　离心泵的叶轮形式

（2）泵壳　泵壳和导轮结构如图 3-35 所示。泵壳由活动、固定部分组成，由不锈钢的快拆箍连接。外形为蜗壳形，其内有一个截面逐渐扩大的蜗形通道。

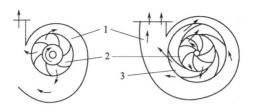

图 3-35 泵壳和导轮

1—泵壳；2—叶轮；3—导轮

（3）轴封装置　离心泵的主轴与泵体之间的密封非常重要。一个好的轴封，不仅能防止所输送的液体泄漏和外界空气的渗入，还具有适宜的润滑性、耐磨性且符合卫生要求。常用的轴封装置有填料密封［图 3-36(a)］和机械密封［图 3-36(b)］两种。目前多采用不透性石墨作为密封填料，图 3-37 所示为采用不透性石墨的轴封装置结构，该结构利用弹簧 4 的压力压紧氯丁胶垫圈 6 和不透性石墨 7，使料液不致沿轴渗出泵体外。

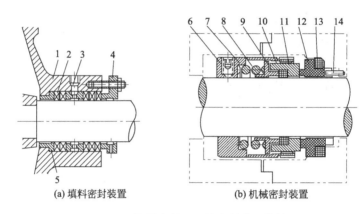

(a) 填料密封装置　　　　　　(b) 机械密封装置

图 3-36　填料密封及机械密封装置结构

1—填料函壳；2—软填料；3—液封圈；4—填料压盖；5—内衬套；6—螺钉；7—传动带；8—弹簧；
9—锥环；10—动环密封圈；11—动环；12—静环；13—静环密封圈；14—防转销

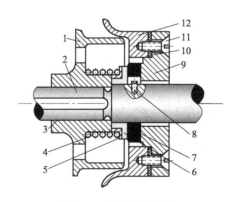

图 3-37　轴封装置结构

1—叶轮；2—主轴；3—键；4—弹簧；5—不锈钢挡圈；6—氯丁胶垫圈；
7—不透性石墨；8—柱头螺丝；9—压紧盖；10—橡胶垫料；11—螺钉；12—泵体

七、螺杆泵结构识图

螺杆泵的结构如图 3-38 所示，其主要工作构件是呈圆形断面的螺杆 1 和橡胶制的螺腔 2。食品工厂中常用的单螺杆泵结构如图 3-39 所示。

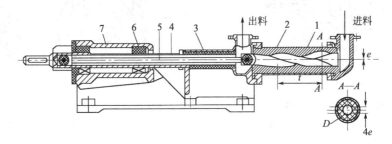

图 3-38　螺杆泵结构

1—螺杆；2—螺腔；3—填料函；4—平行销连杆；5—轴套；6—轴承；7—机座

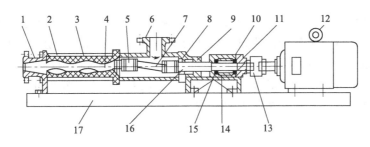

图 3-39　单螺杆泵结构

1—出料腔；2—拉杆；3—螺杆套；4—螺杆轴；5—万向节总成；6—吸入管；7—连接轴；

8、9—填料压盖；10—轴承座；11—轴承盖；12—电动机；13—联轴器；

14—轴套；15—轴承；16—传动轴；17—底座

八、齿轮泵结构识图

外啮合齿轮泵结构的剖面如图 3-40 所示，主要由主动齿轮 2、从动齿轮 4、泵体 5、泵盖（图中未画出）等部件组成，主动齿轮 2 和从动齿轮 4 均由两端轴承支撑。泵体 5、泵盖和齿轮 2 或 4 的各个齿槽间形成密闭的工作空间，齿轮的两端面与泵盖以及齿轮的齿顶圆与泵体的内圆表面依靠配合间隙形成密封。

九、滑片泵结构识图

滑片泵结构如图 3-41 所示。主要由泵体 2、转子 5、滑片 6 及两侧盖板（图中未画出）组成。泵体 2 上设有进料口 4、出料口 1 和真空管口 3。转子 5 是开有 8 个径向槽的圆柱体，每个槽中安放一块滑片 6。转子 5 偏心安在泵体 2 内，转子由电动机带动旋转，滑片依靠离心力的作用紧压在泵体内壁，前半转时，相邻的两块滑片所包围的空间逐渐增大，形成局部真空而吸入物料，后半转，空间逐渐减小，对被吸入的物料摩擦产生压力，具有一定压力的物料从出料管排出。

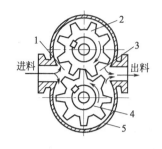 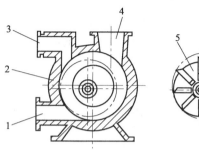

图 3-40　齿轮泵的构造
1—吸入腔；2—主动齿轮；3—排出腔；
4—从动齿轮；5—泵体

图 3-41　滑片泵结构
1—出料口；2—泵体；3—真空管口；
4—进料口；5—转子；6—滑片

十、流送槽结构识图

　　流送槽结构如图 3-42 所示。由具有一定倾斜度的水槽和水泵等装置构成。工作时，由人工或机械把堆放场的原料输送到流送槽中，由于水的流动，一方面将物料水输送到目的地，另一方面可以把原料外表的泥沙等浸泡及预冲洗，再经过滤筛板滤去泥浆和污水后进入清洗机清洗，这样水力输送就有输送和清洗的作用。其主要结构由具有一定倾斜度的水槽和水泵等装置构成。

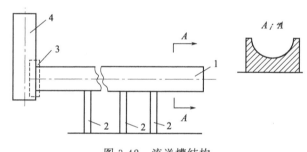

图 3-42　流送槽结构
1—流送槽；2—输送机；3—筛板；4—清洗机

十一、真空吸料装置

　　图 3-43 所示为真空吸料装置的组成，主要由输出槽 1、储料罐 3、分离器 8 和真空设备 5 等部件组成。

　　在真空吸料装置中，真空设备是产生真空的动力源，常用的真空设备有水环式真空泵和旋片式真空泵。

　　图 3-44 所示为水环式真空泵基本结构。水环式真空泵主要由叶轮 4、泵壳 5、泵轴 6、前盖 8、后盖 1、吸气口 7、排气口 2 等组成。叶轮轮毂上放射状均匀分布着 12 个叶片，靠键与轴连接构成转子，转子偏心地装在泵壳 5 的圆形工作室内。前盖 8 的

52

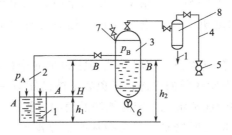

图 3-43 真空吸料装置

1—输出槽;2、4—管道;3—储料罐;5—真空设备;6—叶片式阀门;7—阀门;8—分离器

后部里侧有一月牙形孔将工作室与吸气口 7 连通,后盖 1 的前部里侧也有一月牙形孔将排气口 2 与工作室连通。

图 3-45 所示为旋片式真空泵内部结构,它的主要部分是由圆筒形定子 8 和圆柱体转子 5 组成。

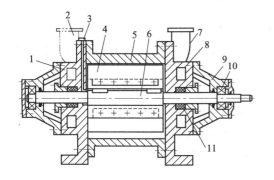

图 3-44　水环式真空泵结构

1—后盖;2—排气口;3—进水口;4—叶轮;
5—泵壳;6—泵轴;7—吸气口;8—前盖;
9—轴承架;10—轴承;11—密封

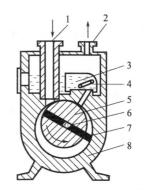

图 3-45　旋片式真空泵结构

1—进气口;2—排气口;3—真空油;
4—排气阀;5—转子;6—弹簧;
7—旋片;8—定子

第三节　食品输送机械设备维修与保养

一、带式输送机维修与保养

1. 操作与保养

① 在开机前应先检查输送带的松紧情况,不宜过紧,以免削弱接头的强度;也不能太松,造成输送带打滑,损害胶带和减少输送量。

② 开机时,应空载启动,待运转正常后,再开始给料。停机前应先停止供料,待胶带上的物料卸完后,再关闭电机,并切断电源。当几台输送机首尾连接串在一起工作时,开机的程序应该是由后向前,最后启动第一台输送机,并开始

供料。停机的先后顺序正好与开机相反。在工作中，如果中间某台输送机发生故障，均应先停第一台输送机，以使进料停止，然后再将有故障的输送机和其余的机器拆开。

③ 进料应均匀，供料应适当，物料应喂到输送带的中部，防止走单边。输送成包的物料时，也应放置在输送带的中部，以免袋子被机件勾住，造成损坏。

④ 经常检查传动件的润滑情况，定时加注润滑油、脂。

⑤ 发现输送带破损应及时修复，严重损坏时应立即更换，以免造成物料的损失浪费和影响输送作业的正常进行。

⑥ 输送带属橡胶制品，在使用和存放时应防止与润滑油、汽油和柴油等油类接触，以免侵蚀变质，影响使用寿命。

⑦ 输送机不使用时应盖上油布，避免日晒夜露和雨淋使输送带老化变质，机架锈蚀变形。

⑧ 为了保证输送机正常作业，延长使用寿命，一般情况下应每年进行一次大修。

检修带式输送机时，先拆导料槽、防护罩以及传动零件，然后将输送带卸下，再拆上、下托辊和滚筒。清洗和检修拆下的零部件后，在轴承部位加足润滑油、脂，然后安装和调整，安装步骤和拆卸时相反。

2. 维修主要内容

带式输送机的维修包括日常维修和定期检修。

(1) 日常维修　带式输送机的日常维修主要有以下内容。

① 检查输送带的接头部位是否有异常情况，如割伤、裂纹等其他原因造成的损害。

② 输送带的上下层胶是否有磨损处，输送带是否有半边磨损。

③ 检查清扫装置及卸料器的橡胶刮板是否有严重磨损而与输送带不能紧密接触，如有则应调整或更换橡胶刮板。

④ 保持每个托辊转动灵活，及时更换不转或损坏的托辊。

⑤ 防止输送带跑偏，使输送带保持在中心线上运转，保证槽角。

(2) 定期检修　带式输送机的定期检修主要有以下内容。

① 定期给各种轴承、齿轮加油。

② 拆洗减速器，检查齿轮的磨损情况，磨损严重的应更换新齿轮。

③ 拆洗滚筒、托辊轴承，更换润滑油。

④ 所有地脚螺栓、横梁连接螺栓均重新加油紧固。

⑤ 检修或更换磨损的其他零件或部件。

⑥ 修补或更换输送带。

3. 常见故障和处理方法

带式输送机常见故障和处理方法见表 3-1。带式输送机电动机常见故障和处理方法见表 3-2。

表 3-1　带式输送机常见故障和处理方法

故障现象	产生原因	处理方法
输送带打滑	输送带张力不够	调节张紧装置以拉紧胶带
	滚筒表面过于光滑	可在轮子外圆上涂覆一层胶
	滚筒轴承转动不灵	拆洗加油或更换新轴承
	输送机超载	减少喂入量
输送带跑偏	驱动滚筒与张紧滚筒不平行	调整驱动滚筒轴承位置或调整张紧滚筒,使二者达到平行
	托辊不正(托辊轴线与输送机中心线不垂直)	调整托辊
	输送带接头不正	重新接正输送带接头
	机架位置不平	将机架放平
	进料位置不正、物料跑单边	调整进料位置,使物料位于带子中央
轴承发热	缺少润滑油、脂	加够润滑油、脂
	油孔堵塞,轴承内有脏物	疏通油孔、清洗轴承
	轴瓦或滚珠损坏	更换轴承或轴瓦
	轴承装配不当	重新安装调整
托辊不转	输送带未接触到托辊	调整托辊的位置,使其托住胶带
	轴承缺油、内部太脏或轴承已损坏	清洗或更换新轴承
输送带撕裂	物料中有大型带尖棱的异物混入,卡住后将输送带划破	加强清理,防止大型异物的混入
	输送带跑偏后零件卡住接头引起胶带撕裂	及时纠正跑偏现象
输送带接头撕裂	接头质量差	按要求重新接好接头
	张紧装置调得过紧	适当放松张紧装置
	输送带垂度太大	调整输送带长度

表 3-2　带式输送机电动机常见故障和处理方法

故障现象	产生原因	处理方法
电动机运转声音不正常或振动幅度大	定子与转子间隙不正常,定子与转子相碰撞	调整定子与转子的间隙
	电动机轴弯曲(扫膛)	更换电动机轴
	电动机缺相运转	配齐三相
	轴承损坏或轴承径向间隙大	更换轴承
	基础地脚螺栓松动	对称紧固地脚
	轴承外套(轴承座)磨损装配间隙增大	更换轴承外套(轴承座)
	风叶接触风罩	整修风叶、风罩
	安全护罩接触传动部位	整修安全护罩
	风叶短缺、电动机运转失去动静平衡	更换或配齐风叶
	基础不牢固,产生共振	加固基础,避免共振
	联轴器同轴度低	校正同轴度

故障现象	产生原因	处理方法
电动机发热,超过额定温度	负荷过大,电动机在超过额定电流情况下工作	减少负荷或更换大型号电动机
	电压波动	外线处理
	三相电压相差太多,电网电压不平稳	外线处理
	定子绕组短路	停机处理
	定子匝间短路	停机检修
	电动机通风散热不足,无风叶	补齐风叶
	轴承缺油损坏	更换轴承
	启动频繁	减少启动次数
	电动机表面潮湿,空气湿度大	烤干
	重负荷启动	避免重负荷启动
电动机转速低	电网电压低	外线处理
	定子绕组断路	停机检修
	缺相运转(轰鸣声)	停机检修
	负荷大	减少负荷或更换大功率电动机
	转子断路	停机检修
	环形笼条断裂	停机检修
	环形笼条开焊	停机检修

二、螺旋输送机维修与保养

1. 操作与保养

螺旋输送机的操作和保养主要要求如下。

(1)螺旋输送机应无负荷启动,即在壳内没有物料时启动,启动后开始向螺旋机给料。

(2)螺旋输送机初始给料时,应逐步增加给料速度直至达到额定输送能力,给料应均匀,否则容易造成输送物料的积塞,驱动装置的过载,使整台机器过早损坏。

(3)为了保证螺旋输送机无负荷启动的要求,输送机在停车前应停止加料,等机壳内物料完全输尽后方可停止运转。

(4)被输送物料内不得混入坚硬的大块物料,避免螺旋卡死而造成螺旋机的损坏。

(5)在使用中经常检视螺旋输送机各部件的工作状态,注意各紧固件是否松动,如果发现机件松动,则应立即拧紧螺钉,使之重新紧固。

(6)应特别注意螺旋连接轴间的螺钉是否松动、掉下或者剪断,如发现此类现象,应该立即停车,并矫正之。

(7)螺旋输送机的机盖在机器运转时不应取下,以免发生事故。

（8）螺旋输送机运转中发生不正常现象均应加以检查，并消除之，不得强行运转。

（9）螺旋输送机各运动机件应经常加润滑油。

① 驱动装置的减速器内应用汽油机润滑油 HQ-10（GB 485—81）每隔 3～6 个月换油一次。

② 螺旋两端轴承箱内用锂基润滑脂，每半个月注一次，5g。

③ 螺旋输送机吊轴承，选用 M1 类别，其中 80000 型轴承装配时已浸润了润滑油，平时可少加油。每隔 3～5 个月，将吊轴承体连同吊轴拆下，取下密封圈，将吊轴承及 80000 型轴承浸在熔化了的润滑脂中，与润滑脂一道冷却，重新装好使用。如尼龙密封圈损坏，应及时更换，使用一年，用以上方法再保养一次，可获良好效果。

④ 螺旋输送机吊轴承，选用 M2 类别，每班注润滑脂，每个吊轴瓦注脂 5g。高温物料应使用 ZN2 钠基润滑脂（GB 492—77）。采用自润滑轴瓦，也应加入少量润滑脂。

2. 保养主要内容

螺旋输送机的保养方法包括日常保养、一级保养和二级保养。

（1）日常保养　它的主要内容是班前外观目检，加油润滑，空载运行，精心操作，班后清料。不管情况如何，均应在交接班记录上如实载明备查。

① 外观目检　班前应对整机外观目测检查，一查各紧固件有无松动；二查连接法兰与管体间焊缝有无裂纹；三查管体有无移位、变形异常；四查有无漏粉、渗油现象。简称一查松动、二查裂纹、三查异常、四查渗漏。发现问题立即解决后，设备方可投入正常运行。

② 加油润滑　班前应对减速箱油位线（油标）观察油位是否正常，油不足应补充到位，班前对设备头部、尾部、中部轴承座各个油润滑点补充润滑脂各 5％～10％。

③ 空载运行　按上述检查、保养合格后，开机空载运行 3min，检查设备运行无异常，确认符合"良好运行"四标准（见说明书）后，设备方可进入负载状态。

④ 精心工作　按章作业，勤观察、细聆听，发现异常立即停机检查。

⑤ 班后清料　作业完毕，下班停机前、中止加料后，须将内积料输送干净方可关机，以免停机后管壁内残留料板结，造成再作业时超负载启动，损伤机器。

保养周期：每班一次，班前保养。保养时间：10min。

（2）一级保养　主要是对设备的运转、润滑、密封部位进行清洗校查，更换磨损的零件、密封元件。一级保养段将设备解体成部件，解体顺序按安装顺序的逆顺序进行。一级保养的部位、要求如下。

① 减速箱　须将原齿轮减速箱润滑油全部排出，更换新油。排出的油经沉淀48h 以上，去除沉淀物后再用；摆线针轮减速箱只需补充润滑油，清洗换脂在二级保养时进行。

② 头部轴承　清洗换脂。

③ 头部防尘罩　更换毛毡吸尘套，清洗防尘罩腔。

④ 中间轴承　清洗换脂，更换损坏的滑动轴承及油封。

⑤ 端轴承　清洗换脂，更换磨损的油封。

⑥ 法兰密封垫　清洗换脂，更换磨损的油封。

保养周期：累计工作满 720h 一次，间隔期不得超过 90 天。保养时间：4h。

（3）二级保养　保养应全方面进行。二级保养除按一级保养内容要求进行外，还须完成下列工作。

① 减速箱　解体并清洗检查所有零件，更换不合格零件。其中，齿轮、齿轮轴的齿面磨损深度达 0.2mm，齿面裂纹、挤拉变形，均应判定为不合格零件而予以更换；轴承径向间隙达 0.05mm，滚道挤压变形，产生裂纹，则轴承均应报废。

② 螺旋体　实测螺旋体外径与管体内壁间隙单边间隙超过 15mm，螺旋体应予以报废，更换新件。

③ 电动机　清洗检查轴承并换脂。

④ 电器线路　全面检查，更换破损、不合格的线路及电器元件。

⑤ 管体　清除外壳管体内壁残余板结物料，外壁面在除去斑驳油漆、锈渍后，需上红灰底漆保护，并在整机组装后重喷（刷）面漆。

⑥ 润滑系统　检查油泵功能是否齐全，更换不合格元件及压扁、损坏或已阻塞的油管。

保养周期：累计工作满 2400h 一次，间隔不得过一年。保养时间：16h。

3. 常见故障及处理方法

螺旋输送机常见故障和处理方法见表 3-3。

表 3-3　螺旋输送机常见故障和处理方法

常见故障	产生原因	处理方法
物料堵塞	出料口或溜料管被异物堵塞	清除出料口或溜料管内异物
	物料进量过大，超过设备技术性能	控制物料流量
	传动装置或电器控制部分发生故障,造成停机	排除传动装置或电器控制部分的故障
出料慢	机内堵塞,特别是悬挂轴承处堵塞	清除堵塞物
	螺旋体叶片磨损严重	修补或更换叶片
	出料门开启太小	开大出料门
开车后螺旋体不转	实心轴与空心轴的连接处脱落	连接、紧固
开车后出料口无料排出	进料口堵塞	清除堵塞物
	螺旋体不转	清除堵塞物
	螺旋体旋转方向错误	停车重新搭接传动带,使螺旋体按规定方向旋转
螺旋叶片与机壳碰擦	螺旋轴弯曲	矫正或更换螺旋轴
	机壳组装不合要求	重新组装机壳
	螺旋轴中心线与机壳中心线不重合	重新安装螺旋轴
	悬挂轴承损坏	更换悬挂轴承

58

常见故障	产生原因	处理方法
振动过大	喂料量过大	适当减少喂料量
	螺旋轴弯曲	矫直或更换螺旋轴
	轴承与机壳连接的螺钉松动	紧固螺钉
悬挂轴承温升过高	轴承缺油或太脏	清洗轴承,加注润滑油
	螺旋轴弯曲	矫直或更换螺旋轴

三、刮板输送机维修与保养

1. 使用与保养

① 带式刮板输送机的刮板与牵引带的连接必须平整、牢靠,不允许有歪斜和起梭现象,牵引带在工作时要保持一定的张紧度。如果张紧度不够,皮带过度下垂,会加速刮板与槽底的磨损。

② 头尾皮带轮的轴线与牵引皮带的中心线必须始终保持垂直,否则会引起输送带跑偏,致使刮板与机槽内壁撞击。

③ 牵引带搭接时,其接头方向必须顺着皮带的运动方向,否则当接头绕经皮带轮时,会引起很大的振动,导致刮板撞击机槽和造成刮板紧固螺钉的松脱。

④ 经常检查各传动件,尤其是链式刮板的链条和链轮等构件以及与刮板连接件均应保持良好的状态,若发现严重磨损或松动,应及时修理或更换。

⑤ 工作时,刮板输送机喂料必须均匀,若进料过多,会引起堵塞;进料太少,使输送量下降。因此,应根据机器的额定生产率来控制供料量。

⑥ 对输送机的轴承部位,应定期添加润滑油、脂,若发现轴承严重磨损,应及时更换新的轴承。

2. 保养主要内容

刮板输送机的日常保养主要内容有以下几点。

① 经常检查运转是否正常,是否有不正常的噪声,发现故障应及时停车排除。

② 运行过程中严防铁块、大块硬物等混入槽内,以免损坏机器。

③ 定期清除输送机里的麻绳等杂物,以免缠绕链条后使电机过载,损坏电机和减速器。

④ 检查链条销子是否断裂或松动,及时更换或修复;检查刮板是否损坏或磨损,如果有弯曲变形或丢失的刮板,及时更换或修补。

⑤ 检查链条、滚筒和链轮是否过度磨损。

⑥ 严格按照制造商的产品说明书,定期润滑轴承、齿轮和减速器等。

⑦ 定期检查所有安全保护装置,确保其可靠工作。

⑧ 定期检查所有螺栓连接的紧固程度,如发现松动应及时拧紧。

⑨ 经常检查和调整驱动皮带或链条的张紧度。

对于刮板输送机来说，保持合适的链条张紧度是最关键的日常维护工作之一。链条既不能太紧也不能太松，链条过紧易磨损，也会引起链条、链轮和轴承等问题。链条张紧度不够可能导致链条断裂。如果链条不够紧，它就可能挂住滚筒或导轨而损坏。当刮板式输送机正常运转时，链条一般应有少许松弛。链条运转一段时间后，会慢慢变长或下垂，刮板有可能绊住导轨或托链槽，因此要经常检查，防止这种情况的发生。

3. 常见故障及处理方法

刮板输送机的常见故障是由于物料卡住刮板或链条，致使输送机传动系统负荷突然增大。避免的方法是：对于小型刮板输送机，配置机械式安全离合器；对于现有未配置机械式安全离合器的刮板输送机，应采取相应措施，避免发生卡链长度过短的可能性，由于装载部位容易发生卡链，因此在布置装料口时，应使其尽可能远离驱动链轮；输送槽上易造成卡链的横梁等部位也应尽可能地远离驱动链轮。

埋刮板输送机的运行故障见表 3-4。

表 3-4 埋刮板输送机常见故障和处理方法

常见故障	产 生 原 因	处 理 方 法
卡料	刮板链条上的残留物料未得到及时清除	在输送机头部卸料口适当部位增设一套破拱卸料板和清扫板
返料	物料湿度大，黏附性强	降低物料的含水率,采用较简单的刮板形式
	刮板形式过于复杂	采用较简单的刮板形式
浮链	输送机选型不合理	合理选择输送机型号,对于已经投入使用、有浮链现象的埋刮板输送机,可在机槽的承载壳体内每隔 3~5m 配置一段压板
	物料输送特性不好	选用较大槽宽的机型和重量较大的套筒滚子链,适当减小运行速度和输送距离
噪声大	刮板链条总体尺寸差	调整链条尺寸
	轮轴歪斜	调整轮轴
	整机直线度超差	调整整机直线度

四、斗式提升机维修与保养

1. 安装要求

① 由于斗式提升机机身较高，且传动机构位于机头部位，所以头重脚轻，稳定性较差，安装前必须打好地脚，预埋下地脚螺栓。

② 将提升机下部机座固定于地脚之上。为便于校正机座的水平度和扩大承重面积，在机座底部于基础之间应垫以 30~50mm 厚木板。

③ 在机座上依次联结提升机的机筒，并在法兰盘之间垫橡胶垫或防水帆布，以保证连接处的密封。

④ 整个提升机安装完毕后，要求其中心线基本上在同一垂直平面内，在每1000mm高度上垂直偏差不应超过2mm，积累偏差不超过8mm。

⑤ 斗式提升机安装后，为防止倾斜，在提升机筒穿过楼层处均须用法兰于楼板固定住，若无楼板时，则应安装支撑或支架，以使提升机上部不致晃动。

⑥ 提升机机头和机座的安装，应保证头轮和底轮的传动轴在同一垂直平面内，每根轴都应安装在水平位置上。机头顶部与建筑物之间应留有足够的空间，便于打开顶盖进行检修。

⑦ 提升机外壳安装好后，需根据图纸切下一段所需长度的畚斗带，并在其上按要求的距离、冲孔装上畚斗。然后将安装好畚斗的带子由提升机机头放入，穿过头轮和底轮，并将首尾连接好。这时应将安装好的张紧装置调至最高位置上，同时，张紧装置张紧后，调节螺杆尚未利用的张紧行程不应小于全程的50%。

⑧ 提升机安装结束后，应对待润滑部位注油，然后空载运行，发现有撞击声，应立即停车检查和排除故障，若畚斗带走偏，可利用张紧调节螺杆进行调整。在确认机器运转正常后就可以供料负载运行。

2. 使用与保养

① 提升机进料必须均匀，出料管应畅通无阻，以免因进料过多而排料不畅引起阻塞。如果阻塞现象发生，应立即停止供料，并将机座底部插板拉开，排出物料，直到畚斗带重新正常运行，再把插板插上，并打开进料闸门。注意在排除阻塞时，不能用手伸到机器里去拿，以免发生危险。

② 在提升机作业中，如提升回料太多，势必会降低生产效率，增大动力消耗和物料的破碎率。造成回料多的原因，往往是畚斗运行速度过快或机头出口的舌板装得不合适，应查清原因，避免回料。

③ 严格防止大块异物落入机座，要提升未经清理的毛料时，在进料斗上应加装钢丝网，防止稻草、麦秸和绳子等进入机内，缠住机件，影响提升机正常运行。

④ 定期检查畚斗与输送带的连接是否牢固，发现螺钉松动脱落和畚斗歪斜、破损等现象时，应及时检修和更换，以防发生大的事故。

⑤ 在提升机运行中，若发现畚斗跑偏和输送带松弛导致畚斗与机壳摩擦或碰撞时，应及时调节张紧调整螺杆，使机器正常运行。

⑥ 若发生突然停机情况，再开机时必须将提升机座内的存积物料排出。

⑦ 定期检查润滑部位，及时加注润滑油、脂，每年对提升机全面检修一次，更换易损件并对关键部位进行调整。

3. 常见故障和处理方法

斗式提升机常见故障和处理方法见表3-5。

表 3-5　斗式提升机常见故障和处理方法

常见故障	产　生　原　因	处　理　方　法
产量不高,达不到原设计的生产率	物料未能最大限度地装满畚斗	调整底轮的转速,提高物料口,改变畚斗形状
	提升段撒料	调整提升机胶带的初张力,纠正胶带跑偏,改进胶带接头,增加隔振措施
	回流	修改畚斗形状
机座阻塞	进料不均	严格控制进料量
	回流量太大	修改畚斗形状
	突然停机时,提升机倒转	在提升机主轴的一侧安装止逆器
	胶带打滑	增大胶带张紧力
	大块异物进入机座	在提升机进料口处安装护栅网
粉尘爆炸		增加出气口,增加除尘口

五、气力输送的使用和调整

① 气力输送设备安装完毕后,应进行一次全面安装质量检查,注意管线的配量是否合理,各连接处是否严密,运动零部件转动是否灵活等,发现问题应及时纠正。

② 检查后可进行空车试运转,把风机进风管上的总风门关闭,然后开动电机,并慢慢开大总风门,注意观察风机运转是否正常,管道连接处是否有跑风现象等。空运转应持续半小时左右。

③ 空运转正常后即可投料试车。开机前先让分离器下面的闭风器转动起来,并关闭风机的总风门,等吸嘴插入料堆后,再开动风机,并逐渐开启风机闸门,直至全部打开。

④ 必须保证吸嘴插入料堆内,防止吸空(即只有空气被吸入,而物料吸入很少或没有)。吸空容易导致电机电流急剧增大,物料可能被吸入风机。

⑤ 当物料接近吸完时,须把风门关闭一半,当吸完全部物料时,立即关闭风机闸门,并使风机停止运转。待分离器内物料卸净后,再停止闭风器运转。

⑥ 运行中应经常检查管路有无漏气、跑粉现象,发现风机、吸嘴管道堵塞时,应立即清理。

⑦ 传动轴承应定时添加润滑油、脂,并经常检查连接件、紧固件是否松动,及时更换磨损件。

六、离心泵维修与保养

1. 启动及停车

① 检查电机与离心泵叶轮的旋转方向是否一致。

② 检查轴承润滑油量是否够,油质是否干净。

③ 检查泵的转动部分是否转动灵活,有无摩擦和卡死现象。

④ 检查各部分的螺栓是否拧紧。

⑤ 启动前灌泵时应注意将泵及吸入管路的空气排净。

⑥ 检查轴封装置密封内是否充满液体，防止泵在启动时填料密封或机械密封干磨发生烧损现象。

⑦ 对于一般离心泵，启动前要关闭出口阀及压力表旋塞。

⑧ 启动电机并打开压力表旋塞，当离心泵以正常转速运转时，压力表显示适当压力后再打开吸入管路上的真空表旋塞，并打开排出管路上调节阀到需要的开度为止。

⑨ 停止时要先关闭出口阀及真空旋塞，停电机后再关闭压力表旋塞。若有机械密封装置，应最后关闭冷却及密封液系统。

⑩ 冬季停止使用的离心泵应将泵内的液体放尽，防止冻裂。

⑪ 长期停止使用的离心泵应拆卸开，将零部件上液体擦干并涂上防锈油妥善保存。

2. 运转时的维护

① 注意轴承温度最高不能超过 75℃。

② 检查填料密封是否滴漏，调整填料压盖的压紧程度，以液体一滴一滴的滴漏为好。

③ 定期更换润滑油。稀油应在 500h 后更换一次，黄油每运转 2000h 更换一次。

④ 离心泵每经 200h 工作后应进行周期检查，更换磨损件。

3. 常见故障和处理方法

离心泵的故障通常是由于产品质量有问题，造型及安装不正确，操作不当，或者因为长期运转后零件磨损等原因引起的。离心泵常见故障和处理方法见表3-6。

表3-6 离心泵常见故障和处理方法

故障现象	产 生 原 因	处 理 方 法
启动后不出料	启动前泵内灌水不足	停车重新灌泵
	吸入管或仪表漏气	检查严密性，消除漏气
	水填充管堵塞	检查和清洗
	吸水管浸没深度不够	降低吸水管，使其管口浸没深度为 0.5～1m
	电源接线不对，旋转方向相反	调整电源接线
	底阀漏水	修理或更换
运转过程中输水量减少	转速降低	检查电压是否太低
	叶轮阻塞	检查和清洗叶轮
	密封环磨损	更换密封环
	吸入空气	检查吸入管路，压紧或更换填料
	排出管中阻力增加	检查所有阀门及管路中可能堵塞之处

故障现象	产 生 原 因	处 理 方 法
泵有泄漏	各处密封圈老化、损坏	更换密封圈
	石墨动环、静环严重磨损	更换石墨动环、静环
轴功率过大	泵油弯曲、轴承磨损或损坏	矫直或更换泵轴
	平衡盘与平衡环磨损过大使叶轮板与中段摩擦	修理或更换平衡盘
	叶轮前盖板与密封环泵相磨	调整叶轮螺母及轴承压盖或检修
	填料压得过紧	调整填料压盖
	泵内吸进泥沙及杂物	拆卸清洗
	流量过大,超出使用范围	适当关闭出口阀
振动大、声音不正常	叶轮磨损或阻塞造成叶轮不平衡	清洗叶轮并进行平衡校正
	泵轴弯曲泵内旋转部件与静止部件有严重摩擦	矫直更换轴,检查摩擦原因并消除
	两联轴器不同心	找正同心度
	泵内发生气蚀现象	降低吸液高度,消除气蚀原因
	地脚螺栓松动	拧紧
轴承过热	轴承损坏	更换
	轴承安装不正确或间隙不适当	检查并进行修理
	轴承润滑不良(油质不好或油量不足)	更换润滑油
	泵轴弯曲或联轴器没找正	矫直或更换泵轴,找正联轴器

七、螺杆泵维修与保养

1. 使用与保养

① 开泵前需灌满液体,以防发生干摩擦。

② 无级变速手轮的调节必须在电动机启动情况下进行。

③ 安装时注意物料流动方面对电动机出轴,若逆时针旋转,靠近电动机端的接口为出料口,此时另一端可真空状态下抽吸物料。反之靠近电动机的接口为进料口。

④ 泵内滚动轴承应定期加润滑油。

⑤ 橡胶螺套必须定期检查,及时更换。

⑥ 泵必须经常清洗。

2. 保养内容

① 检查螺杆泵管路及结合处有无松动现象。用手转动螺杆泵,试看螺杆泵是否灵活。

② 向轴承体内加入轴承润滑机油,观察油位应在油标的中心线处,润滑油应及时更换或补充。

③ 拧下螺杆泵泵体的引水螺塞,灌注引水(或引浆)。

④ 关好出水管路的闸阀、出口压力表及进口真空表。

⑤ 点动电机，试看电机转向是否正确。

⑥ 开动电机，当螺杆泵正常运转后，打开出口压力表和进口真空泵视其显示出适当压力后，逐渐打开闸阀，同时检查电机负荷情况。

⑦ 尽量控制螺杆泵的流量和扬程在标牌上注明的范围内，以保证螺杆泵在最高效率点运转，才能获得最大的节能效果。

⑧ 螺杆泵在运行过程中，轴承温度不能超过环境温度 35℃，最高温度不得超过 80℃。

⑨ 如发现螺杆泵有异常声音，应立即停车检查原因。

⑩ 螺杆泵停止使用时，先关闭闸阀、压力表，然后停止电机。

⑪ 螺杆泵在工作第一个月内，经 100h 更换润滑油，以后每隔 500h，换油一次。

⑫ 经常调整填料压盖，保证填料室内的滴漏情况正常（以成滴漏出为宜）。

⑬ 定期检查轴套的磨损情况，磨损较大后应及时更换。

⑭ 螺杆泵在寒冬季节使用时，停车后，需将泵体下部放水螺塞拧开将介质放净。防止冻裂。

⑮ 螺杆泵长期停用，需将泵全部拆开，擦干水分，将转动部位及结合处涂以油脂装好，妥善保管。

3. 常见故障与处理方法

螺杆泵常见故障及处理方法见表 3-7。

表 3-7　螺杆泵常见故障及处理方法

故障现象	故 障 原 因	处 理 方 法
泵不吸物料	吸入管路堵塞或漏气	检修吸入管路
	吸入高度超过允许吸入真空高度	降低吸入高度
	电动机反转	改变电动机转向
压力表指针波动大	吸入管路漏气	检查吸入管路
	安全阀没有调好或工作压力过大，使安全阀时开时闭	调整安全阀或降低工作压力
流量下降	吸入管路堵塞或漏气	检查吸入管路
	螺杆与衬套内严重磨损	磨损严重时应更换零件
	电动机转速不够	修理或更换电动机
	安全阀弹簧太松或阀瓣与阀座接触不严	调整弹簧，研磨阀瓣与座
轴功率急剧增大	排出管路堵塞	停泵清洗管路
	螺杆与衬套内严重摩擦	检修或更换有关零件
泵振动大	泵与电机不同心	调整同心度
	螺杆与衬套不同心或间隙大、偏磨	检修调整
	泵内有气	检修吸入管路，排除漏气部位
	安装高度过高,泵内产生汽蚀	降低安装高度或降低转速

故障现象	故 障 原 因	处 理 方 法
泵发热	泵内严重摩擦	检查调整螺杆和衬套间隙
	机械密封回料孔堵塞	疏通回料孔
机械密封大量漏料	装配位置不对	重新按要求安装
	密封压盖未压平	调整密封压盖
	动环和静环密封面碰伤	研磨密封面或更换新件
	动环和静环密封圈损坏	更换密封圈

八、齿轮泵维修与保养

1. 齿轮泵的维护

齿轮泵的维护主要包括日常维护和定期检查。

(1) 日常维护　日常维护的主要内容如下。

① 严格执行岗位操作法，认真填写运行记录。

② 定时检查各部轴承温度和油压，每班检查润滑油液面高度。

③ 每班检查一次密封部位是否有渗漏现象。

④ 每班做好设备的整洁工作。

(2) 定期检查　定期检查的主要内容如下。

① 定期监测轴承振动状况，振幅不大于 0.15mm。

② 每月对润滑油质作一次分析，检查油的黏度、水分、杂质等是否符合要求。

2. 常见故障和处理方法

齿轮泵常见故障及处理方法见表 3-8。

表 3-8　齿轮泵常见故障及处理方法

故障现象	故 障 原 因	处 理 方 法
流量不足或压力不够	吸入高度不够	增高波面
	泵体或入口管有漏气	更换垫片、紧固螺栓、修复管路
	入口管线或过滤器有堵塞现象	清理
	液体黏度大	液体加温
	齿轮轴向间过大	调整
	齿轮径向间隙或齿侧间隙过大	调整间隙或更换泵壳、齿轮
填料处渗漏	中心线偏斜	找正
	轴弯曲	调整或更换
	轴颈磨损	修理或更换
	轴承间隙过大,齿轮振动剧烈	更换轴承
	填料树脂不合要求	重新选用填料
	填料压盖松动	紧固
	填料安装不当	纠正
	密封圈失效	更换

故障现象	故障原因	处理方法
泵体过热	油温过高	冷却
	轴承间隙过小或过大	调整间隙
	齿轮径向、轴向、齿侧间隙过大	调整或更换
	填料过紧	调整
	出口阀开度过小造成压力过高	开大出口阀,降低压力
	润滑不良	更换润滑油脂
电动机超负荷	液体赖皮过大	加温
	泵体内进杂物	检查过滤器,消除杂物
	轴弯曲	更换
	填料过紧	调整
	联轴器不同,轴度超差	找正
	电流表出现故障	修理或更换
	压力过高或管路阻力过大	调整压力,疏通管路
振动或发出噪声	液位低、液体吸不上	增高液位
	轴承磨损间隙过大	更换轴承
	主动与从动齿轮轴不平行,主动齿轮轴与电动机轴不同轴度超标	找正
	轴弯曲	更换
	泵体内进杂物	清理杂物,检查过滤器
	齿轮磨损	修理或更换
	键槽松动或扎坏	修理或更换
	地脚螺栓松动	紧固
	吸入空气	消除漏气

思 考 题

1. 举例说明物料输送机械在食品加工中所起的作用。

2. 举例说明食品厂中用于输送固态物料可采用的输送机械设备类型。

3. 食品厂常用哪些类型的泵输送流体物料? 它们适用的场合如何?

4. 带式输送机的主要构件有哪些?

5. 螺旋式输送机的主要构件有哪些?

6. 举例说明带式输送机的维修的主要内容。

7. 简述说明螺旋式输送机的保养方法。

8. 简述刮板式输送机日常保养的主要内容。

9. 简述离心泵启动及停车时的注意事项。

10. 简述螺杆泵保养的主要内容。

第四章　食品清理和筛分机械设备

第一节　食品清理和筛分机械设备概述

一、食品清理机械与设备

（一）清理的定义及作用

清理是指清除异物或杂质。清理工作可以用手拣、洗涤、风选、筛选、磁选、光选等方法来进行。食品原料在收获、收集、运输和储藏过程中很可能会混入了泥、砂、石、草等杂物，为了不影响其加工质量，损害人体健康，对后序加工设备造成不利影响，所以在进行产品的加工之前，必须对这些杂物进行清理，通过有效的、精确的筛选设备来提高加工精度。食品清理机械的主要作用为：

① 保证产品的规格和质量指标；

② 降低加工过程中原料的损耗率，提高原料利用率；

③ 提高劳动生产率，改善工作环境；

④ 有利于生产的连续化和自动化；

⑤ 有利于降低产品的成本。

（二）清理机械的原理及分类

食品原料的清理机械是根据原料中杂物的不同而设计的。农产品加工中杂物多种多样，例如各种谷物、豆类、咖啡等粉粒料中含有泥土、金属等杂物；甜菜糖厂的加工原料甜菜中不仅含有泥土、砂石、金属等，还有杂草、茎叶等杂物；乳品厂的原料牛乳中可能含有毛、毛屑等。根据食品原料中杂物性质的不同，清理机械可分为不同的类别，将原料与杂物按质量不同分离，其质量可按照尺寸、形状、密度、结构和颜色来划分。

1. 除石机

用于除去原料中的砂石。常用的方法有筛选法或比重法。筛选法是利用砂石的形状和体积大小与加工原料的不同，利用筛孔形状和大小的不同除去砂石。比重除石机是利用砂石与原料相对密度的不同，在不断振动或外力（如风力、水力、离心力等）作用下，除去砂石。这样的设备常常应用于农产品加工流程中，是预处理工艺中不可缺少的环节。

2. 除草机

用于除去原料中的杂草、茎叶等。常用的方法是风选法和浮选法。风选法是利用杂物与食品原料在空气中的悬浮速度不同，通过风力进行除杂的方法。浮选法是利用杂草、茎叶与食品原料在水中所受的浮力不同，把漂浮在水中的轻浮杂物除去。

3. 除铁机

用于除去夹在原料中的铁质磁性杂物，如铁片、铁钉、螺丝等。因食品原料中混入的磁性金属杂质危害较大，为了保护加工机械和人身安全，原料在加工前必须经过严格的磁选工艺。除铁机又称磁力除铁机，它的主要工作部件是磁体。每个磁体都有两个磁极，其周围存在磁场，磁体分为电磁式和永磁式两种形式。电磁式除铁机磁力稳定，性能可靠，但必须保证一定的电流强度；磁选设备有永磁溜管、胶带式除铁机和永磁滚筒等。永磁式除铁机结构简单，使用维护方便，不耗电能，但若使用方法不当或时间过长，磁性会退化。

4. 过滤器

过滤器用于除去液体食品原料中的杂物，这样的设备一般比较简单，易保养和维修，在液体原料的预处理中不可取代，如原料乳中的牛毛、毛屑等。常用方法是过滤法，可在容器的入口或出口装上滤网或滤布过滤，也可安装过滤器过滤。固体和液体分离中的新型固液分离设备橡胶带式真空过滤机应用比较广泛，橡胶带式真空过滤机又称固定带式真空过滤机，是一种自动化程度较高的新型固液分离设备。

橡胶带式真空过滤机过滤效率高、生产能力大、洗涤效果好、应用范围广和操作简单的优点，除了常常应用于食品加工中，还被精细化工、选矿、冶金、造纸、制药、环保等领域广泛推广和应用，而且效果不错。

二、筛分机械与设备

筛选是根据物料粒度的不同，利用一层或数层静止的或运动的筛面对物料进行分选的方法。筛选是谷物等生物质原料清理除杂最常用的方法。筛面上配备适当的筛孔，使物料在筛面上做相对运动。

生产用的生物质原料大多数都是粉粒状的，例如各种谷物、大米、麸皮等。其中常含有各种杂质，如泥土、砂石、草籽、杂谷、金属等，这必须先用筛子清除。为保证生产质量，生产过程又往往将粒度不同的物料加以分级，这也要用筛子来完成。这两方面的操作都可称为筛选。筛选操作常常是将物料从筛的一端加入，并使其向筛的另一端移动，从而使尺寸小于筛孔的物料穿过筛孔落下，成为筛下物，而尺寸大于筛孔的物料经过筛面从筛的另一端引出。筛选可以用人工的方法进行，但这时生产效率将会受到极大的限制。生产加工过程中的筛选操作都由筛选机械来完成。

（一）筛分的基本原理

由于筛选的主要对象是谷物，就其性质而言，介于固体和液体之间而被称为散粒体。散粒体具有流动性和自动分级性能。组成散粒体的颗粒都是固体，散粒体能在一定的限度内保持其原有的形状，这是它与固体相同之处；散粒体具有流动性，其保持形状的能力较小，这是它与液体相似之处。流动的谷粒具有液体的性质，受浮力作用，密度小而颗粒大的上浮。谷物在流动时松散，孔隙度变大，颗粒之间的摩擦力变小，使性质不同的颗粒产生分级。

物料一般由长、宽、厚三维尺寸组成，一般是长＞宽＞厚。筛选一般是根据颗粒的宽度和厚度的尺寸不同进行分级。

1. 按粒度厚度不同进行分级

长形筛孔主要是根据物料厚度尺寸不同进行分级，筛孔只限制谷粒的厚度，而谷粒的长度和宽度不受限制，筛孔宽度是限制物料过筛的重要尺寸。如图 4-1 所示，当谷物颗粒的厚度尺寸小于筛孔宽度，且能侧立或侧卧时，才能通过筛孔，而厚度大于筛孔宽度时，物料则留存在筛面上。

2. 按谷粒宽度不同进行分级

圆形筛孔只限制谷粒的宽度，而对长度和厚度没有限制。如图 4-2 所示，筛分时，谷粒必须竖立起来才能穿过筛面。但是，当谷粒的长度大于筛孔直径的两倍以上时，尽管谷粒的宽度小于筛孔的直径，谷粒也不能穿过筛面，而只能在筛面上水平运动。这是因为谷粒的重心没有在筛孔圆内，谷粒不能竖立起来。

在农产品加工过程中，多用圆形筛孔分离比谷粒宽度大和比谷粒长得多的大杂质，以及比谷粒宽度小的小杂质，或按谷粒的宽度进行分级，效果比较明显，生产效率较高。

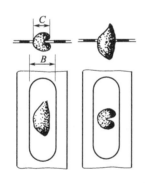

图 4-1　长形筛孔分离原理
B—筛孔宽度；C—谷粒厚度

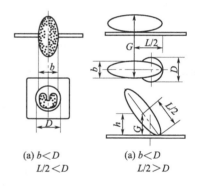

(a) b<D
L/2<D

(a) b<D
L/2>D

图 4-2　圆形筛孔分离原理
D—筛孔直径；G—重力；b—谷粒宽度；
L—谷粒长度；h—重心到筛面的距离

（二）筛面的种类和结构

筛面是筛选设备的主要工作部件，常用的筛面有四种：栅筛面、板筛面、编织筛网和绢筛面。

1. 栅筛面

栅筛面结构如图 4-3 所示，采用具有一定截面形状的棒料，按一定的间距排列而成。其结构简单，通常用于物料的去杂粗筛。

2. 板筛面

板筛面由金属薄板冲压而成，又称冲孔筛面，最常用的金属薄板厚度为 0.5～

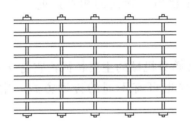

图 4-3　栅筛型样

1.5mm。板筛面最常用的筛孔形状有圆形、长圆形和方形等几种，如图 4-4 所示。孔的形状筛孔最好是上小下大。稍呈锥形，这样可以减少堵塞。筛孔多采用交错排列，以提高筛分效率。板筛的优点为孔眼固定不变，分级准确，同时坚固、刚硬，使用期限长。

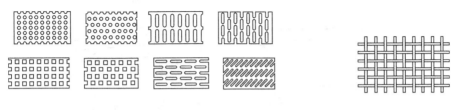

图 4-4　板筛型样　　　　　　　　　　　　图 4-5　编织筛型样

3. 编织筛网

编织筛又称筛网，如图 4-5 所示，它是由筛丝编织而成的。制作筛丝的材料要耐腐蚀，有较好的强度和柔软性。

4. 绢筛面

绢筛面由绢丝织成，或称筛绢，主要用于粉料的筛分，在面粉工业中粉筛用量最大。由于绢丝光滑柔软，所以在筛面中极易移动而改变筛孔尺寸，使用时必须用大框架绷紧，较大孔的绢筛面都用绞织。筛绢的材料为蚕丝或锦纶丝，也可用两种材料混织。

（三）筛面的运动方式

筛分机械工作过程的基础是物料与筛面的相对运动。对于固定筛面而言，则需要物料具有初始速度或是借重力产生的速度。对于大多数筛分机械而言，则需要借筛面

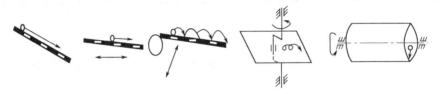

(a)静止倾斜筛面　(b)往复振动筛面　(c)高速振动筛面　(d)平面回转筛面　　　(e)滚动旋转筛面

图 4-6　筛面运动方式

71

运动的速度和加速度来产生物料与筛面的相对速度。各种筛面的运动方式如图 4-6 所示。

（四）筛面的传动方式

筛面的传动方式是每种筛分机械的主要特征，它与支承机构决定了筛面的运动方式。同一种筛面的运动方式也可有不同的传动方式，常用筛子传动方式如图 4-7 所示。

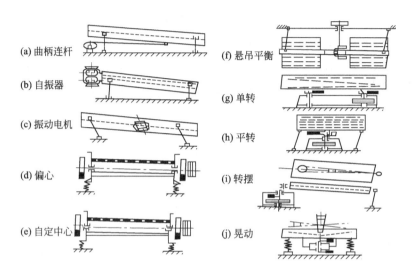

(a) 曲柄连杆
(b) 自振器
(c) 振动电机
(d) 偏心
(e) 自定中心
(f) 悬吊平衡
(g) 单转
(h) 平转
(i) 转摆
(j) 晃动

图 4-7　常用筛子传动方式

（五）常见的筛选设备

1. 摇动筛

摇动筛的工作原理是在重力、惯性力和物料与筛面之间的摩擦力的作用下，物料与筛面之间产生不对称的相对运动而进行连续筛分。按筛面的运动规律不同，摇动筛可分为直线摇动筛、平面摇晃筛和差动筛。

2. 振动筛

振动筛的原理是由筛机产生高频振动而实现筛分操作。由于振动筛筛面具有强烈的高频振动，筛孔几乎完全不会被物料堵塞，故筛分效率高，生产能力强，筛面利用率高。振动筛结构也简单，占地面积小，重量轻，动力消耗少，价格低，应用范围较广，特别适用于细粒物料和浆料的筛分操作。应用较多的是惯性振动筛、偏心振动筛和电磁振动筛。

3. 回转筛

回转筛是一种筛面作回转运动的筛分机械。转筒结构为六角棱台形，故俗称六角筛。

4. 曲筛

在淀粉加工中，曲筛可用来分离、洗涤胚芽和粗、细纤维，回收淀粉。

第二节　食品清理和筛选机械设备识图

一、食品清理机械设备识图

（一）除石机设备识图

1. 比重除石机的结构

如图 4-8 所示为豆制品厂常用的 QSC 型比重除石机，用来对豆类等物料清除密度比原料大的并肩石等重杂质的一种先进装备。该机主要由进料装置、筛体吊挂装置、筛体、偏心连杆传动机构、机架等主要部件组成。

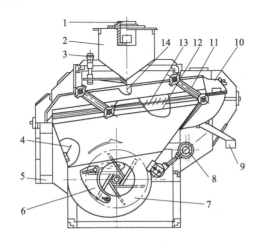

图 4-8　QSC 型比重除石机总体结构

1—进料口；2—进料斗；3—进风调节手轮；4—导风板；5—出料口；6—进风调节装置；

7—风机；8—偏心连杆传动机构；9—出石口；10—精选室；11—吊杆；

12—匀风板；13—去石筛板；14—缓冲匀流板

2. 比重除石机的主要构件

（1）进料装置　进料装置由接料管、料斗、缓冲匀料板、流量调节装置等部件组成。接料管与进料溜管相连接，接料管的两侧有两个出口，目的是将物料横向分流均匀，以避免溜管进料时物料冲向料斗的一侧，装配时一定要注意两个出口的位置是沿筛面横向的。料斗出口与进料门采用铰链，要求开度一致，不能有落料口两端出现宽窄不等的现象。进机流量可通过机箱顶盖上的手轮调节。料斗盖上安装有操作活门，以便于检查和清除异物。进料门下面的匀流板起缓冲和横向匀流作用，以保证物料沿筛面横向的料层厚度一致。

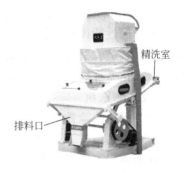

图 4-9　除石机设备

73

（2）筛体吊挂装置　QSC 型比重除石机的筛体采用刚性吊杆悬挂于机体上，吊杆的材质为圆钢或铸铁，吊杆传动部位采用橡胶轴承。

（3）筛体　筛体由去石筛板、风机、匀风板、弧形风量调节板等机构组成。

（4）偏心连杆传动　QSC 型比重除石机采用一个偏心连杆传动机构，安装于筛体左右对称的中心线上，以保证筛体的平衡和运动轨迹的稳定。

（5）机架　机架是除石机的总体支撑件，由框架、腹板、盖板、罩壳等组成。如图 4-9 所示为除石机设备外观图。

（二）除草机设备识图

除草设备的形式多种多样，如图 4-10 所示为块根类食品原料在清洗过程中除去杂草的典型设备——胶带式除草机。

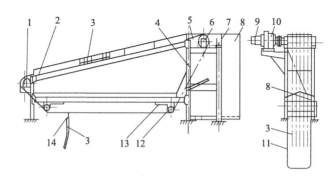

图 4-10　胶带式除草机

1—从动滚筒；2—挡板；3—耙齿；4—机架；5—胶带；6—主动滚筒；7—胶滚；
8—杂草溜槽；9—电动机；10—减速器；11—流送槽；12—改向滚筒；
13—张紧装置；14—耙齿托架

（三）除铁机设备识图

除铁机的主要工作部件是磁体。每个磁体都有两个磁极，其周围存在磁场，磁体分为电磁式和永磁式两种形式。磁选设备有永磁溜管、胶带式除铁机和永磁滚筒等。

1. 永磁溜管

永磁溜管如图 4-11 所示，永磁溜管的永久磁铁装在溜管上边的盖板上，一般在溜管上 2～3 个盖板，每个盖板上装有 2 组前后错开的磁铁。工作时，原料从溜管上端流下，磁性物体被磁铁吸住。工作一段时间后进行清理，可依次交替地取下盖板，除去磁性杂质。溜管可连续的进行磁选，永磁溜管结构简单，不占地方，磁性能稳定可靠，在正常环境下永磁芯 10 年内退磁不超过 3%。

2. 平板式除铁机

使用平板式除铁机的永磁安装结构如图 4-12 所示。磁铁可安装一排或多排。食品原料通过倾角为 30°～40° 的倾斜面时，铁杂被磁极吸住。当设备停止使用时，被吸住的铁杂由人工取下，再用铁板将两个磁极盖住，以保存磁性。这样可以延长设备的寿命，对保养设备有很重要的意义。

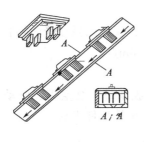

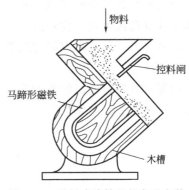

图 4-11 永磁溜管

图 4-12 平板式除铁机的永磁安装

3. 旋转式永磁除铁机

旋转式永磁除铁机结构如图 4-13 所示，主要是由半圆形磁铁芯与旋转滚筒组成，磁芯与滚动的间隙小于 2mm。当物料落在由非磁性材料制成的滚筒上时，物料随滚筒一起转动，而后自由排出，而夹杂在食品原料中的铁杂被吸附在滚筒表面，当滚筒转至磁场作用之外时，自动落入盛铁盒。小麦加工生产线中常常有这样的设备。

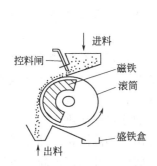

图 4-13 旋转式永磁除铁机

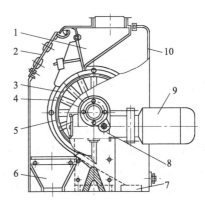

图 4-14 CXY 型永磁滚筒的结构

1—进料斗；2—观察窗；3—滚筒；4—磁芯；
5—隔板；6—小麦出口；7—铁杂质收集箱；
8—变速机构；9—电动机；10—机壳

4. 永磁滚筒

CXY 型永磁滚筒的结构如图 4-14 所示。为了保障安全生产和产品质量，在食品原料的粮食等物料加工的全过程中，凡是高速运转的机器的前部都应装有磁选设备。磁芯由锶钙铁氧体永久磁铁和铁隔板按一定顺序排列成 170°的圆弧形，安装在固定的轴上，形成多极头开放磁路。磁芯圆弧表面与滚筒内表面间隙小而均匀（一般小于2mm），滚筒由非磁性材料制成，外表面敷有无毒而耐磨的聚氨酯涂料作保护层，以延长使用寿命。滚筒通过蜗轮蜗杆机构由电动机带动旋转。磁芯固定不动。滚筒重量轻，转动惯量小。永磁滚筒能自动地排除磁性杂质，除杂效率高（98％以上），特别适合于除去粒状物料中的磁性杂质。

为了保证磁选效果，物料通过磁极面的速度不宜过快，永磁溜管的物料速度一般为 0.15～0.25m/s，永磁滚筒的圆周速度一般约为 0.6m/s。

(四) 过滤器

橡胶带式真空过滤机结构如图 4-15 所示。由橡胶滤带、真空箱、驱动辊、胶带支承台、进料斗、滤布调偏装置、滤布洗涤装置和机架等部件组成。

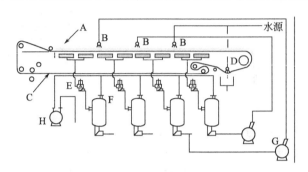

图 4-15　橡胶带式真空过滤机
A—加料装置；B—洗涤装置；C—纠偏装置；D—洗布装置；
E—切换阀；F—排液分离器；G—返水泵；H—真空泵

橡胶带式真空过滤机以滤布为过滤介质，采用整体的环形橡胶带作为真空室。环形胶带由电机拖动连续运行，滤布铺敷在胶带上与之同步运行，胶带与真空滑动接触（真空室与胶带间有环形摩擦带并通入水形成水密封），料浆由布料器均匀地布在滤布上。当真空室接通真空系统时，在胶带上形成真空抽滤区，滤液穿过滤布经胶带上的横沟槽汇总并由小孔进入真空室，固体颗粒被截留在滤布上形成滤饼。进入真空室的液体经气水分离器排出，随着橡胶带的移动，已形成的滤饼依次进入滤饼洗涤区和吸干区，最后滤布与胶带分开，在卸滤饼辊处将滤饼卸出。卸除滤饼的滤布经清洗后获得再生，再经过一组支承辊和纠偏装置后重新进入过滤区，开始进入新一过滤周期。

橡胶带式真空过滤机结构上的最突出特点。

(1) 采用了固定真空盒，胶带在真空盒上移动，真空盒和胶带间设计一环形摩擦带并以水密封，真空盒与胶带间构成运动密封的结构形式，密封水既可作为密封装置的润滑剂又可作为冷却剂，同时形成一个非常有效的真空密封。

(2) 在胶带的支承方式上，采用了气垫式支承或水膜支承，胶带漂浮在气垫上或者液膜上，可以有效减少胶带运行的摩擦阻力。

(3) 在整体结构上，采用了可拆式框架结构，确保了环形胶带的安装维护和设备保养。

二、食品筛选机械设备识图

1. 摇动筛设备识图

(1) 直线摇动筛　直线摇动筛结构如图 4-16 所示，它有一个长方形的筛框，筛面固定在筛框上，筛框用拉杆悬挂或用滚轮支承。筛框和筛面由偏心轮机构带动作往复运动。

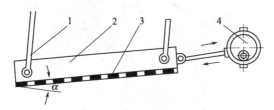

图 4-16　直线摇动筛
1—拉杆；2—筛框；3—筛面；4—偏心轮机构

工作过程：物料由筛面的一端加入，筛面下面有容器承接筛下的物料，不能过筛的物料即由筛面的另一端卸出。筛面一般倾斜安装。

（2）平面摇晃筛　平面摇晃筛构造如图 4-17 所示，它与直线摇动筛类似，主要差别是平面摇晃筛将筛框的一端直接连在偏心轮上。筛面做复杂的平面运动。与偏心轮连接的一端，运动时有较大的垂直位移。

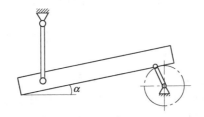

图 4-17　平面摇晃筛

（3）差动筛　差动筛结构如图 4-18 所示。筛框装在数个斜立的弹性支杆上，弹性支杆用角钢固定在筛框和底座之间，偏心轮机构使筛框水平运动。

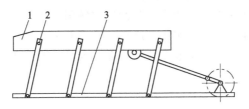

图 4-18　差动筛
1—筛框；2—弹性支杆；3—底座

工作过程：虽然筛面是水平放置的，但由于筛框的运动向与筛面成一定角度，筛面上物料的前进和后退有不同的加速度，从而使筛面上的物料与筛面之间有不对称的相对运动，使筛上料能够移到筛面的另一侧卸出。

2. 振动筛设备识图

振动筛主要由进料装置、筛体、吸风除尘装置和支架等部分组成，如图 4-19 所示。

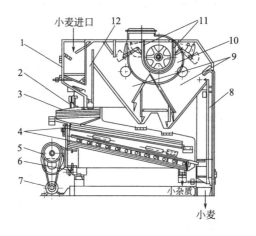

图 4-19　振动筛的结构

1—进料斗；2—吊杆；3—筛体；4—筛格；5—自衡振动器；6—弹簧限振器；

7—电动机；8—后吸风器；9—沉降室；10—风机；

11—风门；12—前吸风道

（1）进料装置　进料装置的作用是保证进入筛面的物料流量稳定并沿筛面均匀分布，以提高清理效率。进料量可以调节。进料装置由进料斗和流量控制活门构成，按其构造有喂料辊和压力进料装置两种。喂料辊进料装置需要传动，只有筛面较宽时才采用。压力门进料装置结构简单，操作方便，喂料均匀，特别是重锤压力门进料装置，动作灵敏，能随进料变化自动调节流量，故为筛选设备普遍采用。

（2）筛体　筛体是振动筛的主要工作部件，它由筛框、筛子、筛面清理装置、吊杆、限振机构等组成。筛体内有三层筛面。第一层是接料筛面，筛孔最大，筛上物为大型杂质，筛下物为粮粒及大型杂物，筛面反向倾斜，以使筛下物集中落到第二层的过程中，筛条的棱对料产生切割作用，厚度约有筛孔的 1/4，一层料及其中的细粒被棱切割而被筛下。曲筛的分级粒度大致是筛孔尺寸的一半。但随着筛条棱的磨损，通过筛孔的粒度将减少。

3. 回转筛设备识图

回转筛结构如图 4-20 所示。

4. 曲筛

曲筛结构如图 4-21 所示。曲筛的筛面呈弧形，由梯形不锈钢条拼制而成，钢条间构成细长的筛缝。筛缝间隙可根据加工原料的类型和组成来确定，一般在 20μm 以下。常用的曲筛筛面弧形角为 60°和 120°。

工作时，糊状物料借助重力或以 0.2～0.4MPa 的压力沿正切方向喷入筛面，并使其沿整个筛面宽度上均匀分布。物料的运动方向与筛面相切。在运动中，淀粉乳和小渣颗粒漏过筛孔，粗、细纤维则由筛面末端排出。

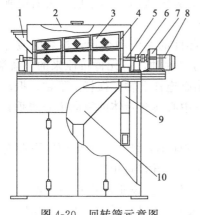

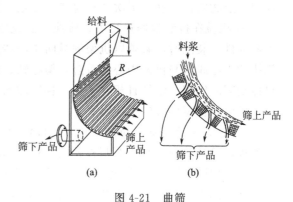

图 4-20　回转筛示意图

1—加料溜管；2—外壳；3—筛网；4—回转筒；

5—主轴；6—轴承；7—减速器；8—电动机；

9—筛上料卸出溜管；10—料斗

图 4-21　曲筛

第三节　食品清理和筛选机械设备维修与保养

　　由于清理和筛选设备是农产品加工的前段工艺，所接触的产品一般有多的杂物、金属、石头、毛发、树叶等，对设备的污染很严重，及时维修和保养设备对食品的营养与安全有保障，所以保养是必不可少的。本节我们主要介绍比重除石机和振动筛的维修与保养。

一、比重除石机的维修与保养

（一）比重除石机的使用与维护

　　① 开机前应进行全面检查。如各连接部位的螺栓是否拧紧，检查进料箱压力门、风门的开启是否灵活；关闭风门，检查筛面和风机内是否有异物；检查传动带的张紧程度，运转部位的润滑情况等，如一切正常就可以开机了。

　　② 对于吸式比重除石机，开车时应先打开风机，待运转正常以后，再打开风门，同时打开除石机的传动电动机或振动电动机，并开始进料。

　　③ 进料后首先要调节进料压力门的大小，在保证物料沿筛面宽度均匀下落的同时，保证进料箱内有一定的存料。流量的波动范围应不超过额定产量的±10％。

　　④ 除石筛板、匀风板、进风门、反吹风道要保持气流畅通。如筛孔堵塞，可用清理刷清理，切勿敲打，以免引起筛板的变形，影响除石效率。如有磨损，应及时更换，双面凸起的鱼鳞孔筛板可翻面使用。

　　⑤ 定期检查轴承的温升，一般温度不应超过室温 25℃，轴承要定期清洗和换油。

　　⑥ 经常检查谷物中的含石量和石中的含物料量，如发现异常，分析原因，及时采取相应的措施，一般石中含物料量应控制在 1％以下。

⑦ 停车时应先停料，后停风，再关机，最后关闭风门。停车后，去石筛板上应保留一层物料，以利于下次开车时能立即正常排石。

⑧ 机械在拆装检修过程中，应注意防止零部件的丢失和变形，检修时应尽量少拆零部件。装配时，必须以机架的纵向中心线为对称轴，将元件按原来的位置装配。筛体的中心线应与机架中心线重合，偏心轴、偏心连杆上轴、摆杆上下轴、振动电动机传动架芯轴都应水平且相互平行。各轴的水平中心线与筛体的纵向中心线垂直，除石筛板沿筛板宽度方向上应水平。

⑨ QSX 型比重除石机的精选室筛板鱼鳞孔方向不得装反，为单面向下凸起鱼鳞孔筛板，筛孔的规格与去石筛板相同，孔口朝向与出石方向相反。

⑩ 检修装配后空车运转应平稳，不得歪扭或颠簸。校正时可在去石筛面靠出料宽度方向的中间或两边同时放入大小一样的重杂质，如均能同时向上运动即属于正常；再进行投料试验，观察物料运动和排石情况；然后中断进料，这时在出石端附近有局部吹穿现象，正常情况下，吹穿的形状很对称。如发生走单边，有旋涡和死角等现象，应立即校正。

(二) 比重除石机常见故障及原因分析

1. 物料跑偏

原因分析：①去石筛板宽度方向上不水平；②筛板不平整，有翘曲；③沿筛面宽度方向进料不均匀；④风机外壳相对于叶轮位置偏移一边，导风板夹角不一致，顶端与叶轮间隙不等；⑤风门调节不当。

2. 物料中石子分离不出来

原因分析：①筛体运动严重不正常；②吸风量过小，物料悬浮不起来；③流量过小；④风机转速过小，总风量和精选室反向气流速度过大；⑤吹式除石机外壳相对于叶轮前移，导风板夹角不当，造成机内前段风量小，机内后段风量大。

3. 石中含物料过多

原因分析：①精选区筛板有堵塞；②总风量减少，精选区反吹风气流速度过小或有漏风；③吸风量过小，集石区未形成；④去石筛倾角过小；⑤传动带松弛打滑，电压降过大，风机转速降低；⑥流量过大，料层太厚，风的阻力过大，自动分级不好。

4. 筛体有不规则振动、颠簸、扭摆现象

原因分析：①安装基础刚度不够，或地脚螺栓松动；②偏心转动部分及摆动机构中连接有松动；③滚动轴承、橡胶弹簧损坏或其他构件损坏；④拆修装配不正确或更换零件精度不够；⑤两偏心连杆运动不同步；⑥两振动电动机有差异，偏重块或轴承有松动，支承弹簧损坏。

二、振动筛的维修与保养

(一) 振动筛的使用与维护

启动前必须先卸掉机械运输时附加的安全夹板，并确保筛体与橡胶弹簧支承及机架的连接可靠。检查进料箱与筛体的连接，锁紧止动挡栓。筛格压紧机构一定要锁紧。振动电动机与筛体的连接螺栓应紧固，不得有丝毫松动。两振动电动机的安装角度必须保持一致，两振动电动机偏重块的相对位置同样应保持一致。

空载启动后检查运转是否正常，有无碰撞等异常声响。试运行 10～15min 后停机，利用扳手重新拧紧驱动机构的所有螺栓。

带料运转后检查喂料情况，如不满意可调节进料管内的偏心锥筒及进料箱内的匀料闸门，使物料沿整个筛宽方向均匀分布。

（二）振动筛的常见故障及处理方法

振动筛的常见故障及处理方法见表 4-1。

表 4-1 振动筛的常见故障分析和处理方法

故障现象	可能原因	处理方法
无法启动或振幅小	电机损坏	更换电机
	控制线路中的电器元件损坏	更换电器元件
	电压不足	改变电源供给
	筛面物料堆积太多	清理筛面物料
	振动器出现故障	检修振动器
	振动器内润滑脂变稠结块	清洗振动器,更新添加合适的润滑脂
物料流运动异常	筛箱横向水平没找正	调整支架高度
	支撑弹簧钢度太大或损坏	调整弹簧
	筛面破损	调整筛面
	给料极不平衡	均匀操作,稳定给料
筛分质量不佳	筛孔堵塞	轻筛机负荷及清理筛面
	入筛物料水分增加	改变筛箱倾角
	筛机给料不均	调节筛机的给料
	筛面上料层过厚	减小筛机的给料
	筛网拉得不紧,传动皮带过松	张紧筛网,拉紧传动皮带
正常工作时筛机旋转减慢,轴承发热	轴承缺少润滑油	往轴承内注入润滑油
	轴承阻塞	清洗轴承,更换密封圈,检查迷宫密封装置
	轴承注油过量或加入了不合适的油	检查轴承的润滑油
	轴承损坏或安装不良,圆轮上偏心块脱落,偏心块的大小不同,迷宫密封被卡塞	更换轴承,安装偏心块,调整圆轮上偏心块
其他故障	轴承损坏	更换轴承
	筛网拉得不紧或筛面固定不牢	拉紧筛网
	轴承固定螺栓松了	拧紧螺栓
	弹簧损坏	更换弹簧

思 考 题

1. 举例说明常见的清理机械的类型有哪些，它们的适用场合如何。
2. 举例说明常见的筛选设备有哪些。
3. 简述比重除石机的主要构件有哪些。
4. 简述振动筛设备的主要构件有哪些。
5. 说明比重除石机的使用与维护的主要内容有哪些。
6. 说明振动筛的使用与维护的主要内容有哪些。

第五章 切割、破碎机械设备

第一节 切割、破碎机械设备概述

物料的切割与粉碎是食品加工过程中最为常见的尺寸减小单元操作。该操作在食品加工过程中的常见目的有：①满足某些产品消费的需要，如小麦磨成面粉、稻谷碾成白米后才能食用；②增加物料的比表面积，以利于干燥、溶解、浸出等进一步加工，如蔬菜、水果等干燥前大多切成小块；③选择性破碎，以分别不同成分的利用、剔除或分离，如果蔬榨汁、功能性食品的生产。

一、切割机械设备概述

切割机械是利用切刀锋利的刀口对加工物料做相对运动而将加工物料进行切片、去端、切块或切成碎段的机械。相对运动的方向基本上分为顺向和垂直两种。为了使切后的物料有固定的形状，切割设备中一般应有物料定位机构。它常用在肉类、瓜果、蔬菜等食品物料的加工工序中。

切割机械的特点是：可使成品粒度均匀一致，被切割表面光滑；消耗功率较少；只需要更换不同形状刀片便可获得不同形状和粒度的成品；多属于中低速运转，噪声小。

1. 常见刀片结构形式

在切割机械中，切刀是切割机械的核心，切刀的形式直接影响着切割机械的功能及整体性能。切刀的刀刃有直刃口、折刃口、凸刃口、凹刃口几种形状，如图 5-1 所示。

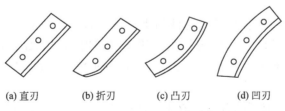

(a) 直刃　　　(b) 折刃　　　(c) 凸刃　　　(d) 凹刃

图 5-1　刀片刃口的几何形状

由于切割的物料的物理、力学性能不同，刀片形状也各种各样。常用的刀片有图 5-2 所示的 12 种。切割坚硬和纤维性物料时，常采用图 5-2(a) 所示的带锯形刃口的圆盘刀，其两侧都有刃磨斜面；切割塑性和非纤维性物料时，常采用图 5-2(b) 所示

83

的光滑刃口的圆盘刀；图 5-2(c) 为圆锥形刀片，常用于切割脆性物料；凸刃刀口和凹刃刀口，如图 5-2(d)、(j) 和（k），多用于切割脆性和塑性物料；平板刀的应用最为广泛，图 5-2(e) 为光滑刃口，用于将物料切片或切断；图 5-2(f) 为梳形刃口刀，两刃口间有间距，当切刀沿前进方向呈一定角度安装时，切成的产品成长条形；图 5-2(g) 为波浪形刃口，切成的产品成半圆形或波浪形；图 5-2(h) 为带锯齿形刃口刀，用于斜切韧性和塑性大的物料；三角形刃口刀如图 5-2(i) 所示，用作砍切；螺旋形刀片刃口如图 5-2(l) 所示，常用于切割柔软性的物料。

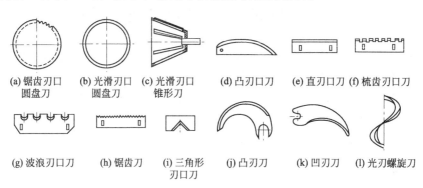

(a) 锯齿刃口
圆盘刀　(b) 光滑刃口
圆盘刀　(c) 光滑刃口
锥形刀　(d) 凸刃口刀　(e) 直刃口刀　(f) 梳齿刃口刀

(g) 波浪刃口刀　(h) 锯齿刀　(i) 三角形
刃口刀　(j) 凸刃刀　(k) 凹刃刀　(l) 光刃螺旋刀

图 5-2　常见刀片结构形式

2. 典型切割机械

根据物料切割后的形状，可将切割机械分为切段机械、切片机械、切丁机械、切碎机械、打浆机械和斩拌机等。

（1）切段机械　典型的切段机械如高效多功能切菜机，其是一种通用定长切割机械，系统完整。

（2）切片机械　典型的切片机械如通用型离心式切片机、蘑菇定向切片机等。通用离心切片机适用于将各种瓜果、块根类蔬菜与叶菜切成片状、丝状；蘑菇定向切片机用于生产片装蘑菇罐头时，切出厚薄均匀且切向一致的蘑菇片。

（3）切丁机械　典型的切丁机械如果蔬切丁机和肉用切丁机。果蔬切丁机用于将各种瓜果、蔬菜切成立方体、块状或条状；肉用切丁机用于将肉切制几何形状整齐规范的肉丁。

（4）切碎机械　典型的切碎机械如水果破碎机和绞肉机。水果破碎机用于将果蔬破碎成不规则碎块的；绞肉机主要用于将肉料切制成保持原有组织结构的细小肉粒，如应用于香肠、火腿、鱼丸、鱼酱等的肉类加工，还可混合切碎蔬菜和配料等。

（5）打浆机械　典型的打浆机械如果蔬打浆机，主要用于番茄酱、果酱罐头的生产中，它可将质地松软的多汁果蔬原料破碎成浆状物料。

（6）斩拌机　斩拌机用于肉制品的加工，其功能是将原料肉切割剁碎成肉糜，并同时将剁碎的原料肉与添加的各种辅料混合均匀，使之达到工艺要求。它是肉制品生产的主要设备之一。它分为真空斩拌机和非真空斩拌机，真空斩拌机是在负压下工

84

作，具有卫生条件好，物料升温小等优点；非真空斩拌机不带真空系统，在常压下工作。

本章主要介绍一种蘑菇定向切片机和一种多功能物料切片机的结构及其维修与保养。

二、粉碎机械设备概述

1. 粉碎的概念

固体物料在机械力的作用下，克服内部的凝聚力，分裂为尺寸更小的颗粒，这一过程称为粉碎操作。根据被处理的物料尺寸的大小不同，将大块物料分裂成小块者称为破碎，将小块物料变成细粉者称为粉磨。

2. 粒度和粉碎的级别

粒度指颗粒的大小，是表示固体粉碎程度的代表性尺寸。根据粉碎的粒度大小，将粉碎分成以下 7 个级别：①粗破碎，指物料被粉碎到 200～100mm 者；②中破碎，指物料被粉碎到 70～20mm 者；③细破碎，指物料被粉碎到 10～5mm 者；④粗粉碎，指物料被粉碎到 5～0.7mm 者；⑤细粉碎，指将物料中的 90％以上粉碎到能通过 200 目的标准筛网；⑥微粉碎，指将物料中的 90％以上粉碎到能通过 325 目的标准筛网；⑦超微粉碎，指将全部物料粉碎到微米级的粒度。

3. 粉碎方式

根据对物料的施力种类与方式的不同，物料粉碎的基本方法可以分为挤压、撞击、折断、研磨、剪切等粉碎的方式。

（1）挤压　如图 5-3（a）所示，物料在两平面间受到缓慢增长的压力作用而粉碎。对于大块物料，第一步多采用此法处理。此法主要应用于大块物料和干脆性物料。对于韧性和塑性物料则可能产生片状物料，如麦片、米片、油料的轧片。

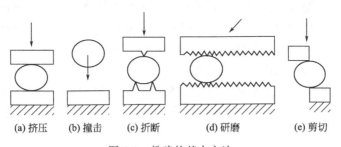

(a) 挤压　(b) 撞击　(c) 折断　(d) 研磨　(e) 剪切

图 5-3　粉碎的基本方法

（2）撞击　如图 5-3（b）所示，物料在瞬间受到外来的冲击力而被击碎。撞击粉碎可以应用于多种食品物料，从较大块形原料的破碎到细微粉碎均可使用此法。

（3）折断　如图 5-3（c）所示，物料承受集中载荷的两支点或多支点梁，当物料内的弯曲应力达到物料的弯曲强度极限时而被折断。此法多用于硬、脆性大的块状或条状物料的粉碎，如豆饼、玉米穗等的粉碎。

（4）研磨　如图5-3（d）所示，物料与运动表面之间受一定的压力和剪切力作用，当剪应力达到物料的剪切强度极限时，物料就被粉碎。此法主要用于小块物料或韧性物料的粉磨。

（5）剪切　如图5-3（e）所示，物料受到相对运动的两个工作构件端面的作用而被切断。此法可粉碎韧性物料，适于一般果蔬、肉类的分切。

在粉碎操作上，粉碎方法应根据物料的物理性质、块粒大小以及需要粉碎的程度而定，也可采用两种和两种以上方法组合进行。

4. 粉碎机械的类型

由于食品工业所采用的原料不同，加工目的各异，因此，粉碎机的类型繁多。按被处理物料的干湿状态，粉碎操作可分为干式粉碎和湿式粉碎两大类。当物料含水率在4%以下时，称干式粉碎。当物料含水率在50%以上为湿式粉碎。含水率在4%～50%之间的物料易黏结，粉碎、碾磨工作难以进行。

最为常见的干式粉碎机械有冲击式粉碎机、辊式粉碎机、气流粉碎机、冷冻粉碎机等；常见的湿式粉碎机有均质机、胶体磨等。湿式粉碎机将在混合机械设备中进一步介绍。

（1）冲击式粉碎机　这种粉碎机主要有两种类型，即锤片式粉碎机和齿爪式粉碎机。它们以锤片或齿爪在高速回转运动时产生的冲击力来粉碎物料。锤式粉碎机既可以用作脆性物料的粉碎，也可以用作一些韧性物料的粉碎，故常被称为万能粉碎机。

（2）辊式粉碎机　辊式粉碎机是利用两个表面加工有齿形结构并做差速转动的转辊进行研磨粉碎。它是广泛使用的一种粉碎设备，主要类型有辊式磨粉机、辊式破碎机、齿辊破碎机、轧坯机、胶辊砻谷机、碾米机等。

（3）气流粉碎机　气流粉碎机又称流能磨，是一种超微粉碎机。其工作原理是利用空气、蒸汽或者其他气体通过一定压力的喷嘴喷射产生高速的湍流和能量转换流，物料颗粒在这种高能气流作用下悬浮输送，相互发生剧烈的冲击、碰撞和摩擦，加上高速喷射气流对颗粒的剪切冲击作用，使得物料颗粒间得到充分的研磨而粉碎成细小粒子。气流粉碎机可对热敏性物料进行超微粉碎，并且可以实现无菌操作、卫生条件好，广泛应用于食品、农产品、医药等行业。

（4）冷冻粉碎机　冷冻粉碎又叫低温粉碎，是利用冷冻与粉碎两种技术相结合。使食品原料在冻结状态下进行粉碎制成干粉的技术，但冷冻粉碎后应进行冷冻干燥处理。

与常温粉碎相比，冷冻粉碎具有以下优点：①可以粉碎常温下难以粉碎的物质；②可以制成比常温粉粒体流动性更好、粒度分布更理想的产品；③粉碎时不会发生气味逸出、粉尘爆炸、噪声等。这种方法特别适用于由于油分、水分等缘故很难在常温下微粉碎的食品，或在常温粉碎时很难保持香味成分的香辛料。冷冻粉碎的缺点是成本较高。

本章主要介绍一种锤式粉碎机和一种辊式粉碎机的结构及其使用与保养。

第二节　切割、破碎机械识图

一、切割机械识图

（一）蘑菇定向切片机识图

蘑菇定向切片机结构和外形如图 5-4（a）和图 5-4（b）所示。它的主要组成构件有支架 1，出料斗 2、3，卸料挡梳 5，定位板 6、9，定向滑料板 8，回转轮 13 等。

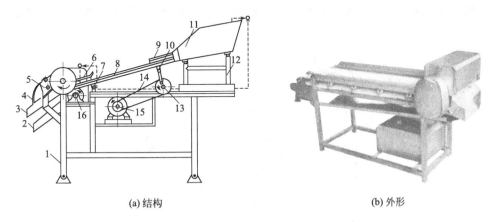

(a) 结构　　　　　　　　　　　　　　(b) 外形

图 5-4　蘑菇定向切片机

1—支架；2—边片出料斗；3—正片出料斗；4—护罩；5—卸料挡梳；6—下压板；7—铰杆；
8—定向滑料板；9—上压板；10—连接杆；11—进料斗；12—进料斗架；
13—回转轮；14—供水管；15、16—电动机

（二）通用离心切片机识图

通用离心切片机主要由圆筒机壳、回转叶轮和安装在机壳侧壁的定刀片等组成，如图 5-5 所示。

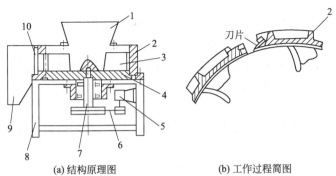

(a) 结构原理图　　　　　　　　　(b) 工作过程简图

图 5-5　离心切片机结构

1—进料斗；2—圆筒机壳；3—叶片；4—叶轮盘；5—电动机；
6—传动带；7—转轴；8—机架；9—出料槽；10—刀架

圆筒机壳 2 固定在机架 8 上，切割刀片装入刀架 10 后固定在机壳 2 侧壁的刀座上。在圆形叶轮盘 4 上固定有 3 个叶片，电动机 5 驱动转轴 7 带动叶轮盘 4 回转时，料块在离心力作用下被抛向机壳内壁，此离心力可达到其自身重量的 7 倍，使物料紧压在机壳内壁并与定刀片做相对运动，在相对运动的过程中将料块切成厚度均匀的薄片，切下的薄片从出料槽 9 卸出。

二、破碎机械识图

(一) 锤式粉碎机械

锤式粉碎机结构如图 5-6 所示，主要由转子、销连在转子上的锤片、筛板等组成。

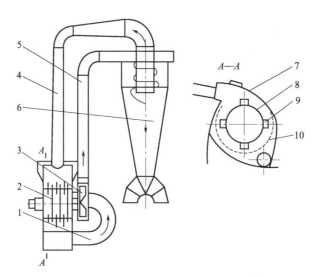

图 5-6　锤式粉碎系统结构

1—吸料管；2—锤架板；3—风机；4—回料管；5—出料管；
6—集料筒；7—齿板；8—转子；9—锤片；10—筛板

锤式粉碎机械按主轴布置分为卧式和立式两种结构。其中，卧式为传统结构形式，应用广泛，按物料喂入方向不同，可以分为切向喂料式、轴向喂料式和径向喂料式三种形式，其结构和外形如图 5-7(a) 和图 5-7(b) 所示。9FQ-50 型粉碎机是切向进料锤片式粉碎机，其结构和外形如图 5-8(a) 和图 5-8(b) 所示。

1. 锤片

锤片是主要的易损件，一般寿命为 200～500h。锤片的形状尺寸、排列方式对粉碎机的性能有很大影响。

(1) 连接方式　粉碎机内轴头的两端和多个三角盘的定位由轴套隔开，在每个三角盘之间由铰链连接着锤子（三角盘的个数视锤子的排数而定）。

(2) 基本形状　锤片基本形状如图 5-9 所示，锤片的基本形状有 8 种，其中以矩形锤片用得较多。如图 5-9(a) 为普通板条状矩形锤片，它通用性好，形状

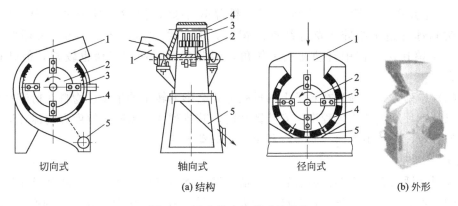

切向式　　　　　　　　　轴向式　　　　　　　　　径向式

(a) 结构　　　　　　　　　　　　　　　　　　(b) 外形

图 5-7　锤式粉碎机类型及结构

1—进料斗；2—转子；3—锤片；4—筛板；5—出料口

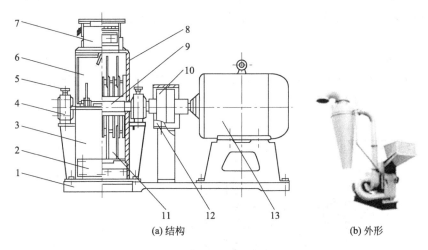

(a) 结构　　　　　　　　　　　　　　　　(b) 外形

图 5-8　9FQ-50 型粉碎机结构

1—机座；2—进风板；3—下机体；4—轴承座；5—油杯；6—门；7—料斗；

8—齿板；9—转子；10—联轴器；11—筛板；12—护罩；13—风机

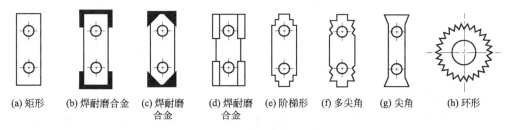

(a) 矩形　　(b) 焊耐磨合金　(c) 焊耐磨　　(d) 焊耐磨　(e) 阶梯形　(f) 多尖角　(g) 尖角　(h) 环形
　　　　　　　　　　　　　　　合金　　　　　合金

图 5-9　锤片的种类和形状

简单，易制造。它有两个销连孔，其中一个孔销连在销轴上，可轮换使用四个角来工作。如图 5-9（b）、（c）为在工作边角涂焊、堆焊碳化钨等合金，或如图 5-9（d）焊上一块特殊的耐磨合金，可延长使用寿命 2～3 倍，但制造成本较高。图

5-9（e）所示阶梯形锤片工作棱角多，粉碎效果好，但耐磨性差些。图5-9（f）、（g）尖角锤片适于粉碎牧草等纤维质饲料，但耐磨性差。图5-9（h）为环形锤片只有一个销孔，工作中自动变换工作角，因此耐磨，使用寿命也较长，但结构比较复杂。

（3）排列方式　锤片在转子上的排列方式会影响转子的平衡、物料在粉碎室内的分布以及锤片磨损的均匀程度。安装锤片时，其排列要沿粉碎室宽度方向锤片运动轨迹均匀分布，物料不推向一侧，有利于转子的动平衡。

2. 筛板

筛板是锤式粉碎机的排料装置，一般用厚的优质钢板冲孔制成。通常设在转子下半周的位置。为了提高粉碎机的排料能力，也可使筛板占整个粉碎室内周面积的3/4以上，或是将筛板置于粉碎室侧面。

筛孔的形状和尺寸是决定粉料粒度的主要因素，对机器的排料能力也有很大的影响。筛孔的形状通常是圆孔或长孔。筛孔的直径一般分为四个等级，小孔、中孔、粗孔、大孔以上。

（二）爪式粉碎机

爪式粉碎机结构和外形如图5-10（a）和图5-10（b）所示，其主要由进料斗2、动齿盘转子8、定齿盘3、环形筛6、主轴11、出粉管12等组成。

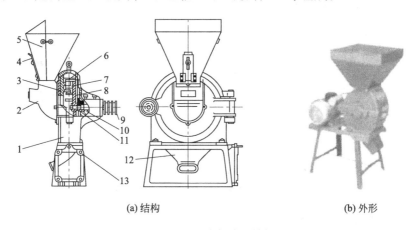

(a) 结构　　　　　　　　　　　　　　　(b) 外形

图 5-10　爪式粉碎机结构

1—机壳；2—进料斗；3—定齿盘；4—闸门；5—喂入斗；6—环形筛；7—齿爪；
8—动齿盘转子；9—皮带轮；10—轴承；11—主轴；12—出粉管；13—电机架

（三）辊式粉碎机械

辊式粉碎机一般由机架、成对磨辊、喂料机构、松合闸机构、辊面清理装置、传动机构及吸风装置等组成。复式对辊式磨粉机结构如图5-11所示。

1. 磨辊

磨辊分为光辊和齿辊两种基本类型。光辊外表面为经研磨加工的光滑圆柱面，齿辊表面一定斜度的齿状条纹。齿辊有研磨作用强烈、磨出物疏松、粒度差别明显、能耗少等优点。

为实现磨辊对于物料的研磨，磨齿与物料间必须保持不同的运动速度，因此每对辊中的两磨辊的转速并不相同，通常称转速较高的磨辊为快辊，较低的为慢辊。快、慢辊的速比采用2.5∶1。

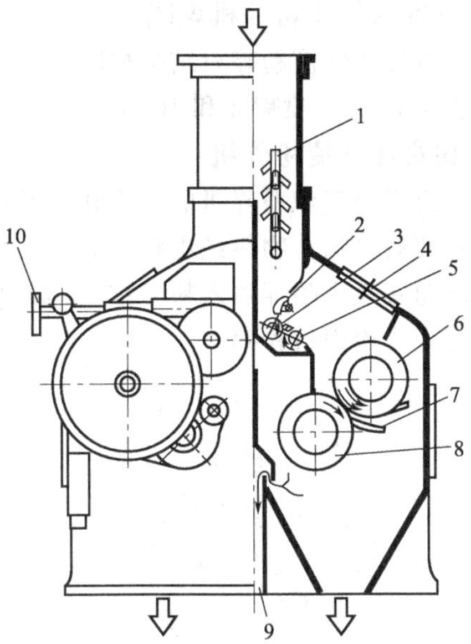

2. 轧距调节

两磨辊辊面间的最小距离称为轧距，调节轧距可以控制被粉碎物料的粒度。磨粉机空载时，为避免高速相向旋转的两磨辊互相摩擦、碰撞，轧距应放大，称为松闸；当磨粉机负载时，两辊间隙应回到调定的轧距，称为合闸。

一般辊式磨粉机要求松、合闸和喂料机构的操作联动；有物料时，通过物料传感器使喂料机构先运转，物料进入两辊之间后再合闸；断料时，先松闸，再使喂料机构停止。这样不仅防止两辊碰撞产生火花，引起粉尘爆炸，而且避免齿辊表面的磨损。

(四) 气流式粉碎机械

1. 立式环形喷射气流粉碎机

立式环形喷射气流粉碎机结构如图5-12所示，其主要由立式环形粉碎室、分级器和文丘里加料器等组成。

图 5-11　复式对辊式磨粉机

1—枝状阀；2—扇形活门；3—喂料定量辊；

4—视窗；5—喂料分流辊；6—快磨辊；

7—刮刀；8—慢磨辊；9—吸风口；

10—轧距调节轮

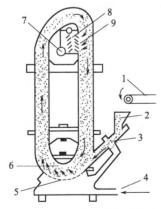

图 5-12　立式环形喷射气流粉碎机

1—输送机；2—料斗；3—文丘里加料器；4—压缩空气入口；5—喷嘴；6—粉碎室；7—产品出口；8—分级器；9—分级器入口

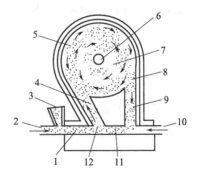

图 5-13　对冲式气流粉碎机

1、11—喷管；2、10—喷嘴；3—料斗；4—上导管；5—分级室；6—排出口；7—微粉体；8—粗颗粒；9—下导管；12—冲击室

2. 对冲式气流粉碎机识图

　　对冲式气流粉碎机结构如图 5-13 所示，其主要工作部件有冲击室 12、分级室 5、喷管 1 和 11、喷嘴 2 和 10 等。

3. 超音速气流粉碎机

　　超音速气流粉碎机的结构和外形如图 5-14(a) 和图 5-14(b) 所示，粉碎室 5 周壁上安装有喷嘴，物料经由料斗 2 进入机器后，先与压缩空气混合形成气固混合流，之后以超音速由喷嘴喷入粉碎室 5，使物料在粉碎室 5 内发生强烈的对冲冲击、碰撞、摩擦等作用而被粉碎。

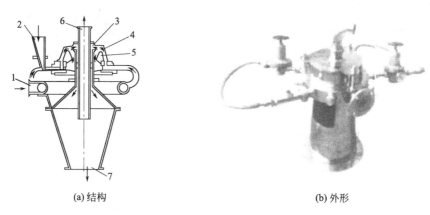

(a) 结构　　　　　　　　　　　　　　　　(b) 外形

图 5-14　超音速气流粉碎机

1—压缩空气入口；2—料斗；3—分级板；4—颗粒
返还管；5—粉碎室；6—排气口；7—出料口

(五) 冷冻粉碎机

　　图 5-15(a) 和图 5-15(b) 分别所示为低温粉碎系统的装置流程图和外形。其主要由液氮箱 4、原料冷却箱 2、低温粉碎机 5、分离器 7 等组成。

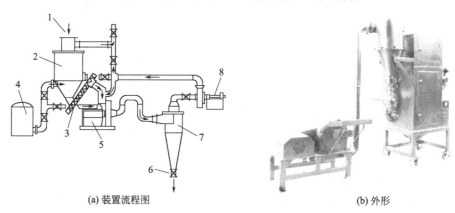

(a) 装置流程图　　　　　　　　　　　　　(b) 外形

图 5-15　冷冻超微粉碎

1—物料入口；2—冷却箱；3—输送机；4—液氮箱；5—低温粉碎机；
6—产品出口；7—旋风分离器；8—风机

第三节　切割、粉碎机械维修与保养

一、切割机械的维修与保养

(一) 蘑菇切片机的操作使用

① 蘑菇切片机的操作顺序是首先开启水管阀门，向弧槽供水，然后开动机械，最后启动升送机送料。

② 送料要均匀，以减少堵塞现象。

③ 使用过程中发现所切物料不规则时，首先要检查定位装置调整是否合适。

④ 圆刀的间距小、刀片薄，如掉进硬物会损坏刀片，所以使用前后均应认真做好机械的清洁工作。松开挡轴两端的螺栓，将挡梳片退出洗净，然后用水冲洗机械。洗毕，安装挡轴，挡梳片和刀轴之间的间隙在 2～5mm 为宜。

(二) 多功能物料切片机维修与保养

1. 多刀多功能物料切片机的操作使用

① 在使用前必须检查该机是否可靠接地。向润滑点加油（机油或钙基润滑油），检查螺栓是否拧紧，切碎室内不得有异物。人工转动转子，检查是否转动中转子有碰撞（或有异常响声）。

② 开机前先检查该机是否放置平衡，其上有无杂物，排除后，打开该机前面板，调整每组刀具的切片或切丝的规格方可开机。切片时将所有刀具同时调整到切片位置。切丝时将所有相同宽窄切丝刀分别调整到垂直进料方向并检查是否都调整到位，另外用调节手轮调整切丝厚度，调好后关好前面板方能开机工作。

③ 启动后应空运转几分钟，查看运转是否正常，待确定正常后方可喂料。喂料要由少到多，严禁长期超载工作。切取物料时，注意防止金属、石块等硬质杂物掉进料斗。

④ 停车前 1～2min 应先停止喂料，以将机内积存料排空。

⑤ 每次工作后请注意清洗，尤其是料斗及刀具上剩余、黏附的残余物料要清洗干净（刀具上可用削尖的竹筷清理，切勿用金属，以免损伤刀具）。机体擦拭干净后，多功能组合刀具及切断刀片上可涂少许食用油，以防止锈蚀。设备如长期未用，重新使用前一定要清洗干净，并检查运动部件及紧固件是否松动。清洗检查完好方能投入使用，保证卫生安全。

⑥ 刀片磨钝后生产率会显著降低，应及时磨刃修复或更换新的刀片。但需要注意有些组合刀具在出厂前经过专业人员的精心调试，不要轻易拆卸，否则将影响切断刀与齿形刀具间的间隙，从而影响切料效果。要修理及更换刀具时只能将组合刀具部件一并拆下，由机械专业人员或返厂维修及更换。新刀的重量应一致或相近，特别是直径方向对称的两组重量应一致，以保证刀盘转动小，运转平稳。

2. 多功能物料切片机常见故障及处理方法

多功能物料切片机常见故障及处理方法见表 5-1。

表 5-1　多功能物料切片机常见故障及处理方法

故障现象	产生原因	处理方法
喂入困难	喂入辊堵塞	停车清理喂入辊
	上喂入辊浮动不灵活	修理浮动辊导槽，使上辊能在两侧侧壁导槽内上、下自由滑动
机械运转不灵活或转不动	转动件堵塞或被泥土卡死	停机清除
	滚子轴承破碎	更换滚子轴承
	缺润滑油	按时加油
输送链运转不灵	链环出槽	重新安装链环
	输送链偏斜	卸下输送链，调整左右链环长度，或者调整两个五角轮的位置，使之在同一平面上
	五角轮磨损	更换五角轮
	五角轮固定螺栓松动	拧紧固定螺栓
	输送链装反	输送链的链板折边应指向喂送前方
铡出的碎段长短不齐	动刀、定刀磨钝切不断物料	及时将刀片刃口磨锐
	刀片刃口间隙过大或沿刀片刃口全长的刃口间隙不均匀	重新调整刃口间隙
	喂入辊压紧弹簧压力不够	更换新弹簧
物料堵塞	喂入量过大	停车后结合离合器，用于倒转主轴带轮，将物料反转出来
	下喂入辊与梳齿间物料堵塞	将堵塞物料清除掉
有明显撞击声	工作室内进入硬物	立即停机检查并清除出硬物
	定刀与动刀相碰	调整刀片间隙，拧紧固定螺栓
	传动齿轮缺齿（或掉牙）	修理或更换齿轮

二、粉碎机的维修与保养

（一）锤式粉碎机的使用与维护

① 锤式粉碎机工作时，应先启动机器，再投入物料。切忌在满负荷时启动。

② 进入锤式粉碎机的物料，应通过电磁离析器去除金属杂质，以免损坏机件。

③ 要根据产品的粒度选择筛板，筛板与锤片之间的间隙要根据物料性质加以调整。我国设计的粉碎机推荐锤筛间隙为：谷物 4～8mm，通用型 12mm。

④ 筛板和锤片工作时会因强大冲击力及磨损而损坏，要经常检查，随时更换。筛板的寿命不应以筛面破损为准，应视筛孔边缘的磨损程度而定。

⑤ 锤式粉碎机对湿度大的物料粉碎效果较差，故进入机器的物料湿度不要大于 15%。

⑥ 停机前，应先停止进料，待机内物料基本排空后再停机。

（二）辊式磨粉机的使用与维护

① 要根据产品要求的不同粒度调整磨辊轧距，同时进入辊式磨粉机的物料粒度要控制在一定的范围内。

② 磨辊的转速应根据物料的性态来选择，被粉碎物料的粒度越大、硬度越大，则转速应越低。

③ 工作时喂料门开启程度需能阻止一定大小的异物通过，同时严防金属和硬杂物进入磨辊之间，以免造成机器的损坏。

④ 手动磨粉机开机时要先给料后合闸，停机时要先松闸后断料。

⑤ 磨辊的磨齿在长时间工作后会磨损变钝，降低磨粉效率，应将磨辊卸下重新拉丝，以保证磨粉机始终处于良好的工作状态。

（三）粉碎机日常检修的主要环节

一般情况下，粉碎机的检修主要有筛网的修理和更换、轴承的润滑与更换和齿爪与锤片的更换三个方面的工作。

1. 筛网的修理和更换

筛网是由薄钢板或铁皮冲孔制成。当筛网出现磨损或被异物击穿时，若损坏面积不大，可用铆补或锡焊的方法修复；若大面积损坏，应更换新筛。安装筛网时，应使筛孔带毛刺的一面朝里，光面朝外，筛片和筛架要贴合严密。环筛筛片在安装时，其搭接里层茬口应顺着旋转方向，以防物料在搭接处卡住。

2. 轴承的润滑与更换

粉碎机每工作 300h 后，应清洗轴承。若轴承为机油润滑，加新机油时以充满轴承座空隙 1/3 为宜，最多不超过 1/2，作业前只需将常盖式油杯盖旋紧少许即可。当粉碎机轴承严重磨损或损坏，应及时更换，并注意加强润滑。使用圆锥滚子轴承的，应注意检查轴承轴向间隔，使其保持为 0.2～0.4mm，如有不适，可通过增减轴承盖处纸垫来调整。

3. 齿爪与锤片的更换

粉碎部件中，粉碎齿爪及锤片是饲料粉碎机中的易损件，也是影响粉碎质量及生产率的主要部件，粉碎齿爪及锤片磨损后都应及时更换。齿爪式粉碎机更换齿爪时，应先将圆盘拉出。拉出前，先要打开圆盘背面的圆螺母锁片，用钩形扳手拧下圆螺母，再用专用拉子将圆盘拉出。为保证转子运转平衡，换齿时应注意成套更换，换后应做静平衡试验，以使粉碎机工作稳定。齿爪装配时一定要将螺母拧紧，并注意不要漏装弹簧垫圈。换齿时应选用合格件，单个齿爪的重量差应不大于 1.0～1.5g。

锤片式粉碎机的锤片有的是对称式，当锤片尖角磨钝后，可反面调角使用；若一端两角都已磨损，则应调头使用。在调角或调头时，全部锤片应同时进行，锤片四角磨损后，应全部更换，并注意每组锤片质量差不得大 5g；主轴、圆盘、定位套、销轴、锤片装好后，应做静平衡试验，以保持转子平衡，防止机组振动。此外，固定锤片的销轴及安装销轴的圆孔由于磨损，销轴会逐渐磨细、圆孔会逐渐磨大，当销轴直径比原尺寸缩小 1mm、圆孔直径较原尺寸磨大 1mm 时，应及时焊修或更换。

（四）粉碎机常见故障及处理方法

粉碎机常见故障及处理方法见表 5-2。

表 5-2　粉碎机常见故障及处理方法

故障现象	产 生 原 因	处 理 方 法
粉碎机堵塞	进料速度过快,负荷过大,造成堵塞	立即减小喂料量或关闭喂料
	粉碎后物料通道不畅或堵塞	及时修复或更换闭风搅拌螺旋叶片,调整、张紧提升机皮带
	与粉碎配套的风网风道不畅或堵塞	定期检查和清理脉冲除尘器或布袋除尘器、风网管道
	锤片磨损	定期调整或更新严重磨损的锤片
	筛网孔封闭	定期检查和清理筛网
	粉碎的物料含水量过高	粉碎的物料含水率应低于 14％
	物料品质不好	根据实际情况采购品质好的易粉碎的原料
	物料的品种不好	根据实际情况采购品种适当的原料
粉碎机振动、噪声大	粉碎机整体安装不水平	调整粉碎机整体水平
	粉碎机整体机架刚性不够	加固粉碎机机架
	粉碎机的进出料口连接方式不当	粉碎机的进料口连接处垫厚橡皮
	粉碎机直联传动没有装配好	根据不同类型联轴器采取相应的方法调整联轴器的连接
	电机转子与粉碎机转子不同心	左、右移动电机的位置,或调整电机底脚的高低,以调整两转子的同心度
	支承粉碎机转子轴承座的两个支承面不在同一个平面内	在支承轴承座底面垫铜皮,或在轴承座底部增加可调的楔块,保证两个转子同心度
	转子内部的锤片质量不均	重新选配每组锤片或更换整套锤片,相对称的两块锤片质量误差小于 5g
	粉碎机转子磨损严重,造成转子不平衡	修复粉碎机转子,须做动平衡试验,或更换粉碎机转子
	粉碎机电机部分振动较大	电机修理后需做平衡试验,以保证电机转子的平衡。定期检查电机的地脚螺栓是否松动
	锤片折断或粉碎室内有硬杂物	马上停机检查,查找原因并及时处理
	粉碎机转子与粉碎室端板摩擦	调整粉碎机转子与粉碎室两边端板的间隙相同,使其无摩擦现象
轴承过热	两个轴承座高低不平,或电机转子与粉碎机转子不同心	马上停机排除故障,以避免轴承早期损坏
	轴承内润滑油过多、过少或老化	按照使用说明书要求按时、定量地加注润滑油
	轴承座与轴的配合过紧	停机拆下轴承,修整摩擦部位,然后按要求重新装配

思 考 题

1. 举例说明典型的切割机械有哪些。

2. 根据对物料的施力种类及方式不同,物料粉碎的基本方法有哪些?

3. 举例说明最常见的干式粉碎机主要有哪些类型。最常见的湿式粉碎机主要有哪些类型？

4. 蘑菇定向切片机的主要构件有哪些？

5. 通用离心切片机的主要构件有哪些？

6. 锤式粉碎机的主要构件有哪些？

7. 辊式粉碎机的主要构件有哪些？

8. 简述蘑菇切片机的操作使用方法。

9. 简述多刀多功能物料切片机的操作使用方法。

10. 简述粉碎机日常检修的主要环节。

第六章 食品分离机械设备

第一节 概 述

食品生产的分离操作是将不同物理、化学等属性的物质，根据其颗粒大小、相、密度、溶解性、沸点等表现出的不同特点而将物质分开的一种操作过程。由于食品加工的营养、卫生等方面要求的特殊性，与化工产品分离相比，食品物料分离设备要求更高。分离机械在食品工业生产过程中基本上属于后处理设备。

根据分离的原理，可将食品的分离设备分为两大类。一类是利用机械力和分离介质来进行分离的操作，包括了利用离心力分离的分离设备；利用离心力和流体力学性质中的惯性力来进行物料分离的旋液分离器；利用机械力，在物料传递过程中通过过滤介质进行分离以及用在 20 世纪 60 年代后发展起来的膜分离技术。另一类是超临界流体萃取技术，该技术是利用某些溶剂在临界值上所具有的特性来提取混合物中可溶性组分的一门新的分离技术。其他还有一些利用物理、化学或表面性质的方法使分散相与分散介质发生物性变化的技术。

一、过滤过程及过滤机的分类

（一）过滤过程

过滤机是利用过滤原理对悬浮液进行固-液分离的机械。过滤操作一般可分为过滤、洗涤、干燥、卸料四个阶段。

1. 过滤

悬浮液在推动力作用下，克服过滤介质的阻力进行固-液分离，固体颗粒被截留，逐渐形成滤饼，且不断增厚，因此过滤阻力也随着不断增加，致使过滤速度逐渐降低。当过滤速度降低到一定程度后，必须停止过滤，转入下道工序。

2. 洗涤

停止过滤后，滤饼的毛细孔中包含有许多滤液，须用清水或其他液体洗涤，以得到纯净的固体产品或得到尽量多的滤饼。

3. 干燥

用压缩空气吹或真空吸，把滤饼毛细管中存留的洗涤液排走，得到含湿量较低的滤饼。

4. 卸料

把滤饼从过滤介质上卸出，并将过滤介质洗涤，以备重新进行过滤。

过滤介质是过滤机的重要组成部分。过滤介质一般必须具备以下条件：①多孔性，使滤液容易通过，其孔道的大小应能使悬浮粒子得以截留；②化学稳定性，如耐蚀性、耐热性等；③足够的机械强度。

工业上常用的过滤介质有三类：①粒状介质，如细砂、石砾、炭等；②织状介质，如金属或非金属丝编织的网或布；③多孔性固体介质，如多孔陶瓷管等。

为防止胶状微粒对滤孔的堵塞，有时用助滤剂（如硅藻土、活性炭等）涂于滤布上，然后按一定比例，均匀混合于悬浮液之中，一起进过滤机过滤，形成渗透性好、压缩性较低的滤饼，使滤液能顺畅流通。

(二) 过滤机的分类

过滤机按过滤推动力可分为重力过滤机、加压过滤机和真空过滤机。按过滤介质的性质可分为粒状介质过滤机、滤布介质过滤机、多孔陶瓷介质过滤机和半渗透膜介质过滤机等。按操作方法可分为间歇式过滤机和连续式过滤机等。间歇式过滤机有重力过滤机、板框压滤机、厢式压滤机、叶滤机等。连续式过滤机常用的有转鼓真空过滤机、转盘真空过滤机、带式过滤机等。

1. 板框压滤机

板框压滤机是压滤机中早期应用最广泛的形式，它分为手动箱式、液压自动箱式、液压隔膜箱式等。虽然形式不同，但其过滤过程基本相同。

2. 真空过滤机

真空过滤机是过滤介质的上游为常压，下游为真空，由上下游两侧的压力差形成过滤推动力而进行固、液分离的设备。真空过滤机有间歇式和连续式两种形式。两种各有特点，但是连续式真空过滤机的应用更广泛。连续式真空过滤机有转鼓式和转盘式等。

(1) 转鼓真空连续式过滤机 转鼓真空连续式过滤机的过滤、第一次脱水、洗涤、第二次脱水、卸饼、滤布再生等操作工序，各工序同时在转鼓的不同部位上进行，转鼓每回转一圈，完成一个操作循环。它的过滤推动力为真空，常用真空度为 $0.05\sim0.08MPa$，但也有超过 $0.09MPa$ 的。该设备加工制造复杂，主设备及辅助真空设备投资昂贵，消耗于抽真空的电能高，同时过滤面积愈大，制造愈加困难。目前国内生产的最大过滤面积约为 $50m^2$，一般为 $5\sim40m^2$。

(2) 转盘真空过滤机 转盘真空过滤机具有非常大的过滤面积，可以大到 $85m^2$，其单位过滤面积占地少，滤布更换方便、消耗少、能耗也较低。但缺点是滤饼的洗涤不良，洗涤水与悬浮液易在滤槽中相混。

二、离心机

离心分离设备是利用分离筒的高速旋转，使物料中具有不同密度的分散介质、分散相或其他杂质在离心力场中获得不同的离心力，达到分离的目的。离心机转速很高，分离系数可高达3000以上，对于在重力场中极为稳定的悬浮液和乳浊液的分离尤其适用，分离系数的选取取决于被分离的物料性质和要求。离心机按分离原理分为过滤式、沉降式、分离式三类，常用的有过滤式和分离式离心机。

1. 过滤式离心机

过滤式离心机鼓壁上有孔，是借离心力实现过滤分离的离心机。这类离心机分离系数不大，转速一般在 $1000\sim1500r/min$。过滤式离心机有三足式过滤离心机、上悬式过滤离心机、刮刀卸料过滤离心机、活塞推料过滤离心机和离心卸料过滤离心机等种类。

2. 分离式离心机

分离式离心机的特点是转鼓半径较小，但转速很高。这样在使被分离料液获得所需离心力的同时，减小离心作用对鼓壁产生的压力。加速力一般都采用高转速、小直径的转鼓。一般分离式离心机（简称分离机）均属于超速离心机。分离式离心分离机可分为碟式、室式和管式离心机，在食品工业中有广泛应用。

3. 室式分离机

室式分离机是一种处理稀薄悬浮液的澄清型高速分离机。它与碟式分离机的主要不同点在于转鼓，它的转鼓可以认为是管式分离机的变形，即可看作是由若干管式分离机的转鼓套叠而成。实际上，室式分离机是在转鼓内装入多个同心圆隔板，将转鼓分隔成多个同心环形小室，以增加沉降面积，延长物料在转鼓内的停留时间。因此该离心机的分离系数高，悬浮液在转鼓内的停留时间长，分离液澄清度高。

三、膜分离机械设备

膜分离是以半透膜为分离介质，以膜两侧压力差或电位差为动力的物料分离单元操作。根据分离的动力，膜分离可以分为压力驱动式和电位驱动式（即电渗析）两大类，两者有本质区别。因此，膜分离设备通常也分成压力式膜分离设备和电渗析膜分离设备两大类。膜分离通常在常温下进行，特别适用于热敏性物料的分离。膜分离的对象，可以是液体也可以是气体，食品工业中应用较多的是液体物料的分离。

1. 压力式膜分离

压力式膜分离根据所用膜的平均孔径大小，从小到大依次分为反渗透、纳滤、超滤和微滤四种。

2. 电渗析膜分离设备

电渗析是借助于电场和离子交换膜对含电解质成分的溶液进行分离的操作。用于完成这种操作的电渗析设备系统由电渗析器本体及辅助设备两部分组成。

第二节　分离机械设备识图

一、过滤机械设备识图

（一）板框式压滤机

板框式压滤机结构如图 6-1 所示。由机架、滤板、滤框、滤布、压紧装置和其他附属装置组成。机架由固定端板、螺旋（或液压）压紧装置及一对平行的导轨组成。

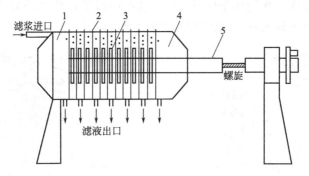

图 6-1　板框式压滤机简图
1—固定端板；2—滤布；3—板框支座；4—可动端板；5—支承横梁

滤框和滤板结构如图 6-2 所示。一般为正方形，角上开有孔，压滤机组装后即形成供滤液、洗涤水或滤浆流动的通道。滤浆从框角上的小孔进入框内空间，滤液穿过滤布，进入板上，滤饼则留在框内。板上有沟槽，滤液沿沟槽流到左下角，从供滤液排出的小孔中排出，排出口处装有旋塞，可现场观察滤液流出情况。如果某板上滤布破裂，则该处排出的滤液必然浑浊。滤板、滤框可沿着导轨移动、开合。当压紧装置的压杆顶着活动端板向前移动时，就将滤板、滤框夹紧在活动端板与固定端板之间形成过滤空间。当压紧装置的压杆拉着活动端板向后移动时就松开滤板、滤框，从而可对滤板、滤框、滤布逐一进行卸渣、清洗。

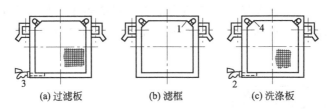

图 6-2　滤框和滤板结构
1—料液通道；2—滤液出口；3—滤液或洗液出口；4—洗液通道

（二）叶滤机

叶滤机也是一种间歇加压过滤设备，主要由耐压的密闭圆筒形罐体及安装在罐体内的多片滤叶组成。滤叶在罐内的安装也可有水平和竖直两种取向，从而将它分为垂直型叶滤机和水平型叶滤机。垂直型叶滤机和水平型叶滤机的结构分别见图 6-3、图 6-4。

过滤时，将滤叶置于密闭槽中，滤浆处于滤叶外围，借滤叶外部的加压或内部的真空进行过滤，滤液在滤叶内汇集后排出，固体粒子则积于滤布上成为滤饼，厚度通常为 5～35mm。滤饼可利用振动、转动以及喷射压力水清除，也可打开罐体，抽出滤叶组件，进行人工清除。洗涤时，以洗液代替滤浆，洗液的路径与滤液相同，经过的面积也相等。如果洗液黏度与滤液黏度大致相等，压差也不变，则洗涤速率与过滤

101

终了速率相等，此为叶滤机的特点之一。垂直滤叶两面均能形成滤饼，而水平滤叶只能在上表面形成滤饼。在同样条件下，水平滤叶的过滤面积为垂直滤叶的 1/2，但水平滤叶形成的滤饼不易脱落，操作性能比垂直滤叶好。

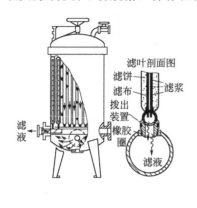

图 6-3　垂直型叶滤机

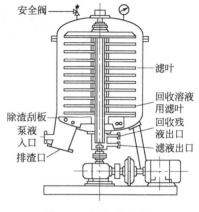

图 6-4　水平型叶滤机

（三）真空过滤机

1. 转鼓式真空过滤机

转鼓式真空过滤机结构如图 6-5 所示，其主要由过滤转鼓、带有搅拌器的滤槽、分配头、卸料机构、洗涤装置和传动机构等组成。转鼓是这种过滤机的主体，它是可转动的水平圆筒，直径 0.3～4.5m，长 3～6m。圆筒外表面由多孔板或特殊的排水构件组成，上面覆滤布。圆筒内部被分隔成若干个扇形格室，每个格室有吸管与空心轴内的孔道相通，而空心轴内的孔道则沿轴向通往位于轴端并随轴旋转的转动盘上。

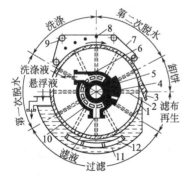

图 6-5　转鼓式真空过滤机

1—转鼓；2—连接管；3—刮刀；4—分配头；

5—同压缩空气相通的阀腔；6、10—同

真空源相通的阀腔；7—无端压榨带；

8—洗涤喷嘴；9—导向辊；

11—滤浆槽；12—搅拌器

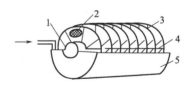

图 6-6　转盘式真空过滤机

1—分配头；2—金属丝网；3—滤盘；

4—刮刀；5—料槽

2. 转盘式真空过滤机

转盘式真空过滤机结构如图6-6所示，由一组安装在水平转轴上并随轴旋转的滤盘所构成。结构和操作原理与转筒真空过滤机相类似。盘的每个扇形格各有其出口管道通向中心轴。

当若干个盘联结在一起时，一个转盘的扇形格的出口与其他同相位角转盘相应的出口就形成连续通道。与转筒真空过滤机相似，这些连续通道也与轴端旋转阀（分配头）相连。每一转盘即相当于一个转鼓，操作循环也受旋转阀的控制。每一转盘各有其滤饼卸料装置，但卸料较为困难。

二、离心机设备识图

（一）过滤式离心机

1. 三足式离心机

人工卸料三足式离心机结构如图6-7所示，其主要由转鼓、机壳、弹性悬挂支承装置、底盘和传动系统等部件组成。外壳、转鼓和传动装置都通过减振弹簧组件悬在三个支柱上（故称作三足式离心机），以减弱离心机转鼓运转时产生的振动。

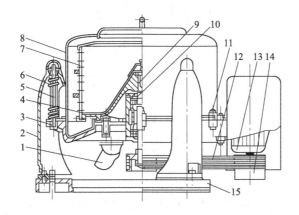

图 6-7 人工卸料三足式离心机

1—出液管；2—支柱；3—底盘；4—轴承座；5—摆杆；6—弹簧；
7—转鼓；8—外壳；9—主轴；10—轴承；11—压紧螺栓；
12—V带；13—电动机；14—离心离合器；15—机座

操作时，通过离心机的上进料管，将待分离的浆料注入转动着的（事先覆以滤布的）转鼓内，液体受离心力作用后穿过滤布及壁上的小孔甩出，在机壳内汇集后从下部的出液口流出。不能通过的固形物料则被截留在滤布上形成滤饼层。当滤饼层达到一定厚度时，要停机除渣，采用人工方式，连同滤布袋一起将固体滤层从离心机中取出。

2. 上悬式过滤离心机

上悬式过滤离心机结构如图6-8所示，其结构特点为电机位于转鼓的上方，转鼓位于电机长轴的下端，轴的支点远离转鼓的质量中心，运转时转鼓能自动对中，保证运行时的平稳性。上悬式过滤离心机每个工作循环包括加料、分离、洗涤、脱水、卸料、滤网清洗等工序。根据操作要求，加料及卸料一般在低转速下进行。因此，离心机运行时转鼓回转速度连续作周期性变化，即低速加料，全速分离、洗涤、脱水，低速卸料。如此作周期循环工作。

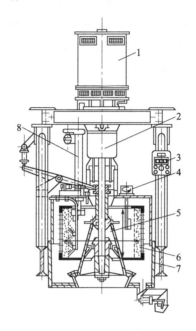

图 6-8　机械卸料的上悬式过滤离心机
1—电动机；2—铰链支承；3—控制盘；4—探头；
5—锥形封闭罩；6—转鼓；7—机壳；8—卸料刮刀

3. 刮刀卸料离心机

　　刮刀卸料离心机是一种间歇操作的自动离心机，其结构如图 6-9 所示，刮刀伸入转鼓内，在液压装置控制下刮卸滤饼。宽刮刀的长度应稍短于转鼓长度，适用于刮削较松软的滤渣；窄刮刀的长度则远短于转鼓长度，卸渣时刮刀除了向转鼓壁运动外，还沿轴向运动，适用于滤饼较密实的场合。

4. 活塞推料离心机

　　活塞推料离心机结构如图 6-10 所示，悬浮液连续从进料管进入锥形布料漏斗内，布料漏斗随轴旋转并将料液逐渐加速至转鼓速度，而后进入转鼓的筛网上。滤液经收集罩流出。滤渣截留于介质上。待滤饼形成一定厚度之后，被往复运动的推送器向前推移到转鼓开口端。在推送器每一返回行程中，随同一起作往复运动的布料漏斗将料液分布在刮清的滤网上。滤渣移置筛网中部，还可用水冲洗，再推送至筛网前缘甩入固定机壳内，并从卸渣口卸出。推送器的往复运动是用液压自动机构操纵的。

104

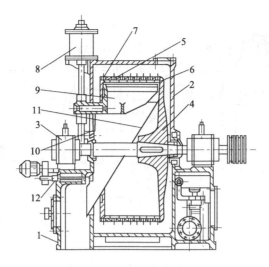

图 6-9　卧式刮刀卸料离心机

1—机座；2—机壳；3—轴承；4—轴；5—转鼓体；6—底板；7—拦液板；
8—油缸；9—刮刀；10—加料管；11—斜槽；12—振动器

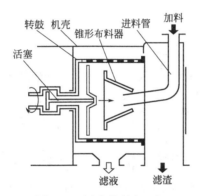

图 6-10　活塞推料离心机

5. 离心力卸料离心机

离心力卸料离心机结构如图 6-11 所示。是利用滤渣自身的离心力自动卸料，不需卸料装置，是自动连续式离心机中结构最简单的一种。它对物料的过滤过程是一种动态过滤，过滤分离时薄层滤饼不断移动与更新，有利于提高分离效果。

6. 螺旋卸料过滤离心机

螺旋卸料过滤离心机是薄层滤饼分离固液混合物的连续操作离心机，有立式和卧式两种形式，如图 6-12 所示。由于转鼓内的物料层较薄并不断地被螺旋翻动、推移，所以排出的滤渣含湿量较低。

7. 进动卸料离心机

进动卸料离心机是一种新型、自动连续的过滤离心机，利用进动运动原理，能在低的分离系数条件下达到自动惯性卸料和强化固液分离过程。其倾斜的转鼓轴线与离

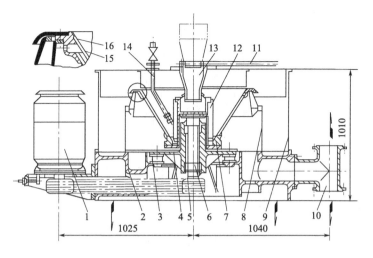

图 6-11　离心力卸料离心机

1—电动机；2—机座；3—吸振圈；4—传动座；5—轴承；6—主轴；
7—转鼓；8—内机壳；9—外机壳；10—排液孔；11—蒸汽管；
12—布料器；13—进料管；14—洗水管；15—花篮；16—筛网

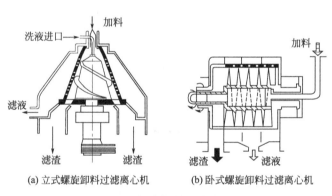

(a) 立式螺旋卸料过滤离心机　　(b) 卧式螺旋卸料过滤离心机

图 6-12　螺旋卸料过滤离心机

心机的中心轴线的 O 点相交，转鼓在以自身的轴线作自转运动的同时绕中心轴线作公转运动，这种复合的转动在力学上称为进动。

　　进动卸料离心机结构如图 6-13 所示。进动卸料离心机有立式和卧式两种形式，其转鼓在低的分离系数下运行时，在作自转转动的同时作公转摆动，利用进动惯性力推动滤饼向锥形转鼓的大端移动而自动卸料，从而极大地强化了固液分离过程。

（二）分离式离心机

1. 碟式分离机

　　碟式分离机结构如图 6-14 所示，其主要由转鼓、变速机构、电动机、机壳、进料管和出料管等构成。转鼓主要由转鼓体、分配器、碟片、转鼓盖、锁环等组成。转鼓直径较大，为 150～300mm，通常是由下部驱动。转鼓底部中央有轴座，内部有一

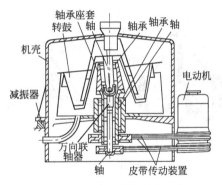

图 6-13　立式进动卸料离心机

中心套管，其终端有碟片夹持器，其上装有一叠倒锥形碟片（见图 6-15）。碟片呈倒锥形，锥顶角为 60°～100°，每片厚度 0.3～0.4mm。碟片数量由分离机的处理能力决定从几十片到上百片不等。根据用途不同，碟片的锥面上可开若干小孔或不开孔。

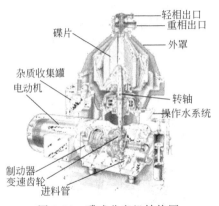

图 6-14　碟式分离机结构图

图 6-15　用于乳化液分离的碟片

　　碟式分离机工作原理如图 6-16 所示。混合液从进料管进入随轴旋转的中心套管之后，在转鼓下部因离心力作用进入碟片空间，在碟片间隙内因离心力而被分离，重液向外周流动，轻液向中心流动。由此在间隙中产生两股方向相反地流动，轻液沿下碟片的外表面向着转轴方向流动，重液沿上碟片的内表面向周边方向流动。在流动中，分散相不断从一流层转入另一流层，两液层的浓度和厚度随流动均发生变化。在中心套管附近，轻液在分离碟片下从间隙穿出，而后沿中心套管与分离碟片之间所形成的通道中流出。在碟片间流动的重液被抛向鼓壁，而后向上升起并进入分离碟片与锥形盖之间的空隙而排出。

2. 室式分离机

　　室式分离机结构见图 6-17。室式分离机的转鼓由鼓底、鼓体和上盖组成，上盖与鼓体用螺栓连接密封圈密封，以便开启转鼓卸渣。转鼓内装有多个与轴线同心的圆筒，将转鼓分成若干个环状分离室，这些圆筒从内到外依次安装在上盖和转鼓底上，

107

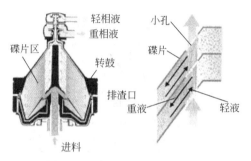

图 6-16　碟式分离机工作原理

分别在圆筒的下部和上部开有进料孔，形成串联式的流动通道。转鼓装在主轴上，主轴上部伸入转鼓底的轴承套中。该机转速高，主轴支承为挠性支承系统，主轴的传动系统类似碟式分离机，用电动机通过摩擦离心联轴节带动一对螺旋齿轮实现转鼓的高速回转。

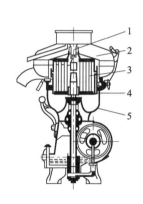

图 6-17　室式分离机

1—进料管；2—分离液收集室；
3—分离室；4—转鼓；5—机壳

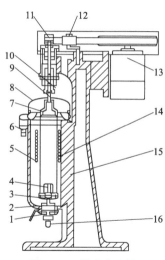

图 6-18　管式分离机

1—手柄；2—轴承组；3—底盖；4—翅片；5—冷却盘管；
6、8—积液盘；7—上盖；9—连接螺母；10—主轴；
11—皮带轮；12—压带轮；13—电动机；
14—转鼓；15—离心机机身；16—进料口

3. 管式分离机

管式分离机结构如图 6-18 所示，其主要由转鼓、机架、机头、压带轮、滑动轴承组、驱动体等部分组成。

转鼓由三部分组成：上盖 7、带空心轴的底盖 3 和管状的转鼓 14。转鼓内沿轴向装有对称的四片翅片 4，使进入转鼓的液体很快地达到转鼓的转动角速度。被澄清的液体从转鼓上端出液口排出，进入积液盘 6、8 再流入槽、罐等容器内。固体则留在转鼓上，待停机后再清除。转鼓及主轴 10 以挠性连接悬挂在主轴皮带轮 11 上，主轴

108

皮带轮与其他部件组成机头部分。主轴上端支承在主轴皮带轮的缓冲橡皮块上，而转鼓用连接螺母9悬于主轴下端。转鼓底盖上的空心轴插入机架上的一滑动轴承组2中，滑动轴承组靠手柄1锁定在机身上；该滑动轴承装有减振器，可在水平面内浮动。只要将转鼓与主轴间的连接螺母拧松，即可把转鼓从离心机中卸出。离心机机身15等，是转鼓的保护罩。在机身内壁，装有冷却盘管5。机身的下部有进料口16。物料进入进料口后经喷嘴和底盖的空心轴进入转鼓。电动机13装在机架上部，带动压带轮12及皮带转动而使转鼓旋转。

管式分离机的转鼓形状如管状，直径小，长径比大，转速高，分离系数大。物料在转鼓内的停留时间长，对粒度小、固液相密度差小的物料分离或澄清效果好，适用于高分散、难分离悬浮液的澄清和乳浊液及液-液-固三相混合物的分离。

三、膜分离机械设备

(一) 压力式膜分离设备

压力式膜分离设备主要包括膜组件、泵以及辅助装置。典型的膜分离设备的组成如图6-19所示。

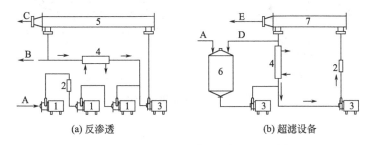

(a) 反渗透　　　　　　　　　　(b) 超滤设备

图6-19　典型膜分离设备组成

1—多级离心泵；2—过滤器；3—单级离心泵；4—冷却器；5—反渗透膜；6—产品罐；7—超滤膜；
A—原料液；B—浓缩液；C—脱去的水；D—循环液；E—透过液

其中所谓膜组件，就是将膜以某种形式组装在一个单元设备内，以便料液在外加压力作用下实现溶质与溶剂的分离。它有原料液的入口、保留液（浓缩液）出口和透过液的出口，组装系统时，需要将这些接口与系统的相应管路接通。膜组件是核心，常用的有平板式、管式、毛细管式和中空纤维式膜组件。

（1）平板式膜组件　平板式膜组件见图6-20。

（2）管式膜组件　管式膜组件结构见图6-21，为膜粘在支撑管的内壁或外壁的结构。外管为多孔金属管，中间为多层纤维布，内层为管状超滤或反渗透膜。

（3）毛细管式膜组件　毛细管式膜组件见图6-22，由许多毛细管组成，纤维平行排列，两端均与一块端板黏合。毛细管由纺丝法制得，无支撑部件。进料液从毛细管的中心通过，透过液从毛细管壁渗出。与管式膜组件相比，毛细管式膜组件拥有高填充密度。

（4）中空纤维膜组件　中空纤维膜组件见图6-23，其结构与毛细管式膜组件相

109

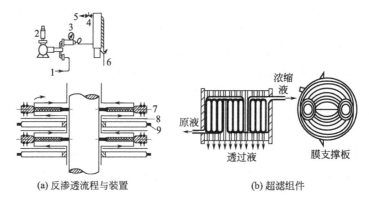

(a) 反渗透流程与装置   (b) 超滤组件

图 6-20　DDS 公司平板式反渗透流程与装置和超滤组件
1—进料口；2—泵；3—压力计；4—安全阀；5—浓缩液出口；
6—透过液出口；7—膜隔板；8—膜；9—膜支撑板

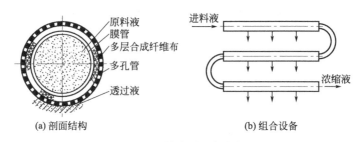

(a) 剖面结构   (b) 组合设备

图 6-21　管式膜组件结构

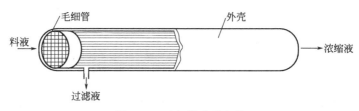

图 6-22　毛细管式膜组件

类似，膜管没有支撑材料，靠本身的强度承受工作压力。将几万根中空纤维集束的开口端粘接，装填在管状壳体内。

膜分离装置流程有一级和多级两类。一级流程是指进料液经一次加压操作的分离流程；多级流程是指进料液经过多次加压分离的流程。

① 一级一段连续式　一级一段连续式结构如图 6-24 所示，料液一次经过膜组件透过液和浓缩液分别被连续引出系统。

② 一级一段循环式　一级一段循环式结构如图 6-25 所示，原液流过组件后，将部分浓缩液返回料槽中，与原有的料液混合后再次通过组件进行分离。

③ 一级多段连续式　一级多段连续式结构如图 6-26 所示，把前一段的浓缩液作为后一段的进料液，而各段的透过水连续排出。

110

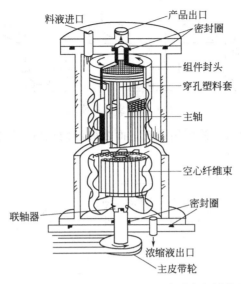

料液进口　产品出口　密封圈

组件封头

穿孔塑料套

主轴

空心纤维束

密封圈

联轴器

浓缩液出口

主皮带轮

图 6-23　英国 Aere Harwell 公司的反渗透中空纤维膜组件

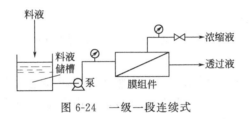

图 6-24　一级一段连续式

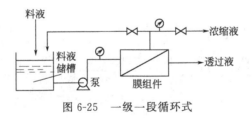

图 6-25　一级一段循环式

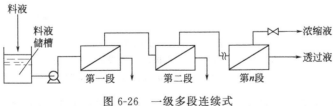

图 6-26　一级多段连续式

④ 多级直流式　多级直流式如图 6-27 所示，是把上一级的透过液作为下一级的进料液。特别是对于以组分分离为目的的操作，则可采用不同规格膜组件而得到不同的分离产品。

⑤ 多级循环式　多级循环式如图 6-28 所示，是将上一级的透过液作为下一级的

111

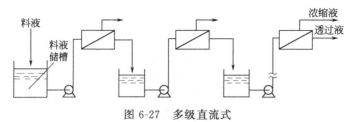

图 6-27　多级直流式

进料液，直至最后一级透过液引出系统，而浓缩液则从后一级向前一级并与前级的进料液混合后，再进行分离。

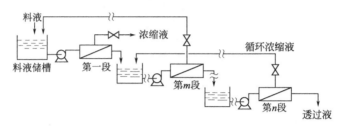

图 6-28　多级循环式

（二）电渗析膜分离设备

如前所述，电渗析设备系统由电渗析器本体及辅助设备两部分组成。

1. 电渗析器本体

电渗析器构造如图 6-29 所示，一台完整的电渗析器是由夹紧装置将若干级单元电渗析器叠紧固定而成的。每一级电渗析器本体由膜堆、极区和夹紧装置三部分构成。整体结构与板式热交换器相类似。

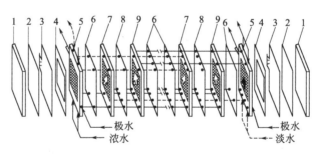

图 6-29　电渗析器构造

1—压紧板；2—垫板；3—电极；4—垫圈；5—导水板；
6—阳膜；7—淡水隔板；8—阴膜；9—浓水隔板

膜堆的基本单元——膜对，由阴、阳离子交换膜及隔板构成的淡、浓水室。膜堆由若干膜对相叠而成。

电极是利用直流电源工作、为电渗析器提供脱盐的推动力部件。食品工业上一般可使用石墨、不锈钢、钛丝（板）涂钌等材料做电极。一台电渗析器内通常有多对电极。

112

隔板为电渗析器的支撑骨架与膜间形成水流通道的必不可少的构件。隔板材料一般采用硬聚氯乙烯或聚丙烯塑料，结构一般为带边框的网状结构，目前常用的隔板网类型有鱼鳞网编织网、纱窗网、注塑成型网等。每一隔板设有连接液孔与液室的沟道，隔板、交换膜、垫片及端框的上下两边缘区域开有小孔，组合时构成供液体进出的孔道。按水流在其中的流动状况，可分为回流式隔板和直流式隔板，其结构如图6-30所示。在回流式隔板中，一般只有一个进水孔和一个出水孔。水流从进水孔经布水道进入隔板，在窄长的流槽中来回流动，最后从出水孔流出。其特点是水流线速度较大，湍流搅动较好，脱盐流程长，每段脱盐率较高，但水流阻力较大，沿水流方向浓度差异较大，电流密度分布也不均匀，允许极限电流较低。在直流式隔板中，水流是从一个或多个进水孔经布水道直线地流过隔板再由对应的出水孔流出。其特点是水流线速度较小，水流阻力较低，有效面积较大，但隔板的刚性稍低于回流式隔板，一般适宜于在大水量和循环脱盐场合中使用。

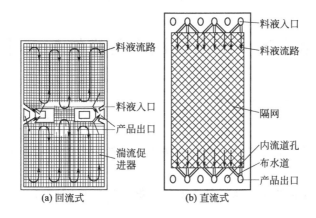

图6-30　电渗析器常用隔板的形式

由压紧板、电极和垫圈及导水板组成的部分称为极区，当它们与交换膜贴紧时便形成电极冲洗室。电极冲洗室用于引出极水，排除电极反应产物，保证电渗析器的正常工作。

2. 电渗析辅助设备

包括整流器、水泵、流量计、过滤器、水箱和仪器仪表等。

3. 电渗析设备的工作原理

电渗析设备的工作原理如图6-31所示，进入第1、3、5、7室的水中离子，在直流电场作用下作定向移动，阳离子向阴极移动，透过阳膜进入极水室以及2、4、6室，阴离子则向阳极移动，透过阴膜进入2、4、6、8室。因此，从第1、3、5、7室流出来的水中，阴、阳离子的数目会减少称为淡水，而进入2、4、6、8室内的阴、阳离子在直流电作用下定向移动时，分别受到阴、阳膜的阻挡，均留在室内不能出去，1、3、5、7室中的阴、阳离子却不断进入，因此，从第2、4、6、8室流出来的水中，阴、阳离子的数量增加成为浓水。浓、淡室水分别汇集，最后得到分离的浓水和淡水。

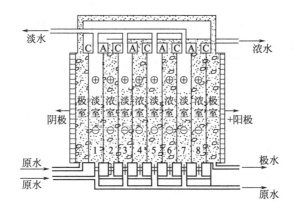

图 6-31　电渗析设备的工作原理

第三节　分离机械设备维修与保养

一、过滤机械设备维修与保养

1. 操作要点

① 首次使用设备前，必须熟悉有关图纸，了解设备的结构、阀门和仪表的操作规程。

② 使用前，检查滤布、滤板是否安装良好，进料口阀门打开，出料口阀门处于回流状态。

③ 工作前先用水试车，检查设备各方面是否正常，有无物料泄漏，物料管道阀门的关启位置是否正确。如发现不正常现象，应立即停止检查，排除故障。

④ 水试车正常后开始加入工作物料，注意工作压力要低于规定的最高压力之下。当出料量降低，工作压力达到最高压力时，停止进料，准备拆洗设备。

⑤ 清洗滤布、滤板时，要用工业洗衣机或高压水枪，在保证清洗效果的同时，严禁损害滤布和滤板表面。

2. 维修保养

① 经常检查各仪表，保证读数准确。

② 经常检查各阀门调整是否有效顺利，保证开关正常。

③ 检查各紧固螺丝、螺母，防止松动。

④ 每次安装滤布和滤板时要检查是否完好，防止穿滤。

3. 常见故障及处理方法

① 板框式压滤机常见故障及处理方法见表6-1。

表 6-1　板框式压滤机常见故障及处理方法

故障现象	产生原因	处理方法
滤板炸板	滤板众多条形孔在加工时存在残余局部应力	提高滤板质量,消除残余局部应力
	滤板支撑横梁变形、断裂	提高支撑框架的强度和刚度
滤饼含液量高	滤布过滤性能差	清洗或更换滤布
	滤饼比阻过高	调理进料浆,提高挤压力和挤压时间
	调压阀门失灵	维修或更换阀门
板框无渣排出	投配槽无料开空车	检查投配槽料位高低
	滤布穿孔太多	更换滤布
	板框密封性不好	更换或维修板框密封条
板框喷浆	板框密封条磨损	更换或维修板框密封条
	板框内卡有异物	清除板框内异物
	挤压压力过大	调整好挤压力
	滤布偏移	纠偏滤布
传感器故障	传感器感应铁块松动,位置过远	固定感应铁块,调整位置
	负荷过高	降低负荷
电动机故障	负荷过高,泵、减速机和滤布卡死,电动机报警	降低负荷
	联轴器连接不好,控制转换开关未打到自动位置而报警	检查联轴器和控制开关
	电器线路故障	检修电气线路
	电动机烧坏	维修或更换电动机

② 转鼓真空过滤机常见故障及处理方法见表 6-2。

表 6-2　转鼓真空过滤机常见故障及处理方法

故障现象	产生原因	处理方法
分配头振动	分配头与套筒轴的间隙量小或缺少润滑油	调整间隙,加入适量润滑油
	轴头螺栓拧得过紧	适当调整螺母预紧量
	各连接管线刚性大,或两个分配头同轴度偏差大	调整管线,或调整其同轴度
滤饼厚度低,滤饼含液量高	真空度达不到要求	检查真空管路是否漏气
	滤槽内滤浆液面过低	增加进料量,保证液面高度
	滤布清洗不彻底,滤布堵塞	彻底清洗滤布,清除堵塞
真空度过低	分配头磨损漏气	检修分配头
	真空泵效率低或管路漏气	检修真空泵
	滤布有破损	及时更换滤布
	错气、窜风	调整操作区域配合位置,使其对位准确
搅拌器颤动	轴瓦缺油或磨损	及时更换磨损的轴瓦,或加润滑油
	连杆不同心	调整连杆
	框架腐蚀变薄,强度不够	更新框架,或采取措施加固框架
	轴销过紧或过松	更换轴销

115

二、离心机械设备维修与保养

1. 操作要点

① 检查传动销与橡胶缓冲器接触情况。

② 检查并加注润滑油。

③ 根据工艺要求，选择合适的进料嘴。

④ 打开电源开关，启动离心机，检查电动机是否有异常噪声，转鼓是否有异常摆动，否则立即停机处理后再开机。

⑤ 电机启动后，待转鼓达到转速（2min）后，打开进入阀离心。

⑥ 运行过程中，若停电或设备出现故障应关闭电源，清洗离心机转鼓，待正常后，重新投入使用。

⑦ 工作结束后，停机关闭电源，进行清洗。

2. 维修保养

① 离心机在工作时间应定时（一般为2h）对高速轴承进行润滑。

② 经常检查各传送带的磨损情况，磨损后及时更换。

③ 及时检查浮动轴套磨损情况，不要待转鼓振动很大才更换轴套。

④ 维修保养时注意不要将离心机上任何零部件从一个转鼓上换到另一个转鼓上。

3. 常见故障及处理方法

① 三足式离心机常见故障及处理方法见表6-3。

表6-3 三足式离心机常见故障及处理方法

故障现象	产生原因	处理方法
异常振动	转鼓本身不平衡或变形	重新整形，校动平衡
	转鼓安装不当	重装，找垂直、水平
	三个弹簧长度不一致	更换弹力、刚度、长度一致的弹簧
	物料分布不均匀	停车，重新布匀物料
	排液口堵塞，不通畅	疏通排液口
	滤网或滤袋破损，漏液	拆下修补
	转鼓壁孔眼堵塞	疏通
	刹车太快	按规定缓缓刹车
启动时间长	离合器摩擦片已磨损	更换摩擦片
刹车不灵	刹车片磨损	更换刹车片
	刹车弹簧太松	更换弹簧
	野蛮操作，机构损坏	规范操作

② 碟式离心机常见故障及处理方法见表6-4。

116

表 6-4　碟式离心机常见故障及处理方法

故障现象	产生原因	处理方法
分离质量不好	转鼓转速不能达到额定转速	检查电动机和摩擦离合器有无故障,制动器是否已松开
	转鼓内有沉渣未及时排出	进行排渣并清洗转鼓和碟片等零件
	碟片上积渣重液-轻液分界面位置不合适	选择合适的重液出口半径,调整分界面的位置
	加料量过大	减少加料量
转鼓达不到额定转速,或启动时间过长	制动器未完全松开	松开制动器
	电磁制动器未去磁	去磁
	离心式摩擦离合器的摩擦片磨损或摩擦片有油污,或摩擦片数量不够	更换磨损的摩擦片或清洗摩擦片的油污,调整摩擦片数量
	电源电压不正常或电动机有故障	排除电源故障,更换或检修电动机
	分离机装配不当,运动部件与静止件有碰撞	重新装配分离机,消除碰撞
分离机振动过大	转鼓不平衡	对转鼓进行平衡调试
	立轴变形弯曲	修理或更换立轴
	装入转鼓的碟片数量不够,碟片未压紧	增加碟片,保证碟片被压紧
	转鼓未清洗干净,导致转鼓质量分布不均匀	彻底清洗转鼓所有部件
	立轴上轴承的 6 个径向弹簧压缩量不一致	调节压缩量,使其一致
	立轴的轴向和径向压缩弹簧已有损坏	更换损坏的弹簧
	轴承损坏	更换轴承
	立轴与转鼓装配不好	装配调整,之后要对转鼓进行动平衡调试,达到动平衡
	立轴与横轴间的传动齿轮损坏	更换损坏的齿轮

三、膜分离设备维修与保养

由于膜分离设备的发展起步较晚,目前生产使用的要求促使其快速更新发展。因此在维护保养方面,对于该类设备只提出主要注重点:首次使用设备前,必须熟悉有关图纸,了解设备的结构、管路阀门和仪表的操作规程;检查所有阀门处于正确状态;检查所有仪表处于正常状态;使用前后要清洗和消毒。

思　考　题

1. 过滤操作可分为哪几个阶段?
2. 简述过滤机的主要类型有哪些。
3. 简述常用的离心机的类型有哪些。
4. 板框式压滤机的主要构件有哪些?

5. 三足式离心机的主要构件有哪些？
6. 碟式分离机的主要构件有哪些？
7. 简述过滤机的操作要点及维修保养内容。
8. 简述离心机的操作要点及维修保养内容。

第七章　混合机械设备

第一节　概　　述

　　混合是指两种或两种以上不同组分的物料在外力作用下运动速度方向发生改变，使各组分的粒子均匀分布的过程。混合的目的在于获得均匀混合物、强化热交换过程、增强物理和化学反应。常见混合物的类型有固体与固体、固体与液体、液体与液体、液体与气体相混合构成的混合物。

　　混合机械设备是将两种或两种以上不同组分的物料混合在一起构成混合物的机械设备，对于低黏度液体，采用的是液体搅拌与混合机械设备；对于粉料，所用的设备为混合器；介于两种状态之间的物料，经常使用的是捏合机；对乳浊液、悬浮液要获得均匀的混合物，又要使得产品的颗粒细微一致，不会产生离析，所采用的机械设备是均质机、胶体磨、超声波均质器（或称超声波乳化器）、高速搅拌器等。

一、液体搅拌与混合机械设备

1. 液体搅拌机

　　食品工业中典型的带搅拌器的设备有发酵罐、酶解罐、冷热缸、溶糖锅、沉淀罐等。这些设备虽然名称不同，但基本构造均属于液体搅拌机。

2. 水粉混合机

　　水粉混合机又称水粉混合器、水粉混合泵、液料混合机、液料混料泵、混合机等，是一种将可溶性粉体溶解分散于水或液体中的混合设备。其工作原理是利用高速旋转的叶轮将粉状物料和液体进行充分混合，输送出所需的混合物。通过料斗加入的参与混合的物料，既可以是流动性良好的粉料，也可以是流动性较好的、浓度较高的溶液或浆体。水粉混合机特别适用于再制乳制品生产，例如用于乳粉、乳清粉、钙奶、糊精粉等与液体的混合，也可以用于果汁和其他饮料的生产。

3. 静态混合器

　　静态混合器是 20 世纪 70 年代初开始发展的一种先进混合器，1970 年美国凯尼斯公司首次推出其研制开发的静态混合器。20 世纪 80 年代我国也开始研究生产，已经在环保和化工领域得到很好应用，并且也已经在食品行业得到应用。

二、粉体混合机械设备

　　食品工业中，粉体混合机通常可按混合容器的运动方式分为旋转容器式混合机和

119

固定容器式混合机两大类。

1. 旋转容器式混合机

旋转容器式混合机工作时容器呈旋转状态，物料随着容器旋转方向依靠物料本身的重力流动完成混合。容器的形状有多种，常以容器形状命名，如双锥形、V形、倾筒式混合机等。由于装卸物料时需要停机，因此适用于小批量多品种的混合操作，属于间歇式混合机。

（1）双锥形混合机　双锥形混合机是以扩散和剪切混合为主的一种旋转容器式混合设备，其筒体与驱动轴相连。当传动装置带动驱动轴转动时，筒体随之旋转，筒体内的物料在混合室内作上、下滚落运动。由于筒体两端是锥形结构，使得物料在做径向上、下滚落运动的同时也产生轴向移动，于是产生了纵、横两向的混合，由于流动断面的不断变化，能够产生良好的横流效应。

（2）V形混合机　V形混合机旋转轴为水平轴，其操作原理与双锥形混合机类似，但由于V形容器的非对称性，操作时物料时聚时散，产生比双锥形混合机更好的混合效果。适用于各种干粉状食品（如面粉、玉米粉、麦麸等）的混合。

（3）圆筒混合机　圆筒混合机的容器是一个圆柱筒，常见有水平回转和倾斜回转两种机型。水平型回转圆筒混合机的装料量约为圆筒容积的30％，倾斜型可达60％。前者的缺点是，在筒内的物料可能会和圆筒一起回转，尤其是位于圆筒两端的物料不能充分混合，故不能多装料，否则影响混合效果。斜倾型回转圆筒混合机克服了水平型回转圆筒混合机的缺点，物料在筒内做复杂地运动，即使装料量较多，其混合效果也较好。主轴转速为40～100r/min。要求投入粉料的堆积密度和粒度均匀一致。这类混合机常用于香辛料和啤酒麦芽粉等的混合作业。

2. 固定容器式混合机

固定容器式混合机的特点是工作时容器固定不动，内部安装有旋转混合部件。旋转件大多为螺旋结构。混合过程以对流作用为主，主要适用于物理性质差别及配比差别较大的散料混合。固定容器式混合机的操作方式有间歇与连续两种，根据生产工艺而定。

固定容器式混合机的结构形式比较典型的是螺带式混合机、桨叶式混合机和立式螺旋混合机。

（1）螺带式混合机　搅拌容器内装有薄而细长的螺旋带状桨叶，靠桨叶的回转来完成对物料的混合操作。此类混合机的形式较多，根据螺带的数目可分为单螺带混合机和多螺带混合机，根据螺带的安装位置可分为卧式螺带混合机、倾斜式螺带混合机等。

（2）立式螺旋混合机　立式螺旋混合机主要有两种类型，垂直螺旋式混合机和行星运动螺旋式混合机。

三、捏合机械设备

捏合是指将含液量较少的粉体或高黏度物质和胶体物质与微量细粉末的混合物加

120

工成可塑性物质或胶状物质的操作。捏合操作的实质是固体与液体的混合操作，所以，捏合操作有时也称为固液混合或调和操作。捏合操作多用专门的捏合设备完成，捏合机可按容器是固定还是回转来分类，回转容器式捏合机不多，只有球磨机和研磨机等，绝大多数捏合机都是固定容器型。固定容器型捏合机又可按转轴的位置分为水平轴和垂直轴两种形式，按轴的数量分单轴式和双轴式。典型搅拌捏合设备有卧式双臂捏合机、打蛋机以及调粉机等。

1. 双臂捏合机

双臂捏合机是由一对互相配合和旋转的叶片（通常呈 Z 形）所产生强烈剪切作用而使半干状态或橡胶状黏稠物料迅速反应从而获得均匀的混合搅拌。是各种高黏度的弹塑性物料的混炼、捏合、破碎、分散、重新聚合的理想设备，具有搅拌均匀、无死角、捏合效率高的优点，广泛应用于高黏度密封胶、硅橡胶、中性或酸性玻璃胶、口香糖、泡泡糖、纸浆、纤维素等行业。

双臂捏合机可制成普通型、压力型、真空型、高温型四种，调温形式采用夹套、蒸汽、油加热、水冷却等方法，采用液压翻缸及启盖。出料方式有液压、翻缸倾倒、球阀出料，螺杆挤压等。并可通过 PLC 实时控制及记录生产中的温度、时间、黏度等相关数据。缸体及叶片与物料接触部分均采用不锈钢制成，确保产品质量。

2. 打蛋机

打蛋机是食品加工中常用的搅拌调和装置，主要加工对象是黏稠性浆体，如生产软糖、半软糖的糖浆；生产蛋糕、杏仁饼的面浆以及花式糕点上的装饰乳酪等。

3. 调粉机

调粉机也称和面机、捏合机。一般用来调制黏度极高的浆体或塑性固体。常用来捏合各种不同性质的面团，如酥性面团、韧性面团、水性面团等。

四、均质机械设备

均质（也称匀浆）是一种使液体分散体系（悬浮液或乳化液）中的分散物（构成分散相的固体颗粒或液滴）微粒化、均匀化的处理过程，其目的是降低分散物的尺寸，提高分散物分布的均匀性。均质机按工作原理和构造，可分为机械式、喷射式、离心式和超声波式，其中以机械式均质机应用最多。机械式均质机主要采用剪切力使料液中的微粒或液滴破碎和混合，它又可分为均质机和胶体磨两种。

1. 均质机

均质机主要有高压均质机、离心均质机、超声波均质机等类型。高压均质机是利用高压泵造成高压，使物料通过一级或几级均质阀，实现物料的细化均质。超声波均质机是利用超声波遇到物体时会迅速交替压缩和膨胀的原理设计的。如果将超声波导入料液，当处于膨胀的半个周期时，料液受到拉力，其中的气泡便膨胀；而在压缩的半个周期内，气泡被压缩。当压力振幅变化很大时，就会产生空穴作用和强烈的机械搅拌作用，使大的脂肪球或大颗粒碎裂，从而达到均质的目的。

2. 胶体磨

胶体磨是以剪切作用为主的均质设备，均质部件由高速旋转的磨盘（转动件）与固定的磨盘（固定件）构成。物料在间隙中通过时，由于转子的高速旋转，附在旋转面上的物料速度最大，附于定子表面上的物料速度最小，因此产生很大的速度梯度，使物料受到强烈的剪切作用而发生湍动，从而使物料均质化。胶体磨的形式有立式和卧式。

第二节　混合机械设备识图

一、液体搅拌与混合机械设备识图

（一）液体搅拌机

搅拌机械的种类较多，但其基本结构是一致的。典型的搅拌设备如图 7-1 所示，主要由搅拌容器、搅拌器的轴封和传动装置、搅拌器与搅拌轴等部分组成。

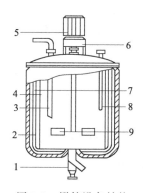

图 7-1　搅拌设备结构

1—出料管；2—拦板；3—料管；4—容器夹套；5—电动机；6—传动装置；
7—液面；8—温度计插管；9—搅拌器

1. 搅拌容器

搅拌容器也称搅拌槽或搅拌罐。其作用是容纳搅拌器与物料在其内进行操作。对于食品搅拌容器，除保证具体的工艺条件外，还要满足无污染、易清洗等专业技术要求。罐体在常压或规定的温度及压力下，为物料完成其搅拌过程提供一定的空间。需要进行加热或冷却操作的搅拌罐，通常为夹层式的，也可采用其他形式的换热器，如盘管式等。在基本结构的基础上，可以在罐体或罐盖上接装各种需要的附件，常见附件有各种进出料和工作介质的管接口、各种传感器（如温度计、液位计、压力表、真空表、pH 计）的接插件管口、视镜、灯孔、安全阀、内置式加热（冷却）盘管等。进料管一般设在搅拌罐盖部，也有设在罐体部位的；出料管一般装在罐底中心或侧面，具体位置要能将所有液体排尽；各种进、出料管的接口形式有螺纹、法兰、快接活接头或软管等几种。

2. 搅拌器的轴封和传动装置

搅拌器的轴封和传动装置由电动机、轴封、齿轮传动减速器、搅拌轴及支架组成。轴封是指搅拌轴及搅拌容器转轴处的密封装置，一般有两种形式：填料密封和机械密封。为避免食品污染，轴封的选择必须给予重视。

3. 搅拌器（或称搅拌桨）与搅拌轴

（1）搅拌器的作用　其主要作用是通过自身的运动使搅拌容器中的物料按某种特定的方式流动，从而达到某种工艺要求。所谓特定方式的流动（流型），是衡量搅拌装置性能最直观的重要指标。

（2）搅拌器的类型　根据搅拌桨叶的结构，搅拌器的类型主要有两大类型。一是小面积叶片高转速运转的搅拌器，属于这种类型的搅拌器有涡轮式、旋桨式等，多用于低黏度的物料；二是大面积叶片低转速运转的搅拌器，属于此类型的搅拌器有框式、垂直螺旋式等，多用于高黏度的物料。典型的搅拌器形式见图 7-2 所示。

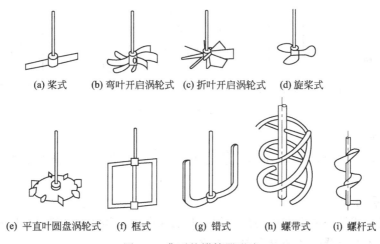

(a) 桨式　　(b) 弯叶开启涡轮式　(c) 折叶开启涡轮式　(d) 旋桨式

(e) 平直叶圆盘涡轮式　(f) 框式　　(g) 锚式　　(h) 螺带式　　(i) 螺杆式

图 7-2　典型的搅拌器形式

（3）搅拌器的安装形式　搅拌器不同的安装形式会产生不同的流场，使搅拌的效果有明显的差别。常见的有以下五种安装形式（见图 7-3）。

① 中心立式搅拌安装形式　安装形式如图 7-3(a) 所示。这种安装的特点是搅拌轴与搅拌器配置在搅拌罐的中心线上，呈对称布局，驱动方式一般为带传动或齿轮传动，或者通过减速传动，也有用电动机直接驱动。

② 偏心式搅拌安装形式　安装形式如图 7-3(b) 所示，搅拌器安装在立式容器的偏心位置，能防止液体打漩，效果与装挡板相近。中心线偏离容器轴线的搅拌轴，会使液流在各点处压力分布不同，加强了液层间的相对运动，从而增强了液层间的湍动，使搅拌效果得到明显的改善。但偏心搅拌容易引起设备在工作过程中的振动，一般此类安装形式只用于小型设备上。

③ 倾斜式搅拌安装形式　安装形式如图 7-3(c) 所示，是将搅拌器直接安装在罐体上部边缘处，搅拌轴斜插入容器内进行搅拌，对搅拌容器比较简单的圆筒形或方形敞开立式

搅拌设备，可用夹板或卡盘与筒体边缘夹持固定。这种安装形式的搅拌设备比较机动灵活，使用维修方便，结构简单、轻便，一般用于小型设备上，可以防止打漩效应。

④ 底部搅拌安装形式 安装形式如图 7-3（d）所示，将搅拌器安装在容器的底部。它具有轴短而细的特点，无需用中间轴承，可用机械密封结构，有使用维修方便、寿命长等优点。此外，搅拌器安装在下封头处，有利于上部封头处附件的排列与安装，特别是上封头带夹套、冷却构件及接管等附件的情况下，更有利于整体合理布局。由于底部出料口能得到充分的搅动，使输料管路畅通无阻，有利于排出物料。此类搅拌设备的缺点是，桨叶叶轮下部至轴封处常有固体物料黏积，容易变成小团物料混入产品中，影响产品质量。

⑤ 旁入式搅拌安装形式 安装形式如图 7-3（e）所示，搅拌器安装在容器侧壁。在同等功率下，能得到最好的搅拌效果。驱动方式有齿轮传动与带传动两种。其主要缺点是轴封比较困难。

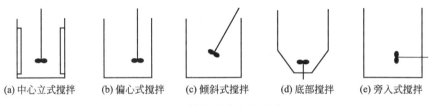

(a) 中心立式搅拌　(b) 偏心式搅拌　(c) 倾斜式搅拌　(d) 底部搅拌　(e) 旁入式搅拌

图 7-3　搅拌器的安装形式

（二）水粉混合机

水粉混合机结构如图 7-4 所示。其主要由一个主机体与一个离心泵水轮构成，二者垂直安装。

（三）静态混合器

静态混合器是一种没有运动部件的高效混合设备。其结构如图 7-5 所示，主要由带管道接口的混合器壳体和混合单元构成。

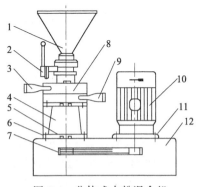

图 7-4　分体式水粉混合机
1—进料斗；2—调节阀；3—进液口；4—支架；
5—轴承；6—固定螺丝；7—从动带轮；
8—泵体；9—出料口；10—电动机；
11—固定螺丝；12—机座

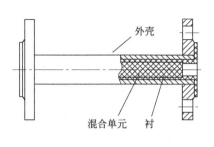

图 7-5　静态混合器

外壳

混合单元　衬

124

静态混合器的壳体通常为直管，根据需要可在直管的不同位置接支管，供各种需要混合的物料进入。混合单元是静态混合器的关键，其形式有多种，供不同物性料液和流动条件场合的应用。如图 7-6 所示为适用于食品业的 SD 型和 SK 型的混合单元构型。

(a) SD 型　　　　　　　　　　(b) SK 型

图 7-6　两种适用于食品物料的混合单元

通过固定在管内的混合单元件，将流体分层切割、剪切、折向和重新混合，流体不断改变流动方向，不仅将中心液体推向周边，而且将周边流体推向中心，达到流体之间三维空间良好分散和充分混合的目的。与此同时，流体自身的旋转作用在相邻元件连接处的界面上亦会发生。这种完善的径向环流混合作用，使流体在管子截面上的温度梯度、速度梯度和质量梯度明显降低。图 7-7 所示为利用静态混合器对将两种料液进行混合的系统组合示意。可用于各种形态物料的混合、溶解、分散等操作。

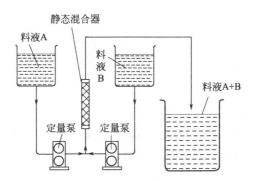

图 7-7　用于两种料液混合的静态混合器系统流程

二、粉体混合机械设备识图

（一）旋转容器式

1. 对锥形混合机

对锥形混合机如图 7-8 所示，容器由两个对称的圆锥形壳体焊接而成，圆锥角呈 60°角和 90°角两种形式，它取决于粉料的休止角大小。驱动轴固定在锥底部分，转速为 5～20r/min。圆锥体的两端设有进出料口，以保证卸料后机内无残留料。

2. V 形混合机

V 形混合机结构如图 7-9 所示，其容器由两个圆筒呈 V 形焊合而成，夹角范围在 60°～90°之间。工作时要求主轴平衡回转，装料量为两个圆筒体积的 20％～30％。其转速很低，为 6～25r/min。

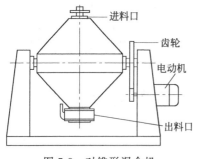

图 7-8 对锥形混合机

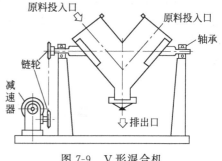

图 7-9 V形混合机

3. 圆筒混合机

水平型圆筒混合机如图 7-10(a) 所示，其圆筒容器水平放置。倾斜型圆筒混合机如图 7-10(b) 所示，其圆筒容器倾斜放置。

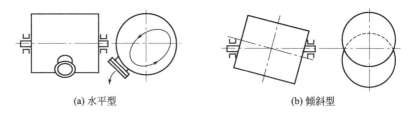

(a) 水平型　　　　　　　　　　　　　　(b) 倾斜型

图 7-10　圆筒混合机

(二) 固定容器式混合机

1. 螺带式混合机

(1) 卧式单螺带混合机　卧式单螺带混合机如图 7-11 所示，其是最简单的螺带式混合设备，主要由螺带、混合容器、传动机构和机架等组成。混合室是两端封闭的半圆筒，上部开设有进料口，下部有卸料口。

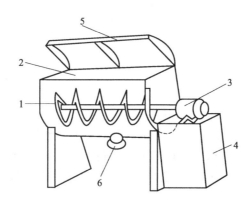

图 7-11　卧式单螺带混合机

1—螺带；2—混合室；3—驱动装置；4—机架；5—上盖；6—卸料口

（2）卧式双螺带混合机　卧式双螺带混合机如图 7-12 所示，其机体底部呈 U

126

形，主要工作部件为两螺旋带（旋向相反，两方向输送能力相等）。卧式双螺带混合机主轴转速一般为 30～50r/min。一般沿壳体全长或者在占壳体 1/3～1/2 长度上开设卸料门，可迅速卸料。混合时间短，混合质量高，排料迅速，腔内物料残留量少，但配套动力和占地面积较大。

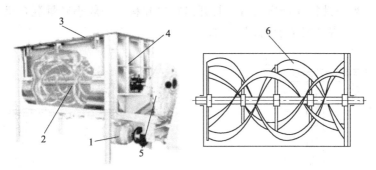

图 7-12　卧式双螺带混合机
1—电动机；2、6—螺带转子；3—盖板门；4—机体；5—减速器

（3）倾斜单螺带连续混合机　倾斜单螺带连续混合机如图 7-13 所示，其工作时，由进料口连续送入的物料，在进料段被螺杆强制送入混合段，在混合段内被螺带及桨叶向前推动形成翻滚的径向混合，同时在物料自身重力作用下经螺带空隙下滑形成返混的轴向混合，这两种方式共同构成对于物料的连续混合，混合后的物料连续地从出料口排出。调整主轴转速可调节这种返混的程度，即可控制物料在机内停留时间及混合效果。

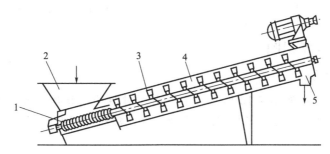

图 7-13　倾斜单螺带连续混合机
1—输送螺杆；2—进料斗；3—螺带；4—混合室；5—出料口

2. 立式螺旋混合机

（1）垂直螺旋式混合机　垂直螺旋式混合机结构如图 7-14 所示，主要由料斗、垂直螺旋、内套筒、甩料板、支架和传动装置组成。其工作时，各种物料组分经计量后，加入料斗 1 中，由垂直螺旋 5 向上提升到内套筒 4 的出口时，被甩料板 2 向四周抛撒，物料下落到锥形筒内壁表面和内套筒 4 之间的间隙处，又被垂直螺旋向上提升，如此循环，直到混合均匀为止，然后打开卸料门从出料口 6 排料。混合时间一般为 10～15min。其特点为配用动力小，占地面积少，混合时间长，料筒内物料残留量较多。多用于混合质量和残留量要求较低的场合，为小型混合机。

（2）行星运动螺旋式混合机　行星运动螺旋式混合机如图 7-15 所示。其混合容器呈圆锥形，工作时，从进料口将配制好的一批物料加入机内，启动电动机，通过减速机构驱动摇臂，摇臂带动混合螺旋以 2～6r/min 速度绕混合机中心轴线旋转。与此同时，混合螺旋又以 60～100r/min 的速度自转。在机壳外壁可以加水套以加热或冷却腔内物料。当一批料混合均匀后，打开出料口卸料。一般小容量混合机混合时间为 2～4min，大容量混合机混合时间 8～10min。

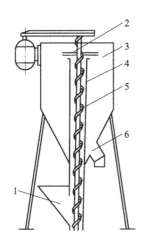

图 7-14　垂直螺旋式混合机

1—料斗；2—甩料板；3—料筒；4—内套筒；

5—垂直螺旋；6—出料口

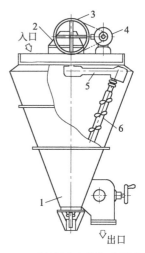

图 7-15　行星运动螺旋式混合机

1—锥形筒；2—减速器；3—带轮；

4—电动机；5—摇臂；6—螺旋

三、捏合机械设备识图

1. 卧式双臂捏合机

卧式双臂捏合机如图 7-16 所示，主要由一对转子、混合室及驱动装置等组成。由于通常使用的两根搅拌转子呈"Z"字形，因此常称 Z 形捏合机。

图 7-16　卧式双臂捏合机

混合室有带盖或不带盖的，带盖的捏合机与槽体具有很好的密封性能，可使混合室在真空或加压的条件下进行操作。底部呈"W"形或鞍形的钢槽，钢槽多数做成夹套式，可通入加热或冷却介质。混合室一般为可倾式，由人工或电机驱动将槽体的一侧竖起可供出料或清洗。小型设备人工操纵即可，中型或大型设备则在支承轴上装齿轮，由电动或手动手柄进行操作。

转子有多种形式（见图7-17），小型捏合机的转子多为实心体，大型捏合机转子设计成空腔形式，可在转子内通入加热或冷却介质。转子在混合室内的安装形式有相切式和相叠式两种。

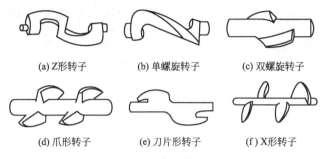

(a) Z形转子   (b) 单螺旋转子   (c) 双螺旋转子

(d) 爪形转子   (e) 刀片形转子   (f) X形转子

图 7-17　捏合机转子形式

（1）相切式安装　相切式安装形式如图 7-18(a) 所示，两转子外缘运动迹线是相切的，转子可以同向旋转，也可相向旋转。转子旋转时，物料在两转子相切处受到强烈剪切，转子外缘与混合室壁的间隙内，物料也受到强烈剪切。相切式安装的捏合机同时在转子之间的相切区域和转子外缘与混合室壁间的区域产生混合作用，特别适用于初始状态为片状、条状或块状物料的混合。

（2）相叠式安装　相叠式安装形式如图 7-18(b) 所示，两转子外缘运动轨迹线是相交的，只能同向旋转。相交式安装的转子外缘与混合室壁间隙很小，一般在 1mm 左右，在这样小的间隙中，物料将受到强烈剪切、挤压作用，不仅可以增加混合（或捏合）效果，同时可以有效地除掉混合室壁上的滞料，有自洁作用。非常适用于粉状、糊状或黏稠液态物料的混合。

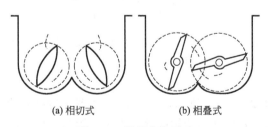

(a) 相切式   (b) 相叠式

图 7-18　转子安装形式

2. 打蛋机

打蛋机外形如图 7-19 所示。其由搅拌器、锅体（容器）、传动装置及容器升降机构等组成。锅体由一段短圆筒和一个半球形器底制成，可以升降，装有手柄供人工卸除物料。

（1）搅拌器　搅拌器形式有多种，使用较多的 3 种形式如图 7-20 所示。搅拌器通过自身高速旋转，强制搅打，使得被搅拌物料充分接触与剧烈摩擦，以实现对物料的混合、乳化、充气及排除部分水分的作用，从而满足某些食品加工工艺的特殊要求。

图 7-19　打蛋机

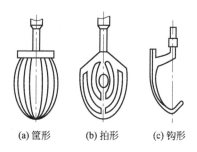

(a) 筐形　　(b) 拍形　　(c) 钩形

图 7-20　打蛋机搅拌器的形式

（2）搅拌头　搅拌头由行星运动机构（见图 7-21）组成。内齿轮 1 固定在机架上，转臂 3 随主轴 5 转动时，行星齿轮 2 在内齿轮 1 与转臂 3 共同作用下，既随主轴公转，又与内齿轮啮合形成自转，从而实现行星运动。内齿轮齿数多于行星轮齿数，所以搅拌桨自转转速大于公转转速，也就是局部运动速度高于整体运动速度，且自转方向与公转方向相反。

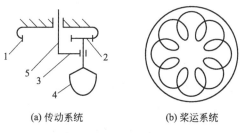

(a) 传动系统　　　　　　(b) 桨运系统

图 7-21　搅拌头的传动系统和桨运系统
1—内齿轮；2—行星齿轮；3—转臂；
4—搅拌桨；5—主轴

（3）调和容器　立式打蛋机的调和容器结构特征与搅拌器容器相似，为圆柱形筒身下接球形底，两体焊接成型或以整体模压成型。

3. 调粉机

卧式调粉机结构如图 7-22 所示，主要由搅拌器、搅拌容器、传动装置、机架、容器翻转机构等构成。其搅拌容器轴线处于水平位置的，称为卧式调粉机，搅拌容器轴线处于铅垂位置的，称为立式调粉机。调粉机常见搅拌器主要有桨叶式搅拌器、Σ形和 Z 形搅拌器以及滚笼式搅拌器。

（1）桨叶式搅拌器　桨叶式搅拌器如图 7-23 所示，由几片直形或扭曲形的叶片与搅拌轴组成。在调粉过程中，桨叶对物料的剪切作用很强，拉伸作用弱，对面筋的形成具有一定的破坏作用。桨叶式搅拌器结构简单，成本低廉，适合于调制酥性面团。

130

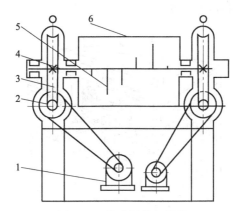

图 7-22　卧式调粉机结构

1—电动机；2—蜗杆；3—蜗轮；4—主轴；5—桨叶；6—筒体

（2）∑形和 Z 形搅拌器　∑形和 Z 形搅拌器见图 7-24，母线与其轴线呈一定角度。增加物料的轴向和径向移动，促进混合。适合于高黏度物料的调制。

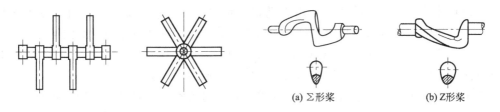

图 7-23　桨叶式搅拌器　　　　　　图 7-24　∑形和 Z 形搅拌器

（3）滚笼式搅拌器　滚笼式搅拌器如图 7-25 所示，其直辊可以平行于搅拌轴安装，也可与搅拌轴呈倾斜安装（促进物料的轴向流动）。各辊安装的位置对轴心的半径不同。滚笼式搅拌器作用力柔和，适合于水性面团、韧性面团等的调制。

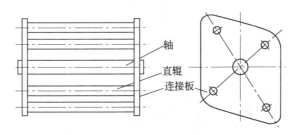

图 7-25　滚笼式搅拌器

四、均质机械设备识图

（一）高压均质机

高压均质机结构形式有多种，但基本组成相同，主要由传动系统、柱塞式高压泵和均质阀等部分构成。主要差异表现在高压泵类型、均质阀级数以及压强控制方式方

131

面。典型高压均质机组成如图 7-26 所示。

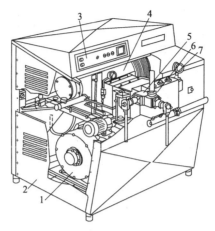

图 7-26　高压均质机基本结构

1—电动机；2—机壳；3—控制面板；4—传动机构；5—均质阀；6—汽缸组；7—压力表

（1）**传动系统**　传动系统是由电动机、带轮、变速箱、曲轴、连杆、柱塞等组成。通过曲轴连杆机构和变速箱将电动机高速旋转运动变成低速往复直线运动。

（2）**柱塞式高压泵**　柱塞式高压泵结构如图 7-27 所示，由进料腔、吸入活门、排出活门、柱塞等组成。当柱塞向右运动时，泵腔容积增大，使泵腔内产生低压，物料由于外压的作用顶开吸入活门进入泵腔，这一过程称为吸料过程；当柱塞向左运动时，泵腔容积减小，泵腔内压力逐渐升高，关闭了吸入活门，达到一定高压时又会顶开排出活门，将泵腔内液体排出，称为排料过程。高压泵柱塞的运动是由曲轴等速旋转通过连杆滑块带动的。柱塞式高压泵可分为单柱塞泵和多柱塞泵。在高压均质机中

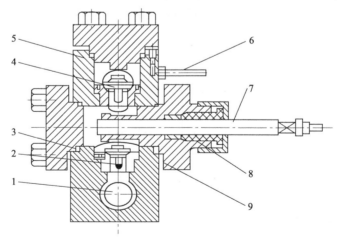

图 7-27　柱塞式高压泵体

1—进料腔；2—吸入活门；3—活门座；4—排出活门；5—泵体；
6—冷却水管；7—柱塞；8—填料；9—垫片

132

均有使用，目前以流量输出较为稳定的三柱塞泵用得最多。高压均质机也有采用多达六七个柱塞的高压柱塞泵，流量输出更为稳定。

（3）均质阀　均质阀工作原理见图 7-28。均质阀与高压柱塞泵的输出端相连，是对料液产生均质作用、对压强进行调节的部件，它有单级和双级两种，一般采用双级均质阀。双级均质阀主要由阀座、阀芯、弹簧、调节手柄等组成，其结构见图 7-29。阀座和阀芯结构精度很高，两者之间间隙小而均匀，以保证均质质量；间隙大小由调节手柄调节弹簧对阀芯的压力来改变。第一级均质压力为 $20\sim30$MPa，主要使大的颗粒得到破碎；第二级的压力在 3.5MPa 左右，可以使料液进一步细化并均匀分散。

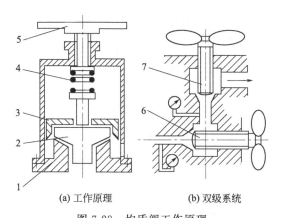

(a) 工作原理　　(b) 双级系统

图 7-28　均质阀工作原理

1—阀座；2—阀芯；3—挡板环；4—弹簧；
5—调节手柄；6—第一级阀；7—第二级阀

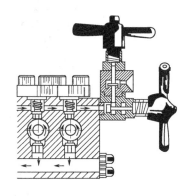

图 7-29　双级均质阀结构

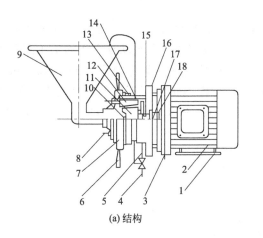

(a) 结构

(b) 外形

图 7-30　卧式胶体磨

1—底座；2—电动机；3—排漏口；4—出料口；5—循环管；6—手柄；7—调节盘；8—冷却接头；
9—进料斗；10—旋叶刀；11—转子；12—定子；13—刻度；14—O 形圈；
15—机械密封；16—壳体；17—滚球轴承；18—端盖

133

(二) 胶体磨

胶体磨工作构件主要由一个固定的磨体（定子）和一个高速旋转的磨体（转子）所组成。卧式胶体磨的结构和外形如图 7-30（a）和图 7-30（b）所示；立式胶体磨的结构和外形如图 7-31（a）和图 7-31（b）所示。

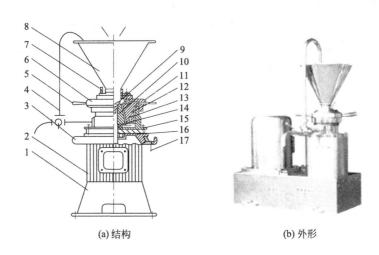

(a) 结构　　　　　　　　　　(b) 外形

图 7-31　立式胶体磨
1—底座；2—电动机；3—端盖；4—循环管；5—手柄；
6—调节盘；7—冷却水管接头；8—加料斗；9—动磨
盘紧固螺纹；10—转子；11—定位螺钉；12—定子；
13—冷却通道；14—机械密封组件；15—壳体；
16—主轴轴承；17—排漏管接头

胶体磨盘是胶体磨的关键部件，由定盘与动盘组成。动盘与传动轴相连，定盘固定在调节盘上。通过转动调节盘手柄，可以调整定盘与动盘之间的工作面间距，从而也可以调节胶体磨的产量。固定件与转动件之间的间隙范围为 $50\sim150\mu m$。磨盘工作面一般为锥台面状，但在锥角大小及磨齿形状方面不同的机型会有差异（见图 7-32）。胶体磨的磨面通常为不锈钢光面，但也有金刚砂毛面型的，以此对固体粒子磨碎并促进均质效果。

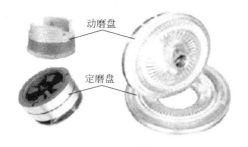

动磨盘

定磨盘

图 7-32　磨盘工作面

134

第三节 混合机械设备维修与保养

一、液体搅拌设备的使用与维护

1. 液体搅拌设备的操作使用

（1）设备启动时 设备启动时，应注意以下几点。

① 必须确保循环保护系统内及机械密封腔内（或润滑盒内）有足够的封液。

② 必须对循环保护系统加压，然后升高釜内压力。

③ 当环境温度低于0℃时，减速机启动前应采取措施使温度升到0℃以上然后再启动。

④ 启动前齿轮箱内必须有足够的润滑油，油品应符合该机使用说明书的规定。

⑤ 搅拌容器内液面必须保持正常位置，特别对柔性轴严禁低于搅拌器。

（2）运转中 设备运转过程中，应注意以下几点。

① 循环保护系统压力应保持比釜内介质压力高0.05～0.1MPa，因温度升高压力超出釜内压力0.1MPa，应通过平衡罐顶部的放气阀调节降压。

② 循环保护系统内的密封液最高温度不超过80℃。

③ 当运转中循环保护系统中密封液需补充时，应停止设备的运转，卸压后才可进行。

④ 带润滑油泵的减速机、泵的运转及出油情况应正常，浸油润滑的减速机应保持油位正常。

⑤ 配有机械无级变速机的减速机，其调速（变速）必须在运转过程中调速。在使用过程中不宜长期停留在某一固定速度上使用，应适当有所变化，以利于延长机件的使用寿命。

（3）停机 应先停止搅拌轴的运转，待釜内温度、压力降到常温常压后再关闭密封液系统及冷却水。

2. 搅拌机在使用过程中应注意的事项

① 启动电源前应检查电动机上铭牌所指定电压及负荷电流，并确认输入为正确电压及确认是否配合超载继电器。

② 桨叶未完全浸入液体中严禁空车运转，以免造成危险及对设备的损坏。

③ 设备的固定基础需要有足够的刚性，无共振的工作环境为佳。

④ 启动搅拌机电源前请先确认基础螺栓及各部螺栓已完全固定。

⑤ 开机后设备如有异常声音及晃动的情况，应立即停止运转再检查。

⑥ 电动机温度是否异常，当负荷增加到正常负荷时，应检查电流是否超过额定电流，如有过载时，需改用较大功率。

3. 搅拌设备常见故障及处理方法

搅拌设备由搅拌容器、搅拌机两大部分组成。搅拌机又由搅拌器、搅拌轴、轴封、减速机等部分组成，这里重点列出各类齿轮减速机、摆线减速机、蜗杆副传动减速机和机械密封及其循环保护系统的常见故障及处理方法，见表7-1。

表 7-1　搅拌设备常见故障及处理方法

类别	故障现象	故障原因	处理方法
减速机	运转时有异声	滚动轴承损坏	更换滚动轴承
		圆锥滚子轴承间隙过大	调整圆锥滚子轴承间隙
		齿轮或蜗杆副磨损严重	更换齿轮或蜗杆副
		针齿销、套、轮磨损（摆线针轮减速机）	更换新零件
	齿轮箱或轴承温升高	润滑油过多或过少	放油降低油位或补充润滑油至规定的油位
		不来油或润滑情况不好	油泵未启动，旋转方向不对或进入端漏气（及油管有否堵塞）
		轴承损坏	更换新轴承
		圆锥滚子轴承间隙调整过紧	重新调整轴承间隙
		两轴联结处不同心，产生轴承偏磨	检查并调整至规定的两轴线对中值
		润滑油变质	放油并清洗油池再加新油
		超负荷运转	降低负荷
	轴头或结合面漏油	油位过高	放油降低油位至规定位置
		结合面密封失效	清理结合面重新密封
		结合面压紧螺栓松动	拧紧螺栓或拆开清理结合面后重新密封均匀拧紧螺栓
		油封损坏	更换新油封
	减速机振幅大	两轴联结处相对位移量过大	检查并按规定要求调整好两轴线的对中
		零部件联结处有松动	检查电动机、箱体、联轴器、机架等件的松动并紧固好
		超载使用	降低载荷
搅拌容器	搅拌容器振幅大	釜内两轴联结处相对位移量过大或联轴处紧固螺栓松动	检查并调整两轴线的对中，固定好联轴器
		底轴承和导向轴承中心产生偏移或轴承损坏	检查并调整两轴承的对中性或更换轴承
		搅拌器本体不平衡	重新平衡搅拌器
		釜内液面低于搅拌器（特别是柔性轴）	提高液面并注意检查搅拌器的弯曲
		搅拌器产生弯曲	校正或更换搅拌器

136

类别	故障现象	故障原因	处理方法
机械密封及其循环保护系统	机械密封泄漏量过大,温度过高	轴的轴向窜动量超过允许值	按规定值调整好轴向窜动量
		轴封处轴的径向位移超过允许值	按规定值调整好轴的径向位移量
		密封腔内压力低于釜内压力	调整循环保护系统,一般应高于釜内压力 0.05~0.1MPa
		密封液中有固体杂质,密封面严重损坏	加大冷却水流量,没有冷却系统的应增设冷却系统
		动、静环等处的 O 形圈损坏	更换新的 O 形圈
		单端面外装式机封润滑盒内液面低于密封面	增加润滑液,液面应高于密封面 15mm,严重的应冲洗换液
		单端面外装式静环端面与搅拌轴垂直度超差	检查并调整,垂直度应不大于 0.05mm

二、混合机的使用与维护

1. 混合机的使用规程

① 混合设备安装应按照安装说明书要求进行,并进行全面安全检查。

② 混合机多为大开门卸料,出料连接口为机壳的法兰边。混合机体下方应设置有容积相当的缓冲料斗。

③ 传动链条护罩完好,防止工作中操作人员触及链条造成人身伤害事故。

④ 检查电动机紧固螺栓,保证电动基础有足够的刚性。同时根据情况调整电动机位置,保证传动链条或传动带松紧度合适,传动平稳,并使主轴转向和混合机壳上箭头所示方向一致,然后装上链罩。

⑤ 检查混合机搅拌器与壳体之间的间隙是否符合说明书要求。

⑥ 检查混合机卸料门密封条是否完好,开启是否保证到位,关闭是否保证密封。

⑦ 检查减速器润滑油,同时为传动链条刷机油。

⑧ 空车试运转时,观察混合机转动是否平稳,有无不正常振动,监听搅拌桨叶或螺旋与壳体之间是否有卡碰声音。

⑨ 第一次负荷运转半小时后,检查减速器和各种轴承温升情况,若发现温升过高,应查清原因,及时排出故障。

⑩ 第一次负荷运行时,进行一次满载启动试验,检查传动系统是否满足满载启动要求。

⑪ 混合机投入生产前,应测量混合产品的混合均匀度变异系数,以确定最佳的混合时间。

⑫ 使用混合机时应空车启动,先启动电动机,待运转正常后再进料工作。

⑬ 混合机体内物料的充满程度,应严格按照说明书要求进行。

⑭ 进入混合机的物料应经过筛选和磁选,以免混入硬块或金属杂质,损坏搅拌

137

器螺旋或桨叶。

⑮ 电动机、汽缸及辅助元件的使用，应符合其说明书的规定。

⑯ 混合机工作过程中的工作电流，应不超过其额定功率。

2. 混合机的维护与保养规程

① 出料机构应保持运动灵活、可靠、每周检查一次卸料门是否漏料、密封条是否碰损。

② 各轴承应定期更换润滑脂。选用润滑脂品种为 ZFG-2 号复合钙基润滑脂。

③ 传动链应刷上适量机械油，并定期清洗传动链。机械油品种：夏季用 N46 号，冬季用 N32 号。

④ 减速器的润滑采用油浸式，其储油量必须保持在油标线上，油质必须保持清洁。如经常使用，必须每隔三个月换一次新油，更换时应将减速器拆洗清洁后，加上新油。

⑤ 混合机电器控制零件，应保持清洁、灵敏，发现故障应及时修复。

⑥ 一次使用完毕或停工时，应取出混合容器内的剩余物料，清理机械各部分的残余物料。如停用时间较长，必须将混合容器内全部清理干净。

⑦ 每月检测一次混合机的混合均匀度变异系数。若不符合产品要求，应及时调整混合时间或对混合机进行全面检查。

⑧ 搅拌桨装拆时应轻拆、稳装、轻放，以免变形损坏。

3. 混合机的常见故障及处理方法

混合机常见故障及处理方法见表 7-2。

表 7-2　混合机常见故障及处理方法

故障现象	故障原因	处理方法
漏料	卸料门变形	修整卸料门
	卸料门密封条损坏	更换密封条
	卸料门上附着有物料导致门关闭不严	清理卸料门上附着的异物
	卸料门传动机构出现问题	检修或调整出料机构
混合质量下降	搅拌螺旋或桨叶变形或损坏	检修或更换搅拌螺旋或桨叶
	搅拌螺旋或桨叶与搅拌容器内壁之间间隙过大，导致混合效率降低，机内残留量过大	调整搅拌螺旋或桨叶与搅拌容器内壁之间的间隙
	卸料门漏料	检修卸料门
	混合机充满系数过大或过小	控制每批混合量，保证合理的充满量
	混合时间不合适	检测混合均匀度变异系数，确定合理、最佳的混合时间

三、捏合设备的维修与保养

（一）捏合机的维修与保养

1. 捏合机的润滑系统

① 减速机按说明书加油（冬季 20 号齿轮油，夏季 30 号齿轮油）。

② 脂润滑点（翻转蜗轮箱）每运转 500h 加油一次（ZL-2 锂基润滑脂）。

③ 其他润滑点每班加油一次（30 号机械油）。

2. 捏合机的试车及操作前准备

① 机器安装后首先进行清理、去污及擦拭防锈油脂。检查各润滑点，注入润滑油（脂）。

② 开车前检查三角皮带张紧程度，通过调节螺栓将电机移至适当位置。

③ 检查紧固件是否松动，蒸汽管道是否泄漏，电路及电器设备是否安全。电加温型捏合机一定要有接地装置。

④ 试车前将捏合室清理干净。作 10～15min 空运转，确认机器运转正常后再投料生产。通常新机齿轮（含减速机）初期使用时噪声较大，待走合一段时间自然减小。

⑤ 拌桨捏合时应减少使用反转。

3. 捏合机的维修及保养

① 各润滑部位应经常注油。

② 墙板密封部不应有原料泄漏现象。

③ 皮带松紧程度适宜，定期检查调整或更换。

④ 蒸汽管道不允许泄漏，机器停用时应关闭阀门，并保证安全阀压力表的可靠性。

⑤ 本机运行六个月后应进行大修，检查易损件损坏程度，作适当调整及更换。

（二）打蛋机的使用与维护

1. 打蛋机的安装

① 选择一平坦的地面并避免置于潮湿处，以保持机台外观及延长电器设备寿命。

② 参照铭板标示接电。220V 单相以插电方式接电。

③ 务必准备地线端，以便机台接地线，以策安全。

④ 试机时，若发现缸与搅拌器有撞击，则调整搅拌缸支架的高度。调至没有撞击即可。

⑤ 不装搅拌器接通电源观察公转方向是否与所标箭头一致，并无其他异响即可正常投入使用（如果方向不同更换 A、B 相线即可）。

2. 打蛋机的使用

① 将原料放入缸中，并将搅拌器一起放入缸中，将缸放到搅拌缸支架上定位。

② 确认定位后旋转固定把手将缸固定好。

③ 搅拌器往上装入定位，并将搅拌缸处于合适位置。选用合适的速度挡，合上开关进行搅拌。

④ 完成以后反顺序降下搅拌缸，同时取下搅拌器。

⑤ 转开搅拌缸固定把手，将缸抬离机器，然后将搅拌缸中已经搅拌好的材料取出或倒出。

⑥ 完成后请务必将搅拌缸和搅拌器清洗干净。

3. 打蛋机的清洁与保养

① 日保养内容　每天使用完毕后将电源关闭，清洁搅拌器，将搅拌球、搅拌扇、搅拌缸取下清洁，在清洗时应用清水冲洗，不可摔打搅拌器。在搅拌缸支架的升降滑轨上涂少量润滑油，然后将搅拌缸支架上下滑动几下，使滑轨得到完全润滑。

② 周保养内容　每周要对整机进行清洁，应用湿毛巾擦拭设备，不可以用水冲洗设备，防止水进入电器或轴承内部，导致设备损坏。

③ 月保养内容　每月将机器内部的滑动件加润滑油，并在齿轮箱内加注耐磨齿轮油。检查皮带松紧度，防止皮带打滑，损坏皮带。

4. 打蛋机的使用注意事项

① 机器必须有接地保护。

② 保持机器工作平稳，不可整机在晃动下工作。

③ 换挡时必须停机（即关掉电源使机器停止转动后）。

④ 严禁使用色拉油作润滑剂使用。

⑤ 如换挡有困难时，请转一下打蛋球。

⑥ 尽量避免用打蛋机搅拌面团。

⑦ 不可以用水冲洗设备。

⑧ 不可超量搅拌。

⑨ 如需搅拌面团时，请用低挡，切勿使用中、高速挡。

（三）调粉机的使用与维护

1. 调粉机的安装与调试

① 机器四脚应放平，减少振动；在机架底部（等电位接线端子）处接好地线，以防漏电。

② 检查各紧固件是否松动，检查电源线开关是否完好。

③ 齿轮处加适量的润滑油。

④ 各油孔或油杯中加适量润滑油并坚持每班加 2～3 次。

⑤ 接通电源，查看旋转方向（搅拌器向后转）。

⑥ 运转应平稳，无异响。

⑦ 空车运行 30min 后复查各紧固件，再进行工作。

2. 调粉机的操作方法

接通电源，合闸，开机使机器正常运转；将面粉及其他材料、水放入面斗内进行搅拌，当搅拌至所需程序时停机，拔出插销使面斗下斜 90°即可倒出面团。

3. 调粉机的使用注意事项

① 调粉机的使用电源电压偏差不超过额定电压的 ±5％。

② 必须按额定和面量操作，如和制过硬面团必须减少面量。不允许在面斗内发酵面团。额定和面量水面比为水：面 (0.45～0.5)：1。

③ 和面时要先放面后加水，不可倒转。只有和面完成后方可倒转倒出面团。

④ 开机时不可将手及其他物品放入面斗内，以免发生危险。

⑤ 用完后切断电源，清理干净，长时间不用将电镀部分涂上一层食用油以防生锈。

⑥ 本机为防滴形结构，该器具不得用喷水管冲洗。

四、均质设备的维修与保养

(一) 高压均质机的维修与保养

1. 高压均质机的试机操作注意事项

① 检查传动皮带的松紧程度，即在两带中间位置压皮带，以手指能压下 10mm 左右为好。

② 注意电动机转动方向须与所标记方向一致。

③ 传动箱内润滑油以超过油标中线位置为准。

④ 开机前，在保证切断电源的情况下，用手将皮带轮盘转几圈，应顺利无卡咬或碰撞的感觉。

⑤ 检查调压手柄是否处于完全旋松状态，冷却水是否已经开启，在这些条件满足后，方可开启电源。

⑥ 电机启动后，在无负荷的情况下运转几分钟，声音应正常，观察出料口出料充足并无明显的脉动情况下方可加压。加压的顺序是：先顺时针方向缓慢旋转二级调压手柄，再用同样方法调节一级调压手柄，在压力值分别为额定压力的 20%、40%、60%、80% 的几个点上让设备运转半小时以上，然后在额定压力下运转 3h 以上。并作好电流、压力记录，绘制成压力-电流曲线。

⑦ 关机。关机前先将调压手柄旋到放松状态，然后关主电机，最后关冷却水。

⑧ 试机后，将润滑油更换。

2. 高压均质机的日常操作注意事项

① 调压时，当手感觉到已经受力时，需十分缓慢地加压。

② 均质物料的温度以 65℃ 左右为宜，不宜超过 85℃。

③ 物料中的空气含量应在 2% 以下。

④ 严禁带载启动。

⑤ 工作中严禁断料。

⑥ 进口物料的颗粒度对软性物料在 70 目以上，对坚硬颗粒在 100 目以上。禁止粗硬杂质进入泵体。

⑦ 设备运转过程中，严禁断冷却水。

⑧ 均质阀组件为硬脆物质，装拆时不得敲击。

⑨ 停机前须用净水洗去工作腔内残液。

3. 高压均质机的保养维护

(1) 每日维护

① 检查油位，以保证润滑油量充足。

② 随时注意油压是否正常，油压在 0.2MPa 以下，须检查零件是否温度过高（如连杆瓦、十字头盖等）、润滑油泵是否正常，油泵安全阀压力调定螺钉是否松动，滤油器是否脏堵。

③ 随时注意冷却水供应是否正常。

④ 注意密封处的泄漏，如有泄漏，须更换相应的密封圈组件。

⑤ 运行中随时注意是否有异常声音。

⑥ 每日开机前，必须做好传动箱体的放水工作，由于柱塞往复带入和空气的冷凝作用，传动箱内不可避免有水渗入，及时放水可避免润滑油过早失效，放水旋钮在传动箱的背后。

（2）每月维护　在每日维护项目的基础上进行每月维护。

① 检查所有螺钉是否松动。

② 润滑油是否失效，如已失效，更换新润滑油（正常情况下 1～2 个月更换1 次）。

③ 检查传动皮带，如过松需调紧。

④ 检查均质阀等易损件是否损坏，如损坏，应更换。

（3）半年维护　在月维护的基础上进行半年维护。

① 放掉润滑油，清洗油箱、曲轴箱、过滤器。

② 将泵体所有紧固件重新上紧一遍。

③ 再将设备当作新到的机器重新调试一遍，观察各项性能。

4. 均质机的常见故障及其处理方法

均质机常见故障及其处理方法见表 7-3。

表 7-3　均质机常见故障及处理方法

故障现象	产生原因	处理方法
机器无法启动	停电或线路不通	检查主电机动力安装线路是否有故障；如管路中装配了自动安全控制系统，则需检查系统是否有进料或出料故障
主电机反转	主电机与规定转向不符	将三相电动机中的地线换一相
传动箱声响异常	传动箱内油液不足	加油至油标刻度处
	传动箱内各连接部位有松动	应逐个拧紧传动箱内各连接部位
不出料或出料不足	断料或进料不足	保证设备在运行过程中进料充足
	物料黏度过大	用压力进料或稀释物料
	主电机传动皮带打滑	调紧皮带
	柱塞密封圈泄漏	更换密封圈，如属于柱塞磨损则需更换柱塞
	液流端处阀芯阀座磨损	要换阀芯阀座
	液流端内六组阀芯阀座中有损坏现象或有杂质粘在密封线上	检查阀芯阀座损坏情况并及时调换

142

故障现象	产生原因	处理方法
压力表指针摆动大于正负两格	柱塞与连杆连接处松动	重新固定联轴器
	连杆与十字头连接处松动	重新拧紧固定螺钉
	压力表表座内机油量不足	将表座内柱塞压到底,然后加满机油
	均质阀损坏严重	更换均质阀
	连杆或柱塞的联轴器松动	拧紧连杆或柱塞的联轴器
	液力端(泵体)内六组阀芯、阀座有一组或一组以上卡死	检查并排除液力端(泵体)内六组阀芯、阀座的故障
	密封件损坏	更换密封件
泵内没有压力或压力上不去	没有进料	保证设备在运行过程中进料充足
	主电机的传动皮带松动	调紧皮带
	压力表座内机油泄漏完	加满机油
	压力表损坏	更换压力表
	均质阀密闭处有杂质或均质阀损坏	检查清洗均质阀,如损坏需更换
	液力端内阀芯座损坏或阀座密封失效	更换阀芯、阀座或更换密封圈
卸压后压力表指针不回零	如停机后压力表指针仍不回零,为压力表损坏	更换压力表
	调压顶杆密封圈损坏或过紧	更换密封圈或调整配合间隙

(二)胶体磨的使用、维护与保养

1. 胶体磨的使用

① 使用前,检查胶体磨管路及结合处有无松动现象。用手转动胶体磨,试看胶体磨是否灵活。

② 向轴承体内加入轴承润滑机油,观察油位应在油标的中心线处,润滑油应及时更换或补充。

③ 拧下胶体磨泵体的引水螺筛,灌注引水(或引浆)。

④ 关好出水管路的闸阀和出口压力表及进口真空表。

⑤ 点动电动机,试看电动机转向是否正确。

⑥ 开动电动机,当胶体磨正常运转后,打开出口压力表和进口真空泵视其显示出适当压力后,逐渐打开闸阀,同时检查电动机负荷情况。

⑦ 在使用过程中,尽量控制胶体磨的流量和压力在标牌上注明的范围内,以保证胶体磨在最高效率点运转,才能获得最大的节能效果。

⑧ 加工物料绝不允许有石英、碎玻璃、金属屑等硬物质混入其中,最好筛后加工,否则入磨会损伤动、静磨盘。

⑨ 胶体磨在生产中,请勿关闭出料阀门,以免磨腔内压力过高引起密封泄漏。

⑩ 在使用过程中,如发现胶体磨有异常声音应立即停车检查原因。

⑪ 要停止使用胶体磨时,先关闭闸阀、压力表,然后停止电动机。

⑫ 使用胶体磨后，应彻底清洗机体内部，勿使物料残留在体内，以免机械密封及其他部件黏结而损坏。

2. 胶体磨的维护与保养

① 胶体磨为高精度机械，运转速度快，线速度高达 20m/s，面磨片间隙极小，检修后装回必须用百分表校正壳体内表面与主轴的同轴度，使误差≤0.5mm。

② 修理机器时，在拆开、装回调整过程时，决不允许用铁锤直接敲击，应用木锤，或垫上木块轻轻敲击，以免损坏零件。动、静磨片均有拆卸专用工具。

③ 胶体磨密封，分静密封与动密封，动密封采用机械密封与组合式密封，静密封采用 O 形圈，紧固件选用紫铜垫密封，螺扣密封选用聚四氟乙烯生料带。机械密封选用硬质合金制成，如发现破裂应更换，划伤应研磨，研磨可在平板上进行，或在平板玻璃上进行。用≤200 号碳化硅研磨膏研磨。

④ 胶体磨在运行过程中，轴承温度不能超过环境温度 35℃，最高温度不得超过 80℃。

⑤ 胶体磨在工作第一个月内，经 100h 更换润滑油，以后每隔 500h 换油一次。

⑥ 经常调整填料压盖，保证填料室内的滴漏情况正常（以成滴漏出为宜）。

⑦ 定期检查轴套的磨损情况，磨损较大后应及时更换。

⑧ 在寒冬季节使用胶体磨时，停车后，需将泵体下部放水螺塞拧开将介质放净，防止冻裂。

⑨ 胶体磨长期停用，需将泵全部拆开，擦干水分，将转动部位及结合处涂以油脂装好，妥善保管。

⑩ 电动机的维护使用应参阅电动机使用说明书。

3. 胶体磨的常见故障原因及处理方法

胶体磨的常见故障原因及处理方法见表 7-4。

表 7-4　胶体磨常见故障原因及处理方法

故障现象	故障原因	处理方法
研磨效果不理想	定子和转子的间隙调节不当	参考间隙调节方法进行调节
	定子、转子磨损	对定子、转子进行修复或更换
	物料加料过多	减少物料研磨数量
设备运行过程中有噪声	电动机及胶体磨的轴承老化	更换轴承
	物料中有硬物	拆卸设备、取出硬物
	定子和转子的间隙调节不当	重新调节间隙
	电动机传动带松弛	调整电动机同胶体磨之间的间隙
生产过程中漏水	密封套磨损	更换密封套

思　考　题

1. 分别举例说明液体搅拌设备、粉体混合设备、捏合设备在食品工业中的应用。

2. 举例说明均质设备在食品工业中的应用。

3. 如何选择液体搅拌器的形式？

4. 举例说明搅拌机的使用过程中应注意的事项。

5. 简述混合机的使用规程及保养规程。

6. 说明捏合机的维修及保养内容。

7. 说明打蛋机的使用注意事项。

8. 说明调粉机的使用注意事项。

9. 说明高压均质机的日常操作注意事项。

10. 说明胶体磨的维护与保养的主要内容。

第八章　杀菌机械设备

第一节　杀菌设备的概述

一、杀菌的作用

在食品工业生产中，杀菌是非常重要的一个工艺环节。食品加工的目的之一就是杀死微生物、钝化酶类等，最大程度地保护与保存食品。科学证明，食品腐败变质的主要原因是由于某些微生物和菌类的存在而引起的，这不但造成很大的人力、物料等损失，而且还引发某些食品质量与安全问题，所以灭菌是食品加工的必经工序。

目前，加热杀菌在杀灭和抑制有害微生物的技术过程中占有极为重要的地位，然而传统的热力灭菌不能将食品中的微生物全部杀灭，特别是一些耐热的芽孢杆菌；同时加热会不同程度地破坏食品中的营养成分和食品的天然特性。长期以来，食品科学工作者为了恰当有效地运用加热杀菌这一技术进行了多方面的研究。一方面，以杀灭有害微生物为目标来研究杀菌的条件与程度；另一方面，从食品品质，尤其是色、香、味、质构等方面考虑，研究如何保持食品应有的品质。理想的杀菌效果应该是在对食品品质的影响程度限制在最小限度的条件下，迅速而有效地杀死存在于食品物料中的有害微生物，达到产品理化指标的要求。

二、杀菌设备的分类和应用行业

目前根据食品具体的生产工艺、生产行业、杀菌方式等方面不同，所使用的杀菌设备也不同，本章主要介绍罐头、乳制品、果汁饮料等杀菌设备。

(一) 罐头食品的杀菌设备

杀菌设备是罐头食品工厂必备设备之一。罐头食品封罐后，为了抑制食品中微生物的活动，使密封在罐内的食品能较长时期保存，必须在内容物装罐加汁后温度较高时，即时升温杀菌。

由于罐头食品种类很多，要求罐型和杀菌工艺也各不相同。因此，相应的杀菌设备种类也很多。根据温度和操作方法的不同可分为常压式、加压式、间歇式和连续式等。根据杀菌设备所用热源的不同又可分为蒸汽直接加热杀菌、热水加热杀菌、火焰连续杀菌和辐射杀菌等。我国罐头厂绝大部分是用热水加热杀菌。

1. 常压式杀菌设备

常压式杀菌设备的杀菌温度在 100℃ 以下，用于 pH＜4.5 的酸性产品杀菌。用巴氏杀菌原理设计的杀菌设备，亦属常压杀菌设备。

2. 加压式杀菌设备

加压杀菌设备一般是在一个密闭的容器内进行的，杀菌时加进压缩空气，形成所谓的反压杀菌，杀菌设备内压力大于100kPa，杀菌温度通常在120℃左右，多用于肉类罐头的杀菌。加压式杀菌设备如静水压杀菌机、水封式连续杀菌机等。其中静水压连续杀菌设备属连续加压杀菌设备，用于杀菌温度高于100℃时的杀菌。在杀菌设备的进出罐处分别设有两个水柱，利用水柱高度造成的压力去决定饱和蒸汽的压力，以维持所需要的温度，这就是静水压连续杀菌设备的设计原理。由于利用水柱的压力，故不需要机械密封装置，结构可简单些，罐头的连续进出可以在开口的情况下进行。该设备的主要优点有：连续杀菌代替间歇杀菌，适用性强。可用于果蔬、肉类、汤汁和玉米等罐头、婴儿食品、牛奶、炼乳、牛奶咖啡、牛奶巧克力和奶油等乳制品的杀菌。对罐、瓶、塑料软罐头等容器都可适用。

3. 间歇式杀菌设备

间歇式杀菌设备有立式敞口杀菌锅、浴槽式杀菌器、加盖密封的立式杀菌锅、卧式杀菌锅、回转式杀菌锅。间歇式杀菌用于多品种、小批量的生产，是中小型罐头厂常用的杀菌设备。

（1）立式敞口杀菌锅　立式敞口杀菌锅属加压间歇式杀菌设备，不盖锅盖，也可以用于常压间歇杀菌。目前，是国内中小型罐头厂普遍采用的杀菌设备之一。其结构主要有以下特点。

① 热介质为蒸汽，由底部吹入。

② 蒸汽小孔开在分布管两侧或底部，避免直接吹向罐头。

③ 杀菌篮与罐头一起由电葫芦调进调出。

④ 冷却水由上方盘管的小孔喷淋，此处小孔也不能直对着罐头。

⑤ 为提高杀菌能力，可放置上下杀菌篮。

（2）卧式杀菌锅　卧式杀菌锅亦属间歇式加压杀菌设备，在中小型罐头厂中应用较广泛，其结构主要有以下特点。

① 多用于生产肉类、蔬菜罐头的杀菌，生产能力较立式大。

② 安装于地面高度下方，有两条轨道与地面相平，有利于包装件的输入、输出。

③ 蒸汽管布置于轨道下方。

④ 为有利于杀菌锅排水，设有地槽。

⑤ 锅内存在空气使温度分布不均匀，这样会影响产品的杀菌效果和质量。为避免空气造成的温度分布不均匀，通过排气阀一方面排放蒸汽，一方面增加蒸汽，以增加蒸汽的流动，达到锅内温度均匀，这样会引起环境湿热和噪声。

（3）回转式杀菌锅　众所周知，缩短杀菌时间的措施之一是提高杀菌温度，据介绍，温度增加10℃，则取得同样杀菌效果的时间仅需要原来杀菌时间的1/10以下。缩短杀菌时间的另一途径是提高加热介质对被杀菌罐头的传热速率，这对节省热源还具有重要意义。许多国家以这个理论为基础设计了多种高温短时杀菌设备，回转式杀菌锅就是其中重要的一种。这种杀菌锅能使罐头在杀菌过程中处于回转状态，杀菌的全过程由程序控制系统自动控制，杀菌过程的主要参数，如压力、温度和回转速度等均可自动调节与记录。但这种菌锅不能连续进罐和出罐，属间歇式杀菌设备。

回转式杀菌设备的主要特点可归纳为两个方面：一为罐头在杀菌过程中是回转的；二为杀菌过程中的压力、温度等可自动调节。这两个特点使回转式杀菌设备具有如下的优点：由于杀菌篮的回转具有搅拌的作用，再加上热水是用泵强制循环的，这样在锅内的水温分布是均匀的。热水的强制循环呈 W 形（即杀菌锅的上方有 3 个进水口，而下方有两个出水口，它们的接口管连线呈 W 形），使锅内的水形成了强烈的涡流，有利于水的温度均匀一致，达到产品杀菌均匀的结果。

4. 连续式杀菌设备

连续式杀菌设备如卧式链带杀菌机、螺旋式连续杀菌机。其多用于品种少、批量较大的杀菌。目前国内外的杀菌设备不断向连续化、机械化和自动化方向发展。

(二) 乳制品、果汁饮料杀菌设备

大量实验表明，微生物对高温的敏感性远大于多数食品对高温的敏感性。故超高温杀菌能在很短时间内有效地杀死微生物，并较好地保持食品应有的品质。因而目前广泛用于乳品、饮料和发酵等行业。但通常的超高温杀菌设备只适用于不含颗粒的物料或含颗粒的粒度小于 1cm 的物料杀菌。对颗粒粒度大于 1cm 的物料，目前已采用新的电阻加热法来实现超高温杀菌过程。

1. 超高温杀菌

关于超高温（UHT）杀菌，目前没有十分明确的定义。习惯上，把加热温度为 135~150℃，加热时间为 2~8s，加热后产品达到商业无菌要求的杀菌过程称为 UHT 杀菌。UHT 杀菌的理论基础涉及两个方面。一是微生物热致死的基本原理；二是如何大限度保持食品的原有风味及品质。

（1）UHT 杀菌的微生物致死理论依据　一般热致死原理，当微生物在高于其耐受温度的热环境中时，必然受到致命的伤害，且这种伤害随着受热时间的延长而加剧，直到死亡。大量实验证明，生物的热致死率是加热温度和受热时间的函数。

（2）微生物的耐热性　腐败菌是食品杀菌的对象，其耐热性与食品的杀菌条件有直接关系。影响微生物耐热性的因素有以下几个方面：①菌种和菌株；②热处理前菌龄、培育条件、储存环境；③热处理时介质或食品成分（如酸度或 pH 值）；④原始活菌数；⑤热处理温度和时间，作为热杀菌，这是主导的操作因素。

（3）UHT 瞬时杀菌的基本过程　按照物料与加热介质直接接触与否，UHT 瞬时杀菌过程可分为间壁式加热法和直接混合式加热法两类。

① 直接混合式加热法 UHT 过程　其是采用高热纯净的蒸汽直接与待杀菌物料混合接触，进行热交换，使物料瞬间被加热到 135~160℃。由于不可避免地有部分蒸汽冷凝进入物料，同时又有部分料液水分因受热闪蒸而逸出，因此在物料水分闪蒸过程中，易挥发的风味物质将随之部分去除，故该方式不适用果汁杀菌，而常常用于牛乳以及其他需脱去不良风味物料的杀菌。

148

直接混合式加热法可按两种方式进行。一是注射式，即将高压蒸汽注射到待杀菌物料中；另一是喷射式，即将待杀菌物料喷射到蒸汽中。后者，物料通常向下流动，而蒸汽向上运动。由于加热蒸汽直接与食品接触，因此对蒸汽的纯净度要求甚高。

② 间接式加热 UHT 过程　其是采用高压蒸汽或高压水为加热介质，热量经固体换热壁转传给待加热杀菌物料。由于加热介质不直接与食品接触，所以可较好地保持食品物料的原有风味。故广泛用于果汁、牛乳等的 UHT 杀菌过程。

与直接混合式加热 UHT 过程相比，前者具有加热速率快、热处理时间短、食品颜色、风味及营养成分损失少的优点，但同时也因为控制系统复杂和加热蒸汽需要净化而带来产品成本的提高。而后者相对成本较低，生产易于控制，但传热速率相对前者较低。

（4）UHT 瞬时杀菌设备　主要包括直接混合式加热 UHT 瞬时杀菌设备及间接加热 UHT 瞬时杀菌设备两类。其中间接加热 UHT 瞬时杀菌是通过间壁式换热器来实现的，根据热交换器形式分为板式、管式和刮板式等。

2. 巴氏杀菌设备

（1）巴氏杀菌的目的　巴氏杀菌主要是杀死引起人类疾病的所有微生物（即杀死所有致病菌）如伤寒菌、大肠菌、结核杆菌。延长储存时间（当牛乳到达乳品厂后尽快进行热处理）。温度和热处理决定了巴氏杀菌的强度。

（2）巴氏杀菌的方法　从杀死微生物的观点来看，牛乳的热处理强度越强越好。但牛乳中的蛋白在高温下变性，首先出现"蒸煮味"，然后焦糊。巴氏杀菌主要方法如下。

① 初次杀菌　60～65℃，保温 15s（未达到巴氏杀菌的程度）。

② 低温长时间巴氏杀菌（LTLTZ）　63℃，保温 30min（间歇式巴氏杀菌）。

③ 高温短时巴氏杀菌（HTST）　72～75℃，保温 15～20s。

④ 超巴氏杀菌（Ultra pasteurisation）　125～138℃，保温 2～4s。

三、杀菌设备行业发展现状

为了更大限度保持食品的天然色、香、味及一些生理活性成分，满足现代人的生活要求，新型的灭菌技术应运而生，下面主要介绍当今世界食品领域的杀菌新技术及其在我国的发展应用现状。

（一）微波杀菌技术

微波是一种高频电磁波，当它在介质内部起作用时，水、蛋白质、脂肪、碳水化合物等极性分子受到交变电场的作用而剧烈振荡，引起强烈的摩擦而产生热，这就是微波的介电感应加热效应。这种热效应也使得微生物内的蛋白质、核酸等分子结构改性或失活；高频的电场也使其膜电位、极性分子结构发生改变；这些都对微生物产生破坏作用从而起到杀菌作用。利用微波杀菌，处理时间短，容易实现连续生产，不影响原有的风味和营养成分；并由于其穿透性好的特点，可进行包装后杀菌。

有报道利用 2450MHz 的微波处理酱油，可以抑制霉菌的生长及杀灭肠道致病菌。用于啤酒的灭菌，取得良好的效果，且使啤酒风味保持良好。用于处理蛋糕、月饼、切片面包和春卷皮，结果表明，这些食品的保鲜期由原来3～4d，延长到30d。吴晖报道微波杀菌与一般加热灭菌法相比，在一定的温度下，微波灭菌缩短了细菌和真菌的死亡时间；以枯草芽孢杆菌为材料，微波法的D100为0.65，而对照巴氏法的则为5.5。在相同条件下，微波灭菌的致死温度比常规加热灭菌时的低。国外在20世纪60～70年代就开始考虑将微波技术应用到鲜奶、啤酒、饼干、面包、猪肉、牛肉的加工等实际生产中。到20世纪90年代，工艺参数优化已成为研究的热门课题。

（二）欧姆杀菌

欧姆杀菌是一种新型热杀菌的加热方法，它借通入电流使食品内部产生热量达到杀菌的目的。对于带颗粒（粒径小于15mm）的食品，常规热杀菌方法是采用管式或刮板式换热器进行间接热交换，其过程速率取决于传导、对流或辐射的换热条件。间壁式换热情形，热量首先由加热介质（如水蒸气）通过间壁传递入食品物料中的液体，然后靠液体与固体之间的对流和传导传给固体颗粒，最后是固体颗粒内部的传导传热，使全部物料达到所要求的杀菌温度。显然，要使固体颗粒内部达到杀菌温度，其周围液体部分必须过热，这势必导致含颗粒食品杀菌后质地软烂、外形改变，影响产品品质。而采用欧姆加热，则使颗粒的加热速率相接近成为可能，并可获得比常规方法更快的颗粒加热速率（1～2℃/s）。因而可缩短加工时间，得到高品质产品。目前英国APV Baker公司已制造出工业化规模的欧姆加热设备，可使高温瞬时技术推广应用于含颗粒（粒径高达25mm）食品的加工。自1991年以来，在英国、日本、法国和美国已将该技术及设备应用于低酸或高酸性食品的加工。

（三）高压杀菌技术

所谓高压杀菌，是指将食品放入液体介质中，加100～1000MPa的压力作用一段时间后，如同加热一样，杀灭食品中的微生物的过程。高压灭菌通常认为蛋白质在高压下立体结构（四级结构）崩溃而发生变性使细菌失活，但也有人认为，凡是以较弱的结合构成的生物体高分子物质如核酸、多糖类、脂肪等物质或细胞膜都会受到超高压的影响，尤其通过剪切力而使生物体膜破裂，从而使生物体的生命活动受到影响甚至停止，这就可以达到灭菌、杀虫的效果。高压灭菌避免了热处理而出现的影响食品品质的各种弊端，保持了食品的原有风味、色泽和营养价值。由于是液体介质的瞬间压缩过程，灭菌均匀，无污染，操作安全，且较加热法耗能低，减少环境污染。试验证实了经高压处理后的果汁和蔬菜汁能达到杀菌效果，而且维生素C损失很少，残存酶只有4%，色香味等感官指标不变，其综合效果优于热力杀菌；动物食品也能达到杀菌效果。目前，国外已将其用于肉、蛋、大豆蛋白、水果、香料、牛奶、果汁、矿泉水、啤酒等物品的加工中。我国在该技术的开发应用方面仅仅处于实验室研究阶段，尚未有批量生产的报道。

（四）高压脉冲电场杀菌技术

高压脉冲技术用于食品灭酶灭菌，主要原理是基于细胞结构和液态食品体系间的电学特性差异。当把液态食品作为电介质置于电场中时，食品中微生物的细胞膜在强电场作用下被电击穿，产生不可修复的穿孔或破裂，使细胞组织受损，导致微生物失活。证实在脉冲电场强度为 $12\sim40kV/cm$，脉冲时间为 $20\sim18\mu s$ 的条件下，可有效地对食品进行灭菌，且以双矩形波最为有效。邓元修等利用脉冲高压杀灭酵母和大肠杆菌，取得良好的实验结果，且能耗低，对试液温升小于 $2℃$，因而可有效保存食品的营养成分和天然特征。利用脉冲电场处理大豆，可实现灭酶脱腥，并有效保留大豆的香气。该技术是一种常温下非加热杀菌的新技术，运用该技术应综合考虑场强的大小、杀菌时间、食品的 pH 值、对细菌的种类等因素，以确定最佳方案。目前该技术在国际上正处于实验室研究和发展阶段，进一步成熟后很有可能弥补传统杀菌法的不足，给液态食品工艺带来一场变革。

（五）脉冲强光杀菌技术

脉冲强光杀菌是利用强烈白光闪照的杀菌技术，其系统主要包括动力单元和灯单元。动力单元为惰性气体灯提供能量，灯便放出只持续数百微秒，其波长由紫外线区域至近红外线区域的强光脉冲，其光谱与太阳光相似，但比太阳光强几千倍至数万倍。由于只处理食品表面，从而对食品营养成分影响很小，研究表明，脉冲强光对多数微生物有致死作用，光脉冲输入能量为 700J，光脉冲宽度小于 $800\mu s$，闪照 30 次后，对枯草芽孢杆菌、大肠杆菌、酵母都有较强的致死效果。对溶液中淀粉酶、蛋白酶的活性也有明显的钝化作用。脉冲宽度小于 $800\mu s$，其波长由紫外线区域至红外线区，起杀菌作用的波段可能为紫外线区，其他波段可能有协同作用；脉冲强光杀菌对菌悬液的电导率影响不大，引起电位的变化，其原因及对微生物形态结构的影响尚待进一步研究。

（六）辐射杀菌技术

辐射杀菌是运用 X 射线、Y 射线或电子高速射线照射食品，引起食品中的生物体产生物理或化学反应，抑制或破坏其新陈代谢和生长发育，甚至使细胞组织死亡从而达到灭菌消毒，延长食品储存销售时间的目的。辐射杀菌几乎不产生热量，可保持食品在感官和品质方面的特性，并适合对冷冻状态的食品进行杀菌处理。与传统的加热法相比，更易于准确控制，且耗能低。世界卫生组织已将辐射法纳为安全有效的食品处理方法并制定了相应的标准。辐射杀菌已在许多国家得到政府的认可并批准使用。在西欧国家运用辐射法对鸡肉、虾和青蛙腿灭菌；同时辐射法也广泛应用于各种调料的消毒。美国已用在草莓、葡萄、西红柿、鸡肉等方面，受到公众的普遍接受。在我国，已对稻谷、小麦、玉米、蔬菜、水果、鱼肉辐照保藏技术取得成效，日益显示出广阔的前景，但总的来说，辐照法在我国食品工业的运用起步时间较晚，人们对它的作用和优点认识还不深，应加大这方面投入和研究，使之赶上国际先进水平。

（七）臭氧杀菌技术

臭氧是氧的同素异形体，具有极强的氧化能力，在水中氧的还原电位为 2.07V，仅次于氟电位 2.87V，居第二位，它的氧化能力高于氯（1.36V）、二氧化氯（1.5V）。正因为臭氧具有强烈的氧化性，所以对细菌、霉菌、病毒具有强烈的杀灭性而且在食品的脱臭、脱色等方面也展示了广阔的前景。其杀菌机理一般认为：臭氧很容易同细菌的细胞壁中的脂蛋白或细胞膜中的磷脂质、蛋白质发生化学反应，从而使细菌的细胞壁和细胞受到破坏（即所谓的溶菌作用），细胞膜的通透性增加，细胞内物质外流，使其失去活性，臭氧破坏或分解细胞壁，迅速扩散到细胞里，氧化了细胞内的酶或 DNA、RNA，从而致死病原体。所以食品在采用气体置换包装、真空包装、封入脱氧包装和封入粉末酒精包装时，填充了臭氧以杀灭酵母菌可以解决这些包装食品的变质问题。臭氧在矿泉水、汽水、果汁等生产过程中，对盛装容器、管路、设备、车间环境的消毒也取得令人满意的效果。

(八) 远红外照射杀菌技术

远红外射线与传导加热相比，在致死温度以上时细菌的生存率显著下降。在40℃以下（致死温度以下）的条件下，热能越高细菌的生存率越低。杨瑞金报道将细菌、酵母和霉菌悬浮液装入塑料袋中进行远红外线杀菌，其对照功率分别为 6kW、8kW、10kW 和 12kW。结果表明：照射 10min 能使不耐热细菌全部杀死（能使耐热细菌的数量降低 $10^5 \sim 10^8$ 以上；对于酵母菌采用 8kW 以上的功率，就足以达到抑制的需求；对于霉菌，8kW 以上的照射功率照射 10min 就可以将活菌完全杀死）。

除了上述的几种技术，在国际上还出现了脉冲磁场杀菌、高浓度二氧化碳杀菌、电阻加热杀菌、电离辐射杀菌以及在纯净水生产中应用的纳滤膜技术，都在食品工业的不同领域显示出潜在的研究和应用价值。

第二节　杀菌设备识图

一、罐头食品的杀菌设备

(一) 间歇式杀菌设备

1. 立式杀菌锅

立式杀菌锅结构如图 8-1 所示，主要由锅体、锅盖、开启装置、锁紧楔块、安全联锁装置、轨道、灭菌筐、蒸汽喷管及若干管口等部件组成。

（1）锅体　锅体用钢板压制成圆筒后焊接而成，底部封头多为球形。锅体内壁装有垂直导轨，使杀菌篮与内壁保持一定距离，以利于水的循环。锅口周边铰接有与锅盖槽孔相对应的蝶形螺栓，作为夹紧锅盖和锅体的构件。锅口的边缘凹槽内嵌有密封填料，保证杀菌时密封良好。为减少热损失，最好在锅体外包上一定厚度的石棉保温层。立式杀菌锅内径为 1m 左右，深度视装篮数量而定，但需使锅内热量分布均匀。最上面一个吊篮与锅盖距离约 250mm，冷却水应装在放入实罐后离罐盖 100mm 左右处，溢流水管又要高于冷却水管约 50mm，杀菌操作时锅体上方要留有一定的顶隙。

锅体上要有一个半圆形（或长方形）的测温室，以便安装温度计。底部有吊篮支架，锅体一般安装在地面下的地坑中，下置 800mm 左右，便于操作。

（2）锅盖　锅盖为椭圆封头，铰接于锅体后部边缘，圆周边缘均匀地分布着槽孔，数量与锅体上的蝶形螺栓对应，以紧闭锅盖和锅体。拧开蝶形螺栓，锅盖可借助

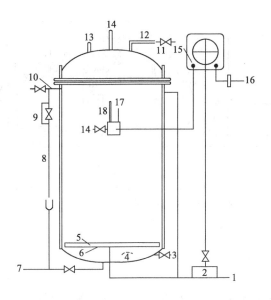

图 8-1　立式杀菌锅

1—蒸汽管；2—薄膜阀；3—进水管；4—进水缓冲板；5—蒸汽喷管；6—杀菌篮支架；
7—排水管；8—溢水管；9—保险阀；10—排气管；11—减压阀；12—压缩
空气管；13—安全阀；14—泄气阀；15—调节阀；16—空气
减压过滤器；17—压力表；18—温度计

平衡锤开启。此外，为了配合杀菌操作，还需配备起吊工具或设备、杀菌吊篮、仪器仪表、空气压缩机等附属设备，以保证杀菌过程的正常进行。空气压缩机是在高压杀菌和高压冷却时，从压缩空气管通入压缩空气用的，目的是为了在杀菌、冷却时，平衡罐头内外的压力，避免跳盖、变形等事故发生。

　　定型的 GT7C3 立式杀菌锅的有效容积为 700L，对于 560g 的罐头，每次能杀菌720罐，工作温度为 120℃，蒸汽压力为 200kPa，外形尺寸（长×高×宽）为2200mm×1120mm×2000mm。

2. 卧式杀菌锅

　　卧式杀菌锅是一个平卧的圆筒体，其结构如图 8-2 所示，主要包括锅体、锅门、锅盖、转环、轨道、密封圈、滚轮、锁紧楔块、喷管、冷却水管及闸阀等部件。

　　（1）锅体　锅体为钢板制成的卧式圆柱形筒体，一端为椭圆封头，另一端是轨道，此轨道与车间地面同高，方便小车推进卸出。蒸汽管装在轨道之间，而较轨道低。杀菌锅体装有坚固的支架，以固定杀菌锅的位置。锅体一般置于地坑内，以利于水的排放。锅体上装有各种管道与仪表接口，以利于完成杀菌工艺的操作。

　　（2）锅门　锅门为椭圆形封头，铰接于锅体上，向一侧转动开闭，布置的坑体口稍大，锅体口端面有一圆圈凹槽，槽内嵌有弹性而耐高温的橡皮圈，门的外径铰接采用自锁楔形块锁紧装置，即在转环及门盖边缘有若干组楔形块，转环上配有几组活动滚轮，使转环可沿锅体转动自如。门关闭后，转动转环，楔合块就能互相咬紧而压紧

153

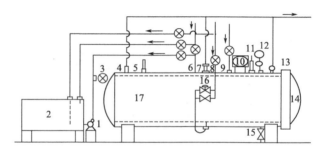

图 8-2 卧式杀菌锅

1—水泵；2—水箱；3—溢水管；4、7、13—放空气管；5—安全阀；6—进水管；
8—进气管；9—进压缩空气管；10—温度记录仪；11—温度计；12—压力表；
14—锅门；15—排水管；16—薄膜阀门；17—锅体

橡胶圈，实现锁紧和密封。转环反向转动时，楔合块分开，门即开启。

卧式杀菌锅亦需配备进出锅设备、吊篮、仪器仪表、空气压缩机等附属设备。

GT7C5 卧式杀菌锅有效容积为 2300L，1kg 装罐头每次能装 1500 罐，工作温度为 120℃，蒸汽压力为 200kPa，外形尺寸（长×宽×高）为 3860mm×1850mm×2100mm。

3. 回转式杀菌锅

（1）回转式杀菌设备结构　回转式杀菌设备结构如图 8-3 所示。全机主要由上锅、下锅、管路系统、杀菌篮和控制箱组成。上锅是储水锅，为圆筒形的密闭容器，用于制备下锅使用的过热水。下锅是杀菌锅，是回转杀菌锅的主要部件，由锅体、门盖、回转体和压紧装置、托轮、传动系统等组成。

在传动装置的旋转部件上设置了一个定位器，借以保证回转体停止转动时停留在某一特定位置，便于从杀菌锅取出杀菌篮。回转轴是空心轴，测量罐头中心温度的导线即由此通过。自动装篮机把罐头装入篮内，每层罐头之间用带孔的软性垫板隔开。用杀菌小车将杀菌篮送入锅内带有滚轮的轨道上。杀菌锅装满杀菌篮时，用压紧机构将罐头压紧固定，再挂保险杆，以防杀菌完毕启锅时杀菌篮自动溜出。储水锅与杀菌锅之间用连接阀 3 的管道连通，蒸汽管、进水管、排水管和空压管等分别连接在两锅的适当位置，在这些管道上根据不同使用目的安装了不同规格的气动、手动或电动阀门。循环泵 7 使杀菌锅中的水强烈循环以提高杀菌效率，并使杀菌锅里的水温度均匀一致。回转式杀菌锅已自动控制，目前的自控系统可大致分为两种形式：第一种是将各项控制参数表示在塑料冲孔卡上，操作时只要将冲孔卡插入控制装置内，即可进行整个杀菌过程的自动程序操作；第二种是由操作者将各级参数在控制盘上设定后，按上启动电钮，整个杀菌过程也就按设定的条件进行自动程序操作。

（2）回转式杀菌设备的工作过程　回转式杀菌锅一次杀菌周期通常可分为 8 个操作程序，每个程序均由程序指示器显示。有些形式的回转杀菌设备每个程序中的阀门、泵、压缩机等的工作状态，储水锅和杀菌锅的液位等参数还可以从控制盘上的流

154

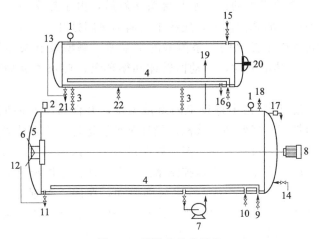

图 8-3　回转式杀菌设备

1—压力表；2—安全阀门；3—上、下锅连接阀；4—蒸汽管；5—压力锅活动
盖门；6—压力锅快动锁把手；7—上、下锅水循环泵；8—调频主电机；
9—蒸汽入口；10—增压蒸汽阀门；11—下锅排水阀门；
12—下锅水位计；13—上锅水位计；14—下锅入水管；
15—上锅进水阀门；16—上锅排水阀门；17—下锅
温度控制器；18—排汽阀门；19—上、下锅水循
环管；20—压力锅盖；21—上锅排水
阀门；22—上锅进水阀门

程指示盘清楚地显示出来。

① 制备过热水　储水锅的水达到一定水位时（第一次操作时，直接由冷水泵供水），液位控制器动作，冷水泵自动停止。同时打开储水锅加热阀，以 $6 \times 10^5 \text{Pa}$ 的蒸汽对锅中的水进行快速加热，升温速度为 $4 \sim 6 ℃/\text{min}$，当加热到设定的温度时，储水锅温度调节器发出信号，停止加热，伺机向杀菌锅供水。储水锅水温的设定，根据罐型等不同情况，一般比杀菌温度高 $5 \sim 20 ℃$。在储水锅升温的同时，可向杀菌锅装填杀菌篮。

② 向杀菌锅送水　装锅完毕，并把锅盖20完全密闭后，启动电钮，全机进入自动程序操作。由于杀菌锅上装有连锁用的行程开关，所以如果锅盖没有完全关好则无法启动。进入这个（第二）程序时，上下锅的连接阀自动打开，储水锅的过热水流入下面的杀菌锅，为了使罐头受热均匀，连接阀应具有较大的流通能力，要在 $50 \sim 90\text{s}$ 内完成送水过程。当杀菌锅的水位到达一定程度时，液位控制器发出信号，连接阀自动关闭。连接阀关闭后，根据不同使用要求，经 $1 \sim 5\text{min}$ 延时，又重新打开，此时上、下锅的压力接近，这个延时可通过控制盘内的延时继电器调整，延时时间的长短则视罐头的包装形式和包装材料而定。对玻璃瓶罐头，由于玻璃的导热性能差，罐头内容物升温迟缓，要使罐内形成与杀菌锅内（罐头外）相平衡的压力所需的时间就较长，因此，延时时间就要长些，否则瓶盖就有被压瘪的危险。对于铝制罐头亦如此。对于镀锡薄钢板为容器的罐头则延时时间可短些。

155

③ 加热升温　杀菌锅里的过热水与罐头接触后，由于热交换，使水温下降而罐头升温。为了达到设定的杀菌温度，应将杀菌锅加热阀打开，将蒸汽送入锅内使水迅速升温。加热时间取决于储水锅与杀菌锅的水温差、罐型及罐头品种等。一般应在5～20min内结束。加热的同时，开动回转体和循环泵，使水强制循环，以提高传热效率。

④ 杀菌　杀菌过程是指维持设定的杀菌温度，并保持一定时间的过程，因此，杀菌锅加热阀必须打开，经常通入蒸汽，循环泵继续运行，当杀菌时间完毕，杀菌定时钟发出信号而转入冷却过程。在升温、杀菌过程中，杀菌锅的压力由储水锅的压力来保持，而储水的压力由压力变送器控制增压阀和减压阀随时调整的。

⑤ 热水回收　杀菌过程完毕，冷水泵即启动，在向杀菌锅灌注冷却水的同时，杀菌锅内的高温水被压注到储水锅，当储水锅水满时，连接阀立即关闭，而打开储水锅的加热阀，对储水锅进行加热，重新制备过热水。完成这一程序的时间为3～5min。

⑥ 冷却　冷却过程根据产品要求，可以分别实现加压冷却-降压冷却或只降压冷却两种操作方式。采取哪一种操作方式，可根据罐头品种决定，并通过控制盘预先设定。加压冷却是杀菌锅保持在杀菌时的压力下对罐头冷却，即加压冷却。这个时间可由加压冷却定时钟设定。加压冷却时，冷水泵运行，节流阀处于节流状态，冷却水通过放水阀节流而保证了杀菌锅内的一定压力。当控制加压冷却的定时钟时间一到，便开始转入降压冷却阶段。降压冷却的时间是由降压冷却定时钟，即脉冲式时间继电器来调节和控制的。此时冷水泵、循环泵继续运行，放水阀和溢水阀打开，与冷水放水阀串联的碟阀在减压冷却定时钟的脉冲作用下逐级打开，使杀菌锅内压力有规律地递减，当减压冷却定时钟走完了定时后，杀菌锅内的压力达到常压，冷却过程全部结束。若无需加压冷却，只要将加压冷却定时钟的设定指针放在零位即可。

⑦ 排水　冷却过程结束后，循环泵停止运转，进水阀关闭，杀菌锅溢流阀打开以排汽，杀菌锅内的冷却水从排泄阀迅速排除。

⑧ 启锅　杀菌锅内的冷却水排完后，发出亮灯或鸣笛信号，示意允许启锅，此时取出杀菌篮。

（二）静水压连续杀菌设备

静水压连续杀菌设备的装置如图8-4所示。

静水压连续杀菌设备的工作原理如图8-5所示。密封后的罐头底盖相接，卧放成行，按一定数量自动地供给到环式输送链上，由传送器自动送进，按照进罐柱→水柱管（升温柱）→蒸汽室（杀菌柱）→水柱管（出罐柱、加压冷却）→喷淋冷却柱（常压冷却）→出罐的顺序运行。加压杀菌所需饱和蒸汽与蒸汽室相连呈丁字形（或称U字形管），水柱管的水压头保持平衡，水柱的高度决定于饱和水蒸气压的大小。罐头从升温柱入口进去，沿着升温柱下降，并进入蒸汽室。水柱顶部的温度近似罐头的初温，水柱底部的温度则近似于蒸汽室的温度。因此，在进入蒸汽室前有一个平衡的温度梯度、而进入杀菌室后，因蒸汽均匀地遍及蒸汽室，在这里可进行恒温杀菌。从杀

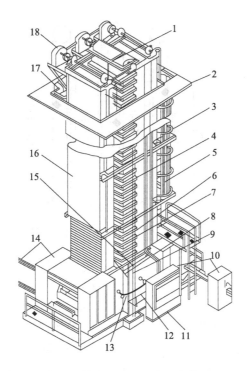

图 8-4　静水压连续杀菌设备装置

1—顶部真空阀；2—顶部平台；3—出罐柱；4—蒸汽室；5—铁梯；6—水平面控制
管道；7—溢流管；8—放空气管；9—出汽管；10—出罐箱；11—控制仪表；
12—冷凝水管；13—蒸汽管；14—进罐箱；15—喷淋器管；
16—水柱管（升温柱）；17—无级变速器；18—变速器

菌室出来的罐头向上升送，这时的温度变化与升温柱恰好相反，罐头所受的压力从大变小，形成一个稳定的从大到小的温度和压力的梯度，这种减压冷却过程是十分理想的。

由于静水压作用，蒸汽室的温度可达 121℃。经过冷却后的罐头温度为 40℃左右。杀菌时间为 20～80min，调节链条运动速度可以调节杀菌时间。

由于载罐板间距的限制，对圆形罐，其外径不能超过 86.5mm；对方形罐，其尺寸不能超过 100mm×86.5mm，其高度不受限制。

使用时，蒸汽压力大于 0.5MPa，压缩空气为 0.45MPa。进水压力大于 0.3MPa。水、电、汽消耗量为：水 2～5t/h，电 7.5kW/h，汽 700kg/h。水必须预处理，才能进入设备中。处理后水的硬度应低于 100mg/kg。整个装置要有仪表控制，卸罐系自动操作，杀菌条件由仪表和调节器自控及调节。

二、乳制品、果汁饮料杀菌设备

1. UHT 瞬时杀菌设备及流程

（1）直接加热 UHT 瞬时杀菌设备流程

157

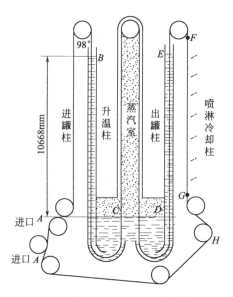

图 8-5 静水压连续杀菌设备工作原理

A-B—进罐；B-C—升温；C-D—恒温杀菌；D-E—降温；E-G—冷却；H—出口

① 混合式 UHT 瞬时杀菌设备流程　根据被处理物料性质的不同，UHT 杀菌的工艺流程也不完全相同，但主要的关键步骤则相同，即物料都由泵送至预热器预热，然后进入直接蒸汽喷射杀菌器，杀菌后的物料经闪蒸去除部分水分和降低温度之后进入下道工序。下面以消毒牛乳为例介绍一下直接混合式加热 UHT 过程的若干典型装置流程。APV-6000 型直接蒸汽喷射杀菌装置流程如图 8-6 所示。

原料乳由输送泵 1 送经第一预热器 2 进入第二预热器 3，牛乳升温至 75～80℃。然后在压力下由泵 4 抽送，经流量气动阀 5 送到直接蒸汽喷射杀菌器 6。在该处，向牛乳喷入压力为 1MPa 的蒸汽，牛乳瞬间升温至 150℃。在保温管中保持这一温度约 2～4s，然后进入真空罐 9 中蒸发，使牛乳温度急剧冷却到 77℃左右。热的蒸汽由喷射冷凝器 18 冷凝，真空泵 21 使真空罐始终保持一定的真空度。真空罐内部汽化时，喷入牛乳的蒸汽也部分连同闪蒸的蒸汽一起从真空罐中排出，同时带走可能存在于牛乳中一些臭味。另外，真空罐排出的热蒸汽中的一部分进入管式热交换的第一预热器 2 中用来预热原料乳。经杀菌处理的牛乳收集在膨胀罐底部，并保持一定的液位。接着，牛乳用无菌乳泵 11 送至无菌均质机 12。经过均质的灭菌乳经冷却器 13 中进一步冷却后，直接送往无菌罐装机，或送入无菌储藏。

通常，直接蒸汽喷射杀菌装置使用的蒸汽必须是干饱和蒸汽，不含油、有机物和异臭，故只有饮用水才能作为锅炉用水。为了保证加热蒸汽在使用前完全干燥，除过滤器外，还需设置汽液分离器。

在杀菌过程中，系统的自动控制是重要的。因为喷射进入牛乳中的蒸汽量，必须和汽化时排出的蒸汽量相等，所以采用了相对密度调节器 16，借此控制阀门 15 以达到此目的。为了保证制品的高度无菌，要有高精度、反馈快的温度调节器。在保温管

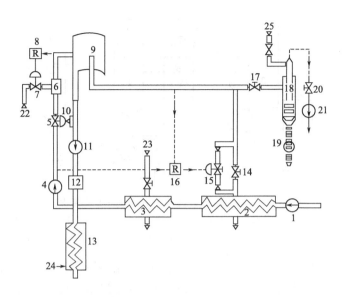

图 8-6　直接蒸汽喷射杀菌装置流程图（引自 APV 国际公司）

1—输送泵；2—第一预热器；3—第二预热器；4—乳泵；5—流量气动阀；6—直接蒸汽喷射杀菌器；
7—蒸汽气动阀；8—杀菌温度调节器；9—真空罐；10—装有液面传感器的缓冲器；11—无菌乳泵；
12—无菌均质机；13—灭菌乳冷却器；14、17—蒸汽阀；15—蒸汽气控阀；16—相对密度调节器；
18—喷射冷凝器；19—冷凝液泵；20—真空调节阀；21—真空泵；
22—高压蒸汽；23—低压蒸汽；24、25—冷却水

中安装了温度传感器，它是杀菌温度调节器 8 的一部分。因此可通过气动阀 7 改变蒸汽喷射速度，自动地保持所需的直接蒸汽杀菌温度。如果因供电或供汽不足等原因，料温低于要求，也会自动关闭，以防止未杀菌牛乳进入灭菌罐。由于自动连锁设计，装置未经彻底消毒前，不能重新开始牛乳作业。

②　直接加热注入式 UHT 瞬时杀菌设备流程　法国拉吉奥尔公司的注入式超高温杀菌设备的工艺流程如图 8-7 所示。其工作过程大致为：原料乳由高压泵 1 从平衡槽输送到管式热交换器 2，在此牛乳受到来自闪蒸罐 5 的热水蒸气加热。然后经第二管式热交换器 3 进一步受到来自加热器 4 排出的废蒸汽预热到大约 75℃。最后牛乳进入加热器 4。加热器中充满着温度由调节器 T_1 保持为 140℃的过热蒸汽。当微细牛乳滴从容器内部落下时，即被加热到杀菌温度。水蒸气、空气及其他挥发性气体一并从顶部排出，返回再利用。加热器 4 底部的热牛乳，在真空抽吸作用下强制喷入闪蒸罐 5，在此大量蒸汽从罐顶部排出，并返回再利用。利用由温度调节器 T_2 控制的自动阀门来调节废蒸汽的流速，从而控制牛乳在加热前和膨胀后的温度，以达到保持牛乳中的水分含量和总固形物含量不变的目的。另外，管式热交换器 2、3 中来自加热器 4 和闪蒸罐 5 的不凝性气体不断由真空泵 8 抽出，以保持系统内应有的真实压力。

（2）间接加热 UHT 瞬时杀菌设备流程

①　以板式热交换器为基础的间接 UHT 设备　以板式热交换器为基础的间接

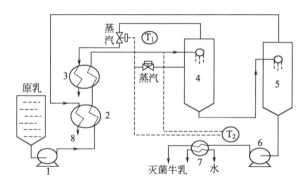

图 8-7　法国的拉吉奥尔 UHT 设备工艺流程

1—高压泵；2—管式热交换器（水汽）；3—管式热交换器（蒸汽）；4—蒸汽加热器；

5—闪蒸罐；6—无菌泵；7—冷却器；8—真空泵；T_1、T_2—调节器

UHT 系统工艺流程见图 8-8，约 4℃的产品由储存缸泵送至 UHT 系统的平衡槽 1，由此经供料泵 2 送至板式热交换器的热回收段。在此段中，已经被 UHT 处理过的乳品加热至约 75℃，同时，UHT 乳被冷却。预热后的产品随即在 18～25MPa（180～250bar）的压力下均质。在间接 UHT 设备中可在 UHT 处理前进行均质，亦即意味着可使用非无菌均质机，然而，在下游最好再使用一台无菌均质机，因为其可以提高一些产品如稀奶油的组织和物理稳定性。预热均质的产品继续到板式热交换器的加热段被加热至 137℃，加热介质为一封闭的热水循环，通过蒸汽喷射头 5 将蒸汽喷入循环水中控制温度。加热后，产品流经保温管 6，用保温管尺寸保证保温时间为 4s。最

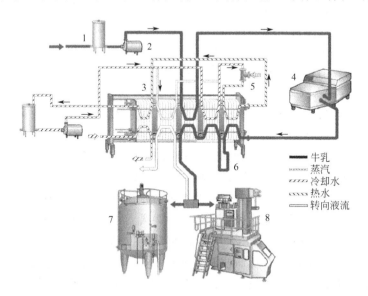

图 8-8　板式热交换器间接加热的 UHT 系统工艺流程

1—平衡槽；2—供料泵；3—板式热交换器；4—非无菌均质机；

5—蒸汽喷射头；6—保温管；7—无菌缸；8—无菌灌装机

160

后，冷却分成两段进行热回收：首先与循环热水的换热，随后与进入系统的冷产品换热，离开热回收段后，产品直接连续流至无菌包装机或流至一个无菌缸做中间储存。

生产中若出现温度下降，产品会流回夹套缸，设备中充满水，在重新开始生产之前，设备必须经清洗和灭菌。

② 以管式热交换器为基础的间接 UHT 系统工艺流程图　以管式热交换器为基础的间接 UHT 系统工艺流程见图 8-9，管式热交换器由一些管集束成模件，串联或并联连接，形成一个完整的最佳系统，以完成加热或冷却的任务。这一系统也可完成分散加热任务。当生产中温度降低时，产品回流至夹套缸，清水注满设备，在生产重新开始前，必须进行清洗和灭菌。

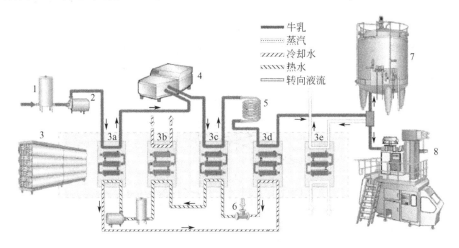

图 8-9　以管式热交换器为基础的间接 UHT 系统工艺流程
1—平衡槽；2—供料泵；3—管式热交换器；3a—预热段；3b—中间冷却段；
3c—加热段；3d—热回收冷却段；3e—启动冷却段；4—非无菌均质机；
5—保持管；6—蒸汽喷射类；7—无菌缸；8—无菌灌装机

③ 刮板式 UHT 系统　刮板式 UHT 系统见图 8-10。产品由储液罐 1 经转子泵 2 泵送至第一个预热段 3a，另一个加热段 3b 也可用于将产品温度升高至要求的温度，加工线上每一段要安装监测器检查这些温度是否达到。保温管 4 保持产品在需要的温度下经过一设定长度的时间段，随后产品用水 3c 和 3d 和冰水 3e 冷却到包装温度。

2. 巴氏杀菌设备

板式巴氏杀菌器如图 8-11 所示。其中包括冷却区段、保温区段、加热区段。

板式巴氏杀菌器不同的区段由一组波纹状金属板片构成，金属板上有孔，热传输就在通过这些孔的两股流体之间发生。具有结构紧凑、重量轻等优点，又由于流体在换热器中无论进行并流、逆流、错流都可以，板片还可以根据传热面积的大小而增减，因此在食品杀菌工艺设备中应用比较广泛。

板组合装在一块框架板和一块压力板之间，用拧紧螺栓压紧。板上装有密封垫

161

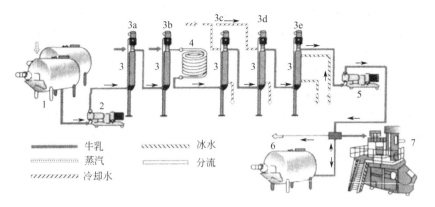

图 8-10　刮板式 UHT 系统

1—储液罐；2—转子泵；3—刮板式热交换器；3a—预热段；3b—加热段；3c、3d、3e—
冷却段；4—保温管；5—转子泵；6—无菌储罐；7—无菌灌装机

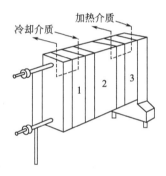

图 8-11　板式巴氏杀菌器

1—冷却区段；2—保温区段；3—加热区段

圈，用以密封通道并将流体交替引导到通道中。板片数量由流速流体的物理属性、压降和温度程序决定。板的折皱促进了流体的紊流，并对板的压差起到支撑作用。由于传热板片紧密排列，板间距较小，而板片表面经冲压形成的波纹又大大增加了有效面积，故单位容积中容纳的换热面积很大，占地面积明显少于同换热面积的管壳式换热器；同时相对金属消耗较少，重量轻，一般无需特殊的地基，而且现场装拆不用占额外空间。

板式换热器由一组几何结构相同的平行薄板叠加组成（图 8-12），两相邻平板之间用特殊设计，冷、热流体相间地在各自的通道流动，换热片与换热片之间沿四周用橡胶圈密封，并保证两片之间有一定的间隙。在每片的四个角上，各开一个孔口，借助环形橡胶圈的密封作用，使四个孔中的两个孔与换热片的一侧孔口相通，另外两个孔口与换热片另一侧的流道相通。工作时，冷热流体沿换热片的两侧流动，通过换热片进行热交换。

板式巴氏杀菌器中换热板是由高效换热材料制成，选用不锈钢耐酸材料、镍基合

162

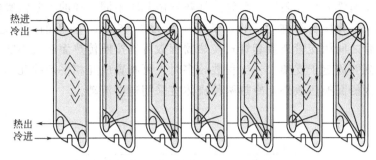

图 8-12　板式巴氏杀菌器换热流程

金、工业纯钛等材料。换热片用厚度为 0.8～1mm 的不锈钢板冲压成平直波纹形状，以增强换热效果；经冷冲压为不同波纹形状结构，这样使流体在板间流动时能够不断改变流动方向及速度，形成剧烈的湍流（图 8-13）。在相同的工况下，其传热系数比一般钢制管壳式换热器提高 3～5 倍。

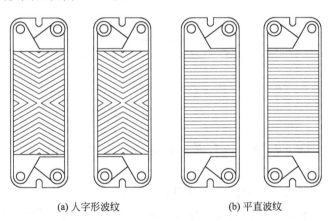

(a) 人字形波纹　　　　　　　(b) 平直波纹

图 8-13　人字形、平直波纹换热板

该设备清洗也比较容易。由压紧螺栓紧密组装的板片，可以很方便地拆开直接进行机械清洗或手工清洗；同时由于板片光洁度较高，流体湍动程度大，故结垢倾向小。操作很灵活，板式换热器适用工况能力强，对于已设计好或已投产使用的换热器，只需增减板片或改变其流程组合形式即可适应不同的负荷变动。

近年来，板式巴氏杀菌器除了应用在食品行业外还在其他领域被广泛应用，它是换热、换冷领域中最新型的设备之一。除了具有结构紧凑、占地面积小、传热效率高等优点外，其操作和维修等方面比较简单，并具有处理微小温差的能力。在化工、石油、电力、造纸、冶金、采暖空调等部门得到广泛的应用，已成功地取代了庞大、但效率较低的其他类换热器（如列管式、容积式、螺旋板式等换热器），是加热、冷却、热回收、快速杀菌等用途的良好设备。

巴氏杀菌中除了板式换热器外还有套管式换热器。套管式换热器（图 8-14）是间壁式换热器中最简单的一种，根据需要，可以不同根数套管组合。安装在外部的 U

形弯头，便于清洗和疏通阻塞。套管式换热器由几段不同口径的不锈钢管组成的同心套管连接而成。每段套管称为一程，长度一般为 4～6mm。每程的内管之间用 U 形管连接，外管之间用支管连接套管式换热器程数可以按照传热面积大小随意增减，一般是上下排列并固定于支架上。当程数较多时，可布置成互相平行的几排，每排都与总管相通。为提高换热效果，冷热两种流体宜采用逆向流动。

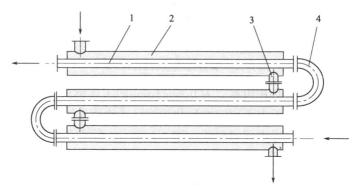

图 8-14　套管式换热器结构
1—内管；2—外管；3—支管；4—U 形管

需要注意：如果两种液体以相反方向流过热交换器，它们之间的温差能得到最充分的利用。

第三节　杀菌设备的维修与保养

对杀菌设备定期进行维护保养，不但能确保正常工作，使其工艺性能、加工精度更加符合生产质量要求，而且能及时排除严重的、危及安全的严重生产事故。所以杀菌设备的维修与保养是生产中必须要进行的过程。

一、杀菌设备的使用、维护和保养的具体操作流程

（一）设备的使用

1. 使用前的检查

① 检查安全阀、压力表是否损坏、失灵。

② 检查设备中的管道是否畅通无阻。

③ 检查旋转管是否已对准循环储槽中的溢流管（槽中间的竖管）。

④ 检查循环储槽中是否装满水。

2. 正常操作

① 开启循环水槽上的清水阀门。

② 启动进料泵。

③ 开启蒸汽阀门，观察压力表及温度计的数值，并及时调节到要求范围。

④ 关闭蒸汽阀门，当循环水槽中的水将放尽时，打开进料三通旋塞开始进料。

⑤ 当旋转排出物料时，即旋动旋转管，使物料流入循环水槽中，与此同时，打开出料三通旋塞，开始排料。

⑥ 观察灭菌温度，调节蒸汽阀，对于热敏性物料应逐步增加蒸汽压力，以防温度过高引起积垢和堵塞。

⑦ 控制节流阀。正确地掌握所需的"背压"，保证物料在管内不断地流过，避免积垢和堵塞。

⑧ 当工艺上需要提高出料温度时，可适当开启蒸汽阀门。

3. 不正常操作

① 如遇物料暂时供应不上时，必须在循环储槽中注满清水，先将循环管对准中间竖管，然后注意待最后的物料通过进料三通旋塞时，立刻将此旋塞转换，使储槽中的水代替物料流入，此时储槽上的供水阀打开几分钟以保证恢复供料前清水管内循环。待供上物料时，重新转入正常操作。

② 如果物料遇到较长时间的停顿，可按上述方法用水循环数分钟后，再将设备全部停止运行。

③ 在正常生产时，应关闭进水、放水截止阀、冷凝水从疏水阀中排出。如果发生突然停电，则迅速关闭蒸汽入口截止阀，开启放水截水阀，放净高温桶内的加热蒸汽，然后关闭。这时应立即开启进水截止阀，让自来水进入高温桶内。这样就能有效地防止物料在盘管中由于受阻而继续加温的焦化积垢现象。当来电时，关闭入水截止阀，开启放水截止阀，放净高温桶内的自来水，然后关闭。开启蒸汽入口截止阀，恢复正常生产。

(二) 设备的清洗

1. 与管壁积垢有关的因素

包括处理物料的性质（成分、热敏性、酸度、空气含量等），操作温度，使用时间。

2. 洗涤注意事项

① 在洗涤过程中，切勿用氯化物（如食盐）配制洗涤剂。任何氯化物都会使不锈钢产生腐蚀作用，从而影响设备的使用寿命。

② 清水要求含氯量小于 50mg/L。水质较差地区，洗涤时必须将水做净化处理。

表 8-1 列出了典型的清洗程序四例。

表 8-1 典型的清洗程序四例

工 序		时间/min	温度
例一	洗涤工序	3～5	常温或 60℃以下温水
	酸洗工序	20	1%～2%溶液常温水
	中间洗涤工序	5～10	常温水
	碱洗工序	5～10	1%～2%溶液,60～80℃
	最后洗涤工序	5～10	1%～2%溶液,60～80℃
	杀菌工序	10～20	90℃以上热水

工 序		时间/min	温度
例二	洗涤工序	3～5	常温或 60℃以下温水
	酸洗工序	5～10	1%～2%溶液,60～80℃
	中间洗涤工序	5～10	常温或 60℃以下温水
	碱洗工序	5～10	1%～2%溶液,60～80℃
	中间洗涤工序	5～10	1%～2%溶液,60～80℃
	杀菌工序	10～20	氯水 150mL
	最后洗涤工序	3～5	清水
例三	洗涤工序	3～5	常温或 60℃以下温水
	碱洗工序	10～20	1%～2%溶液,60～80℃
	中间洗涤工序	5～10	60℃以下温水
	最后洗涤工序	3～5	清水
例四	洗涤工序	3～5	常温或 60℃以下温水
	碱洗工序	5～10	1%～2%溶液,60～80℃
	中间洗涤工序	5～10	60℃以下清水
	杀菌工序	10～20	90℃以上热水

（三）维护及保养

① 定期检查疏水器及过滤器，防止蒸汽凝结水排出受阻。

② 经常检查安全阀、压力表及温度计是否灵敏。

③ 如发现进料泵轴封处渗漏严重应及时检修，或调换端面密封圈。

④ 进料泵不允许在无液时空转。

⑤ 如果在冬季停用期间有受冻可能的地区，应把管道中的水放净或用1%的碱液充满管子。

⑥ 物料接头及旋塞应经常检查密封性是否良好，防止泄漏产生，空气混放。如果物料中带有空气将会加速物料在管壁上的积垢。

⑦ 设备不用时，蒸汽阀应是开启的，以利于今后使用。

⑧ 进料离心泵的电机轴承应一年清洗一次，并更换润滑油，润滑油用量不能过多，只要充满轴壳一半就行。

二、主要设备的常见故障诊断及检修

（一）罐头杀菌设备常见故障

1. 常见故障

罐头杀菌常见故障可以分为工艺和机械两个方面。机械方面的故障包括电动机、传动部分、曲轴连杆、滑块等方面的故障，可通过设备的定期保养、维修来解决。以下主要介绍工艺方面易出现的故障。

① 蒸汽流量不足、压力达不到工艺要求 此类故障发生的最多，也是鉴定均质机最重要的指标之一。由于材质、加工质量等方面的因素，料液高速冲刷的阀门，特别是安全阀的密合面，由于蒸汽高速冲击磨蚀产生明显的沟槽；由于长期的严重磨损，使得蒸汽流经通道加大，大量料液回流到低压泵腔。这种情况下，必须对磨损部

件进行修复或更换。此外，安全阀（带安全阀时）的调整不当、弹簧压力不够也可能导致上述故障的发生。此时，只需对设备进行适当的调整就可恢复生产能力。

② 压力表指针跳动严重　由于泵腔内有空气残留，空气的压缩、膨胀使压力表指针严重跳动。少量的空气可以在料液的流动时被夹带出去。泵体密封严重泄漏，会使泵腔内的料液中混有大量空气，某些通过冲液传递到压力表由于冲液量不够或泄漏，也会使压力表指针严重跳动。

③ 封圈损坏　处于高温和压力周期性变化条件下的柱塞密封圈经常会发生损坏，因此，首先必须确保柱塞冷却水的连续供应，同时还要随时修复、更换柱塞密封圈。还应注意，柱塞伸入曲轴箱内的密封圈会因冷却水的进入而导致滑润不良，严重的还使曲轴连杆滑块发生损坏。

2. 使用注意事项

① 避免硬杂质进入管道，最好在进料管道上安装管道过滤器。

② 根据工艺要求，设备不得空转，启动前要先打开进料阀门。

③ 启动前应先接通冷却水，保证高压泵有充足的冷却水冷却。

④ 启动后及时调整压力，为保证产品质量，在调整好压力之前出来的料液应让其流回到进料罐内，停机前先卸压再停机。

（二）热交换器的使用与维护

1. 使用管理

选定的换热器，在操作中应按其使用性能进行操作，如温度、压力和流量等均不可波动太大，不然会降低传热效果，缩短设备使用寿命甚至造成损坏。

换热器的经常操作主要是温度调节，它一般是通过热流体与冷流体进入量的多少来实现的。如果用蒸汽加热的加热器，操作时若关小蒸汽阀门以减少进入量，可使蒸汽冷凝水过冷，降低冷凝水的出口温度、节汽，但会使温差减小，传递给冷流体的热量减少，降低欲加热的冷流体出口温度，不利于生产正常进行。反之，若要提高冷流体的出口温度，必须开大汽门，一直提高到蒸汽的冷凝水出口温度达到饱和水蒸气的温度为止，此后如再开大汽门加大用量只会带来蒸汽的更大浪费。这是因为，不管进入的蒸汽量如何增加，温差已不再增大，所以传给冷流体的热量也将不再增加。

对于冷却器，其热流出口温度的高低，应通过调节冷却水或其他冷却剂进入量来控制。为确保换热器的正常工作，还要经常注意传热效果和温度的变化，如发现变化，应详细查明原因，如是因结垢或流体通道堵塞，需进行清洗排除。对于冷凝器，还应该经常注意排出不凝性气体，如被冷凝的水蒸气中含有 1% 的空气，其传热系数会下降 50%～60%，对于卧式冷凝器，安装的倾角 5°左右有利于冷凝液自壳体排出，防止冷凝器下部被冷凝液淹没，降低传热效果。

因此，生产中必须建立定期检查和清垢的管理制度，以确保换热器操作良好。

2. 换热器的检查与清洗

要保证换热器传热效率高，操作良好，必须对其进行定期检查和清洗，主要包括以下内容。

① 检查外部是否良好，连接管是否泄漏。

② 检查内部泄漏　这可由底侧取流体样品进行分析决定。如冷却器，可在冷却水出口管上设取样管头，定期取冷却水检查，如冷却水中有被冷却介质，表明内部有泄漏。

③ 流体温度的检查　在换热器正常操作中，应定期测定流体的出口温度，若发现温度有不正常变化，则表明换热器中污垢增多，传热系数下降。此时可视具体情况，决定对换热器是否进行清洗。

④ 如果换热流体为腐蚀性较强的介质，或高压介质，还应对设备进行测厚检查。

⑤ 对设备进行清洁维护、加油润滑、紧固、调整、除锈；对设备汽路、气路、水路、油路进行检查；清洗规定清洗的部位，疏通油路、管路，更换或清洗油毡、滤油器；对易损坏部件进行精度检测，解决存在的问题，使设备得到全面的维护，延长设备的使用寿命。

3. 超高温杀菌机的清洗维护

在一般情况下，超高温杀菌机连续使用6～8h后必须进行清洗。当操作行将结束时，用水清洗，以排除残余的物料，利于下一步洗涤。当设备中流出的水变清时，水洗即可停止。之后在循环储槽中将氢氧化钠配制成2％的碱性洗涤剂，加热至80℃，循环30min，排除碱液后用水冲洗约15min，再将 $HClO_3$ 配制成2％的酸性洗涤剂，加热至80℃，循环约30min。排除酸液后用水冲洗约15min。冲洗完毕后，应将清水充满于设备中，直至下次操作。洗涤时，清水要求含氯量小于50mg/L。洗涤剂不能用氯化物（如食盐）配制。在许多的生产车间其设备清洗都用到 CIP（就地清洗）工艺，下面我们就以 CIP 对管道、超高温杀菌机等设备的清洗进行举例说明。

4. 就地清洗（cleaning in place，CIP）说明

就地清洗是一种新型有效的清洗技术，广泛应用于乳品厂，也可用于啤酒、饮料、咖啡、制糖、制药等行业。就地清洗技术是在设备、管道、阀件都不需要拆卸、不需要易地的情况下，设备就在原地进行清洗的一种技术，它具有如下特点。

（1）适应范围特点　就地清洗主要有以下特点。

① 就地清洗，操作简便，工作安全，劳动强度低，工作效率高。

② 清洗彻底，并能同时达到消毒杀菌目的，保证卫生要求，有利于制品质量提高。

③ 清洗采用流道化，可节约车间生产面积。

④ 洗涤剂可循环使用，利用率高，蒸汽和水也比较节省。

⑤ 易损件少，设备使用寿命长。

⑥ 适用于大、中、小型各类设备清洗。

⑦ 清洗工作可实现程序化和自动化。

（2）CIP 设备特点　本设备用于大中型乳品厂集中控制就地清洗。其特点是酸液罐、碱液罐和清水罐分别由独立的三个储罐组成，故谓分罐式就地清洗设备。本设备具有以下特点。

168

① 带有分配器，可进行多路分别清洗。

② 具有回流管道装置，洗液可循环使用，既节省洗液，又有利环境卫生。

③ 储罐大小、控制方式可根据用户要求来定。

（3）设备型号　设备型号：RQJD01-□Ⅰ（Ⅱ、Ⅲ）；控制方式：Ⅰ手动、Ⅱ半自动、Ⅲ全自动；主参数：储罐容量，单位 L；类型代号：分罐式就地清洗系统；特征代号：就地清洗；分类代号：清洗；大类代号：乳品机械。

例如，RQJD01-1000Ⅰ表示储罐容量 1000L 的手动分罐式就地清洗设备。

（4）工作原理　分罐式就地清洗设备流程图（图 8-15）：酸液、碱液与清水，三个储罐是由不锈钢制造，具有保温层，进料泵与回流泵皆为离心式且型号相同，进料泵入口与三个储罐的底部放液口相连并用电磁阀控制，其出口与板式换热器接通，清洗液经加热后送至各清洗点。回流泵入口与回流管道相连，其出口与三个储罐上部的回流液入口相连，并用电磁阀控制，每个储液下部设有排污口，罐上设有温度计与液位显示器，顶部有孔盖，用于配制清洗剂，储罐还设有放空管，以排放废气。

图 8-15　分罐式就地清洗设备

工作时，首先检查清洗液的浓度是否按比例配制，如果浓度不够，启动隔膜泵，泵入浓酸或浓碱，同时启动清洗泵，把阀门位置转换至循环位置，直到罐内的浓度比例达到要求为止，如果按酸→水（Ⅰ）碱→（Ⅱ）顺序清洗，则先设定酸洗、水洗（Ⅰ）、碱洗、水洗（Ⅱ）的持续时间。把"循环加热"、"正常时控"旋钮指向"正常时控"之后手动按下"酸洗"按钮，则系统自动关闭碱液罐、清水罐阀之间的连接液罐、清水罐上部的回流阀，然后按设定的酸洗时间持续地酸洗。当持续时间到设定值，则酸洗结束，并自动关闭有关阀门，再手动按下"水洗"（Ⅰ）按钮，此时各阀门的关启作相应地自动变动，系统自动进行水洗（Ⅰ）。第三步按下"酸洗"自动进行酸洗。第四步"水洗"（Ⅱ）。最后结束。

（5）技术参数　分罐式就地清洗设备技术参数如表 8-2 所示。

（6）控制系统

① 电子电路系统。

② 可视化编程控制板。

表 8-2　分罐式就地清洗设备技术参数

设备型号	RQJD10-2000
酸液罐容量/L	2000
碱液罐容量/L	2000
清水罐容量/L	2000
酸碱液温度/℃	65～75
热水温度/℃	95
进料泵回流泵性能	
扬程/m	35
流量/(m³/h)	20
功率/kW	4
外形尺寸/mm	9200×3000×3200

③ 操作说明：面板上的各温控显示分别为各液的温度及经换热后的出料温度。时间断电器显示分别为各液的清洗时间，清洗时间根据客户要求可自动确定。在操作时，先确定各液的清洗时间，随后分别启动各相应的按钮，即可进行对罐的 CIP 清洗。

举例说明，现要进行对某一设备的清洗，要求如下：自来水，2min →1.5％酸液，10min →自来水，2min →2％碱液，20min →自来水，2min →消毒水，5min →结束。

（7）操作步骤　主要包括以下步骤。

① 检查气源和电源是否正常，若正常，打开气源和电源。

② 检查酸、碱液的浓度是否符合要求，若不符合，应采用加浓液或加水，加浓液的方法：通过气动隔膜泵把浓液输送至相对应的各罐。

③ 确定各液清洗时间，利用时间继电器的设定功能要求设置。

④ 把控制面板上的"循环加热"、"正常时控"旋钮指向"正常时控"。

⑤ 启动水段的"启动"按钮，把水段回流阀置"回流"位，这时进水阀打开，回流阀打开，再按出液泵的"启动"，则进行水洗，再启动回流泵至 2min，出液泵将自动停止，进水阀同时关闭，然后手动将"回流"旋钮扳回，待水排尽，关闭回流泵。

⑥ 启动酸段的"启动"按钮，把回流阀置"回流"位，这时出酸阀和酸回流阀打开，按出液泵"启动"钮，再按回流泵至 10min，出液泵将自动关闭，出酸液关闭，这时应注意酸罐的高液位灯，若灯亮，则应关闭回流阀，让多余的酸排掉。

（8）使用维护

① 使用前对设备作全面清洗。

② 启动电源总开关。

③ 在酸液罐、碱液罐内配制好清洗液，并核实其浓度。在水罐内灌水。各储罐储液量维持在全容积的 80％。

④ 校正各仪表的正确性，按工艺要求调整控制点数值。

⑤ 按清洗工艺要求，设定好酸液、碱液和清水各自的持续清洗时间。

170

⑥ 交分配器连接到待清洗设备或待清洗管道系统。

（9）应用举例 本设备是对设备（干燥塔、蒸发器、灭菌机）、储罐、管道进行就地清洗的专用设备，只有在与被清洗设备（储罐、管道）相连接后进行工作时才发挥作用，下面列举两例说明其应用。

① 对板式超高温灭菌机进行就地清洗 对板式超高温灭菌机进行就地清洗，一般按碱洗→酸洗→水洗程序进行，其典型清洗程序如下。

a. 碱液清洗：碱液为 $2\%\sim3\%$ NaOH 溶液，pH 值为 13，温度在 141℃或与操作温度相一致，循环 20min。

b. 酸液清洗：酸液为 $1\%\sim2\%$ HNO$_3$ 溶液，循环 15～20min。

c. 热水清洗：水温控制在 80～90℃，连续循环直至排出清净水为止。

② 对物料管道的清洗 物料管道清洗效果取决于三个因素，管内洗涤剂的流速，清洗循环持续时间和清洗剂温度。管内洗涤剂的流速问题，实质是保证管内洗涤剂处于湍流状态，剧烈的湍动将大大有利于清洗洁净。有两个问题需注意，一是对分支管路清洗，支管的清洗可设置切换阀门分路清洗，二是流速提高会导致阻力增加，因而流速应适宜，通常管道内流速取 0.6～1.5m/s，大致范围如下。

a. 管内污垢较少时，流速取 0.6m/s。

b. 装有温度计、压力表或管道有凹处的场合，流速取 1.5m/s。

c. 垂直管道，流速取 1～1.5m/s。

为使清洗后管道内清洗剂排净，水平管道的倾斜度取 1/61～1/240，其中高桥道 1/60，低设管道取值不小于 1/240。实际使用中，多取 1/7.5～1/1.50 为宜。对于长管，应该每隔 3～4m 设一个活接管，管道离墙壁的距离保持在 50cm 为宜。

杀菌设备的维护与保养是食品工业生产中重要的一个环节，绝对不能忽视的重要部分，它是一项长期科学的管理任务，其设备稳定、安全、可靠，不但影响着产品的质量，甚至关系到车间设备和生产人员的健康与安全，特别是杀菌设备，更加需要科学合理的维护与保养。

思 考 题

1. 比较普通立式杀菌锅与卧式杀菌锅的结构。
2. 说明杀菌设备的维护与保养的主要内容。
3. 说明罐头杀菌设备使用的注意事项。
4. 说明超高温杀菌机的清洗维护内容。

第九章 浓缩、干燥机械设备

第一节 概 述

一、浓缩机械设备

（一）浓缩的概念及方法

在食品加工中，浓缩是除去液态食品料液中部分水分后仍保持液态的操作过程。例如为便于运输、储存、后续加工以及方便使用等，鲜乳、果蔬原汁、植物性提取液（如咖啡、茶）、生物处理（酶解、发酵）液等均含有大量的水分，往往需要进行浓缩。常用的浓缩方法有常压加热浓缩、真空浓缩和冷冻浓缩。目前，食品工业使用最广泛的浓缩设备是各种形式的真空蒸发浓缩设备。另外，冷冻浓缩设备对于含热敏性和挥发性成分料液的浓缩有很大吸引力，在工业使用中也具有重要作用。

（二）真空浓缩设备的分类

1. 根据二次蒸汽利用次数分

（1）单效浓缩设备 即二次蒸汽直接冷凝，不再利用其冷凝热的蒸发浓缩操作过程。

（2）多效浓缩设备 即将二次蒸汽引到下一浓缩器作为加热蒸汽，再利用其冷凝热的蒸发浓缩操作过程。

2. 按料液流程分

（1）单程式 料液经一次浓缩即出料。

（2）循环式 自然循环与强制循环。

3. 按加热器结构形式分

浓缩器是真空蒸发浓缩系统的主体，由加热室与分离室两部分构成，食品料液在此受到加热发生汽化，产生浓缩液和二次蒸汽。按加热器结构形式可分为夹套式、盘管式、中央循环管式、外循环式、长管式、刮板式、板式、离心薄膜蒸发器等。

（1）夹套式蒸发器 其属于中小型浓缩设备，适于果酱、蜜饯、糖浆、乳品、豆浆晶、食用胶等高黏度料液的浓缩。

（2）盘管式蒸发器 亦称盘管式浓缩锅，其特点是体积小、成本低、操作维修方便。

（3）中央循环管式蒸发器 也称标准式蒸发器，该类蒸发器在国内糖厂应用较多。

（4）外循环式蒸发器　根据物料在加热室与分离室间循环的方式，可分为强制循环式和自然循环式两种。

（5）长管式蒸发器　长管式蒸发器一般采用内径 25～50mm、长径比为 100～150 的长管制成。由于长径比大，单位体积料液的受热面积较大，因而，料液进入加热器后很快汽化而使浓缩液呈膜状在管内移动，因此这种蒸发器也是典型的膜式蒸发器。长管式蒸发器可以分为升膜式、降膜式和升降膜式蒸发器。升膜式蒸发器优点是占地少，传热效率较高，料液受热时间短，在加热管内停留 10～20s。适用于浓缩热敏、易起泡和黏度低的液料。其缺点是一次浓缩比低，进料量需严格控制。降膜式蒸发器在乳品、果汁等食品工业中应用最广。

（6）刮板式蒸发器　刮板式蒸发器也称刮板式薄膜蒸发器，是利用外加动力的膜式蒸发器，有立式、卧式两类。其特点是传热系数高，适用于高黏度（最高达 100Pa·s）的料液或含有悬浮颗粒的料液。

（7）板式蒸发器　根据料液与蒸汽在加热板上的流动方向，板式蒸发器的加热板有升膜式、降膜式两种结构。加热板全为降膜式的，称为降膜式板式蒸发器；加热板全为升膜式，称为升膜式板式蒸发器。板式蒸发器的优点是：蒸发时间很短，约 2s，液流分布均匀，不易结垢，传热系数高，可达 $10.45～16.72MJ/(m^2·h·℃)$，可处理高黏度的料液，结构紧凑，拆卸清洗方便。

（8）离心薄膜蒸发器　离心薄膜蒸发器是一种利用锥形蒸发面高速旋转时产生的离心力使料液成膜及流动的高效蒸发设备。其特点是：结构紧凑，传热效率高，蒸发强度高，料液停留时间极短，约 1s，制品品质优良，能较好保持原有色、香、味和营养成分，适用于热敏性物料，是一种新型、高效的浓缩设备。但对黏度大、易结晶的料液不适用，其结构较复杂，造价高。

（三）真空浓缩设备的辅助设备

真空浓缩系统的主要设备是蒸发器，但它必须与适当的附属设备配合，才能在真空状态下对料液进行正常的蒸发浓缩操作。辅助设备指物料泵、真空泵、冷凝器、液沫捕集器等。蒸发器与这些辅助设备进行适当的配合，可以得到不同形式的真空蒸发浓缩系统。

1. 冷凝器

冷凝器的作用是将真空浓缩所产生的二次蒸汽进行冷凝，并将其中的不凝结气体分离，以减轻抽真空系统的容积负荷，同时维持系统所要求的真空度。冷凝器一般以水为冷却介质，不凝性气体排出口与真空泵相连。在真空度要求不高的蒸发系统中，可用水力喷射泵来对二次蒸汽进行冷凝，同时将系统的不凝性气体抽走。冷凝器有间接式冷凝器和直接式冷凝器，直接式冷凝器又分为逆流式和喷射式冷凝器。

2. 捕集器

捕集器安装在浓缩罐的蒸发室顶部或侧面。其作用是防止蒸发过程中细小液滴被二次蒸汽带走，以减少料液损失，污染管路和次效的加热面。捕集器分为惯性捕集器和离心型捕集器两种。惯性捕集器是在二次蒸汽流的通道上设置挡板，一般其直径比二次蒸汽入口直径大 2.5～3 倍。离心型捕集器是利用离心力分离，在蒸汽流速较大时，分离效果较好，但阻力亦较大。

3. 真空装置

浓缩装置中不凝结气体主要来自于溶解于冷却水中的空气、料液受热后分解出来的气体、设备泄漏进来的气体等。真空装置的主要作用就是抽出不凝结气体，保证系统的真空度，降低浓缩锅内压力，使料液在低温下沸腾，有利于提高食品的质量。常用真空装置有蒸汽喷射器、往复式真空泵、水环式真空泵。

(四) 冷冻浓缩设备

冷冻浓缩是使溶液中的一部分水以冰的形式析出，并将其从液相中分离出去，从而使溶液浓缩的方法。它主要包括料液冷却结晶和冰晶与浓缩液分离两步，因而冷冻浓缩设备主要由冷却结晶设备和冰晶悬浮液分离设备两大部分组成。

1. 冷却结晶设备

冷却结晶设备可分为直接冷却式结晶器和间接冷却式结晶器，间接式又可分为内冷式结晶器与外冷式结晶器。

2. 冰晶悬浮液分离设备

用于冷冻浓缩的冰与浓缩液的分离设备有压榨机、过滤式离心机、洗涤塔等。其中压榨机常用液压活塞式压榨机和螺旋式压榨机，离心机是过滤式离心机，在此不做讨论。洗涤塔其基本原理是利用冰晶融化水排掉晶体间夹带的浓缩液。

3. 冷冻浓缩设备的装置系统

冷冻浓缩设备的装置系统将冷冻结晶装置与冰晶悬浮液分离装置有效地结合在一起，便可构成冷冻浓缩装置系统。冷冻浓缩装置系统可以分为单级系统和多级系统。单级冷冻浓缩系统一次性使料液中的部分水分结成冰晶，然后对冰晶悬浮液分离，得到冷冻浓缩液。多级冷冻浓缩系统将前一级的浓缩液作为原料液进一步地通过更低的温度使部分水结成冰晶，再进行分离。控制料液在结晶器中的循环速度，可以使料液获得不同的过冷度，从而可以利用同一状态制冷剂实现多级冷冻浓缩所要求的冻结温度差异。

二、干燥机械设备

(一) 干燥的概念

在食品加工中，干燥是从液态、固态的各种食品中除去水分成为固态食品（干制品）的操作过程。例如为了减小食品体积和重量从而降低储运成本、提高食品保存稳定性，以及改善和提高食品风味和食用方便性等，牛乳、蛋液、豆乳通过喷雾干燥可以得到乳粉、蛋粉和豆奶粉；蔬菜水果通过热风干燥可以得到脱水蔬菜和脱水水果。

(二) 干燥机械设备的分类

在食品工业生产中，用于实现干燥操作的机械设备，称为干燥机，由于食品物料种类各异，要求得到的干燥制成品要求也不同，使得食品干燥机械设备种类繁多。根据热量传递方式，传统上将各种干燥机械设备分成三大类：对流式、传导式和辐射式。按操作压强可分为常压干燥机和真空干燥机。按操作方式可分为连续式干燥机和间歇式干燥机。按干燥方法可分为自然干燥（晒干、风干）、喷雾干燥、真空干燥、沸腾干燥、冷冻升华干燥以及微波干燥等。

1. 真空干燥设备

在常压下的各种加热干燥方法，因物料受热，其色、香、味和营养成分均受到一定损失。若在低压条件下，可在较低温度对物料进行干燥，能降低品质的损害。这种方法称为真空干燥。真空干燥设备可分为间歇式和连续式两种。

2. 喷雾干燥设备

喷雾干燥是将液状物料通过雾化器形成喷雾状态（细微分散状态），雾滴在沉降过程中，水分被热空气气流蒸发而进行脱水干燥的过程。干燥后得到的粉末状或颗粒状产品和空气分开后收集在一起，在这一个工序同时完成喷雾与干燥两种工艺过程。喷雾干燥机械与设备系统的组成部分除了雾化器和干燥室之外，还有处理干燥介质的空气过滤器和加热器（直接燃烧加热或间接加热），使干燥介质能均匀分布的热风分配器，输送介质的风机，以及产品收集装置和回收干燥介质中细粉的分离装置。喷雾干燥的流程系统有多种形式，最基本的是开放式系统，这是国内外普遍使用的装置系统。

3. 流化床干燥设备

流化床干燥机中物料呈沸腾状态干燥，又称沸腾床干燥机。流化床干燥器形式多种多样，按设备结构形式分为单层圆筒形流化床、多层圆筒形流化床、卧式多室型流化床、振动型流化床、惰性粒子流化床等。

4. 气流干燥设备

气流干燥机利用高速热气流，在并流输送潮湿粉粒状或块粒状物料的过程中，对其进行干燥。气流干燥机有多种形式，主要有直管式气流干燥机、多级式气流干燥机。其他新型气流干燥机有脉冲式气流干燥机、套管式气流干燥机、旋风式气流干燥机、环形气流干燥机等。

5. 冷冻干燥设备

冷冻干燥，也叫升华干燥，就是将待干燥的湿物料在较低温度下（−50～−10℃）冻结成固态后，在高真空度（0.133～133Pa）的环境下，将已冻结了的物料中的水分，不经过冰的融化而直接从固态升华为气态，从而达到干燥的目的。冷冻干燥装置按操作的连续性可分为间歇式、连续式和半连续式三类，在食品工业中应用最多的是间歇式和半连续式装置。

第二节　浓缩、干燥机械设备识图

一、浓缩机械设备识图

（一）真空浓缩设备识图

1. 夹套式蒸发器

夹套式蒸发器结构如图 9-1 所示，主要由圆筒形夹套壳体、犁刀式搅拌器、汽液分离器等组成。被浓缩的料液投入锅内，通过供入夹套内的蒸汽进行加热，在搅拌器的强制性翻动下，料液形成对流而受到较为均匀的加热，并释放出二次蒸汽。二次蒸汽从上部抽出。

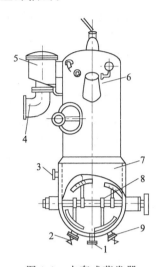

图 9-1　夹套式蒸发器

1—进出料口；2、9—冷凝水出口；3—蒸汽
进口；4—二次蒸汽出口；5—汽液分离器；
6—上锅体；7—下锅体；8—搅拌器

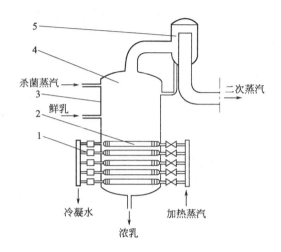

图 9-2　盘管式蒸发器

1—汽水分离器；2—加热盘管；3—锅体；
4—蒸发室；5—泡沫捕集器

2. 盘管式蒸发器

盘管式蒸发器结构如图 9-2 所示，主要由盘管加热器、蒸发室、泡沫捕集器、进出料阀及各种控制仪表所组成。锅体为立式圆筒密闭结构，上部空间为蒸发室，下部空间为加热室。泡沫捕集器为离心式，安装于浓缩锅的上部外侧。泡沫捕集器中心立管与真空系统连接。

蒸发室设有 3～5 组加热盘管，分层排列，每盘 1～3 圈，各组盘管分别装有可单独操作的加热蒸汽进口及冷凝水出口，进出口布置有两种形式，如图 9-3 所示。

3. 中央循环管式蒸发器

中央循环管式蒸发器结构如图 9-4 所示，主要由加热室和蒸发室组成。

（1）加热室　加热室由加热管、中央降液管和上下管板组成。中央降液管的作用是形成内循环，它的内截面积是加热管总内截面积的 0.25 倍。上下管板的作用是将物料和蒸汽分开。

（2）蒸发室　蒸发室在加热室上方，有一定空间，为了保证料液有足够的蒸发空间，便于汽液进行分离，防止料液被二次蒸汽带走，蒸发室有一定的高度要求，即不应小于

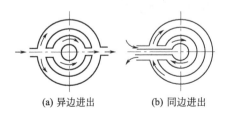

(a) 异边进出　　(b) 同边进出

图 9-3　盘管的进出口布置

176

从沸腾表面被蒸汽带出液滴升高的距离，理论上还没有确切的计算方法，另外，还要考虑清洗、维修加热管的需要，一般取加热面长的1.1～1.5倍。

4. 外循环式蒸发器

强制循环蒸发器结构如图9-5(a)所示，主要由列管式加热器、分离器和循环泵等构成。这种蒸发器的加热器，除了图中所示可水平安装以外，还可以垂直安装或倾斜安装。自然循环蒸发器结构如图9-5(b)所示。除无循环泵以外，基本构成与强制循环式相同。但其加热室只能垂直安装。

5. 长管式蒸发器

(1) 升膜式蒸发器　升膜式蒸发器结构如图9-6(a)所示，主要由加热室、分离室和循环管等组成。蒸汽由加热器上部引入，而物料由下部进入，因此蒸汽与物料在加热器内呈逆流；预热后接近沸点的料液从加热室底部进入，自下而上流动。在加热作用和减压状态下，部分料液迅速汽

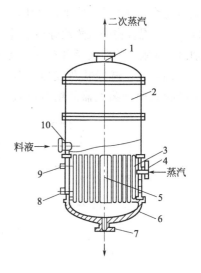

图 9-4　中央循环管式蒸发器

1—二次蒸汽出口；2—蒸发室；3—加热室；4—加热蒸汽进口；5—中央循环管；6—锅底；7—料液出口；8—冷凝水出口；9—不凝气出口；10—料液进口

化，产生二次蒸汽，并以80～200m/s的速度带动浓缩液沿管内壁成膜状上升。在加热室顶部，达到所需浓度的浓缩液与二次蒸汽的混合物，以较高的速度进入分离室，在离心力作用下两者产生分离，浓缩液从分离室底部排出，二次蒸汽则从顶部排出。

(2) 降膜式蒸发器　降膜式蒸发器结构如图9-6(b)所示，其分离室位于加热室的下方。加热室下部有布膜器（又称料液分布器），其作用是使料液在加热管内均匀成膜并阻止二次蒸汽上升。液体在重力作用下经料液分布器进入加热管，然后沿管内壁成液膜状向下流动，由于单位体积料液的受热面积大，所以料液很快沸腾汽化，又由于向下加速，克

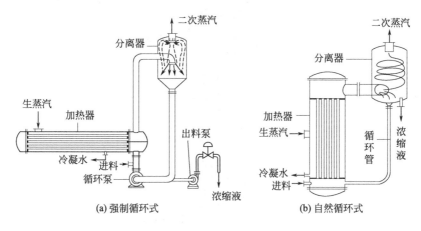

(a) 强制循环式　　　　　　　　　(b) 自然循环式

图 9-5　外循环式蒸发器

177

服的流动阻力比升膜式小，产生的二次蒸汽能以很高的速度带动料液下降，所以传热效果好。气液混合物进入蒸发分离室进行分离，二次蒸汽由分离室顶部排出，浓缩液则由底部抽出。降膜式的料液经蒸发后，流下的液体基本达到需要的浓度。

（3）升、降膜式蒸发器　升、降膜式蒸发器结构如图9-6(c)所示，其是升膜式和降膜式两种蒸发器的组合形式。

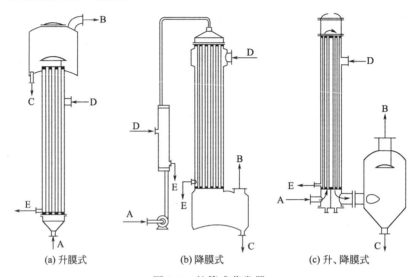

(a) 升膜式　　　　　(b) 降膜式　　　　　(c) 升、降膜式

图 9-6　长管式蒸发器

A—进料；B—二次蒸汽；C—浓缩液；D—生蒸汽；E—冷凝水

6. 刮板式蒸发器

立式刮板式薄膜蒸发器的结构如图9-7所示。刮板式蒸发器加热时间为 2～3s。加热区域可分成几段，采用不同压力的蒸汽。

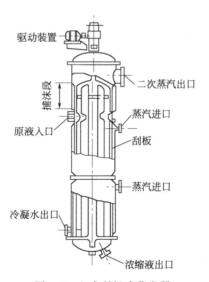

图 9-7　立式刮板式蒸发器

7. 板式蒸发器

板式蒸发器主要由板式加热器与分离室组合而成。升膜式加热板结构如图 9-8(a) 所示，降膜式加热板结构如图 9-8(b) 所示。出于加热蒸汽分布和产品分布均匀要求，它们的换热板结构与普通板式热交换器的换热板有所不同，主要是供产品进出和加热介质进出的开孔大小、数量、形状位置不同。

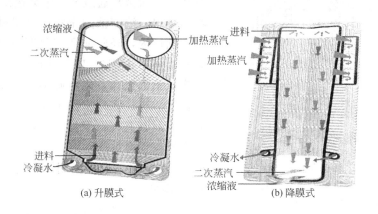

图 9-8　板式蒸发器的加热板

由蒸汽板、升膜板、蒸汽板、降膜板和蒸汽板构成一个蒸发单元，称为升降膜式板式蒸发器。降膜式板式蒸发器结构如图 9-9 所示。

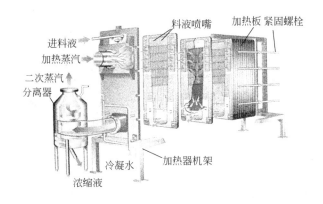

图 9-9　降膜式板式蒸发器

8. 离心薄膜蒸发器

离心薄膜蒸发器结构如图 9-10 所示。真空壳体内设置一高速旋转的转鼓，转鼓由锥形空心碟片叠装而成，碟片间保持有一定加热蒸发空间，空心夹层内通加热蒸汽，外圆径向开有与外界连接的通孔，供加热蒸汽进入和冷凝水离开。碟片的下外表面为工作面，故整机具有较大的工作面，外圈开有环形凹槽和轴向通孔，定向叠装后形成浓缩液环形聚集区和连续的轴向通道。转鼓上部为浓缩液聚集槽，插有浓缩液引

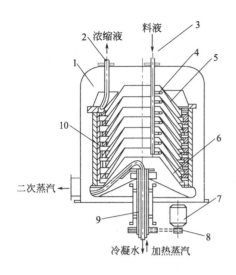

图 9-10　离心薄膜蒸发器

1—蒸发器；2—浓缩液出口；3—料液进口；

4—锥形盘；5—转鼓；6—冷凝水排出管；

7—电动机；8—三角皮带；

9—空心转轴；10—输液管

出管。

　　料液经真空壳体上的分配管穿过叠锥转鼓的中心部，注入旋转圆锥的下面。注入后很快展成厚 0.1mm 的液膜，在 1s 左右的时间内沿加热面流过。因液膜很薄，水分很快汽化。二次蒸汽通过叠锥中央逸出到机壳内，然后排出。浓缩液则聚集于圆锥外缘内侧的一组圆环内，经竖向孔道引至叠锥上方的排料室，最后由固定于机壳上的排料管排出。蒸汽从下部进入，经空心轴至叠锥外缘的汽室，然后流经圆环上的小孔进入锥形元件之间的空间，蒸汽在圆锥表面冷凝，且一旦形成水滴，立即被离心力甩向外锥体排出。

(二)　真空浓缩设备的附属设备识图

1. 冷凝器

　　（1）逆流式冷凝器　逆流多层多孔板式冷凝器结构如图 9-11 所示。

　　（2）喷射式冷凝器　喷射式冷凝器结构如图 9-12 所示，由喷嘴、吸气室、扩散室等部分组成。

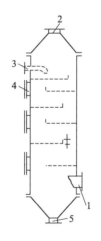

图 9-11　逆流多层多孔板式冷凝器

1—二次蒸汽进口；2—不凝结气体出口；

3—冷水进口；4—检查孔；5—冷凝水出口

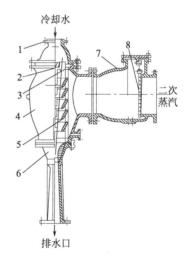

图 9-12　喷射式冷凝器

1—器盖；2—喷嘴座板；3—喷嘴；4—器壁；

5—导向盘；6—扩散管；7—止逆阀体；8—阀板

2. 捕集器

　　惯性捕集器结构如图 9-13(a)、(b) 所示。离心型捕集器结构如图 9-13(c) 所示。

180

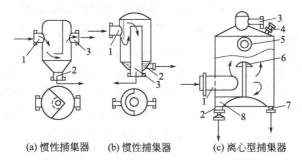

(a) 惯性捕集器　　(b) 惯性捕集器　　　(c) 离心型捕集器

图 9-13　各种捕集器

1—二次蒸汽进口；2—料液回流口；3—二次蒸汽出口；4—真空解除阀；

5—视孔；6—折流板；7—排液口；8—挡板

3. 真空装置

（1）蒸汽喷射器　其结构如图 9-14 所示，主要结构是由喷嘴、混合室和扩散室等组成。

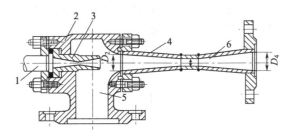

图 9-14　蒸汽喷射器

1—蒸汽室；2—喷嘴座；3—喷嘴；4—混合室；5—吸入室；6—扩散室

（2）往复式真空泵　国产 W 型往复式真空泵如图 9-15 所示。

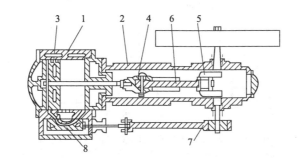

图 9-15　往复式真空泵（国产 W 型）

1—汽缸；2—机身；3—活塞；4—十字头；5—曲轴；6—连杆；7—偏心轮；8—气阀

（3）水环式真空泵　水环式真空泵如图 9-16 所示，其主要结构是由泵体和泵壳组成的工作室。泵体是由一个呈放射状均匀分布的叶轮和轮壳组成，叶轮偏心安装于工作室。

181

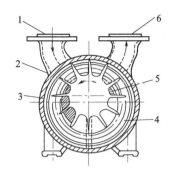

图 9-16 水环式真空泵
1—进气管；2—叶轮；3—吸气口；
4—水环；5—排气口；6—排气管

(三) 真空蒸发浓缩设备系统识图

1. 单效降膜式真空浓缩设备系统

以德国 WIEGADN 单效降膜式真空浓缩设备为例，其结构如图 9-17 所示。主要由加热室、分离室、热压泵（蒸汽喷射器）、物料泵、冷凝水泵、水环式真空泵、螺杆泵及储料桶等组成。适用于牛乳浓缩。工作时，原料牛乳从储料筒经流量计进入分离器，利用二次蒸汽间接加热，蒸发部分水分；然后由料液泵送至加热器第一部分加热管束顶部，经分布器使其均匀地流入各加热管内，呈膜状向下流动，同时受热蒸发；经第一部分加热管束蒸发浓缩后的牛乳，由料液泵送入第二部分加热管束进一步加热蒸发，达到浓度后的浓缩牛乳由螺杆泵送出。经分离器排出的二次蒸汽，一部分由蒸汽喷射器增压后送入加热器作为加热蒸汽使用，另一部分进入位于加热室外侧夹套内的冷凝器，在冷却水盘管作用下冷凝成水，并与加热器内的冷凝水汇合在一起，由冷凝水泵送出。节流孔板 a、b、c、d 用于流量控制所需的在线流量检测。

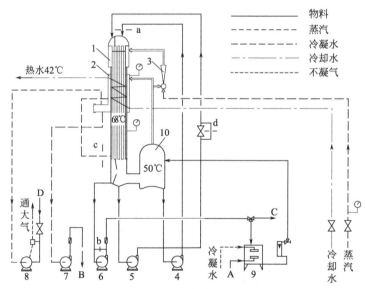

图 9-17 WIEGADN 单效降膜式真空浓缩设备
1—加热室；2—冷凝室；3—热泵；4、5—料液泵；6—螺杆泵；
7—冷凝水泵；8—水环泵；9—储料筒；10—分离器
a、b、c、d—节流孔板
A—原料液；B—冷凝水；C—浓缩液；D—水环泵用水

2. 多效真空浓缩设备系统

多效蒸发浓缩设备依据溶液与蒸汽的流动方向不同，可分为并流法、逆流法、错流法以及平流法四种。

182

以顺流式双效真空浓缩设备流程为例，其结构如图 9-18 所示，它主要由一效蒸发器、二效蒸发器、热泵、杀菌器、水力喷射器、预热器、液料泵等构成。工作时，料液由泵从平衡槽抽出，通过由二效蒸发器二次蒸汽加热的预热器，然后依次经二效、一效蒸发器内的盘管进一步预热。预热后的料液（86～92℃）在列管式保持管内保持 24s；随后相继通过一效蒸发器（加热温度 83～90℃，蒸发温度 70～75℃）、二效蒸发器（加热温度 68～74℃，蒸发温度 48～52℃），最后由出料泵抽出。生蒸汽（500kPa）经分汽包分别向杀菌器、一效蒸发器和热压泵供汽。一效蒸发器产生的二次蒸汽，一部分通过热压泵作为一效蒸发器的加热蒸汽，其余的被导入二效蒸发器作为加热蒸汽。二效蒸发器产生的二次蒸汽，先通过预热器，在对料液进行预热的同时受到冷凝，余下二次蒸汽与不凝性气体一起由水力喷射器冷凝抽出。各处加热蒸汽产生的冷凝水由泵抽出。储槽内的酸碱洗涤液用于设备的就地清洗。

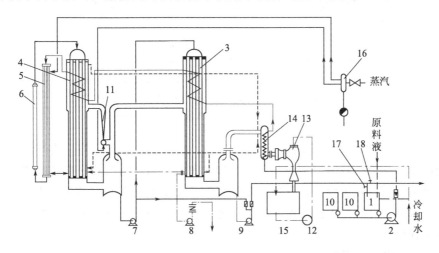

图 9-18　RP6K7 型顺流式双效真空降膜浓缩设备

1—平衡槽；2—进料泵；3—二效蒸发器；4—一效蒸发器；5—预热杀菌器；
6—保温管；7—液料泵；8—冷凝水泵；9—出料泵；10—酸碱洗涤液储槽；
11—热泵；12—冷却水泵；13—水力喷射器；14—料液预热器；
15—水箱；16—分汽包；17—回流阀；18—出料阀

再以混流式三效降膜真空浓缩设备流程为例，其结构如图 9-19 所示，包括三个降膜式蒸发器、混合式冷凝器、料液平衡槽、热压泵、液料泵和水环式真空泵等，其中第二效蒸发器为组合蒸发器。

混流式三效降膜真空浓缩设备工作时，平衡槽内（固形物含量 12%）的料液由泵抽吸供料，经预热器预热后，先进入第一效蒸发器（蒸发温度 70℃），通过降膜受热蒸发，进入第一效分离器分离出的初步浓缩料液，由循环液料泵送至第三效蒸发器（蒸发温度 57℃）。从第三效分离器出来的浓缩液由循环液料泵送入第二效蒸发器（蒸发温度 44℃），最后由出料泵从第二效分离器将浓缩液（固形物含量 48%）抽吸排出，其中不合格产品送回平衡槽。生蒸汽首先被引入第一效蒸发器和与第一效蒸发

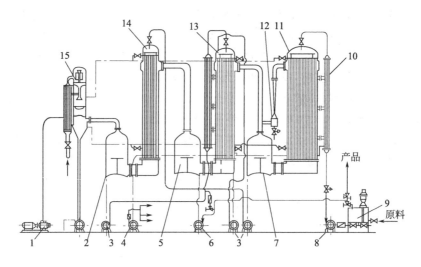

图 9-19　混流式三效降膜真空浓缩设备

1—双级水环式真空泵；2—第二效分离器；3—循环液料泵；4—冷凝水泵；

5—第二效分离器；6—出料泵；7—第一效分离器；8—进料泵；

9—料液平衡槽；10—预热器；11—第一效蒸发器；12—热压泵；

13—第二效蒸发器；14—第三效蒸发器；15—冷凝器

器连通的预热器；第一效蒸发器产生的二次蒸汽，一部分通过（与生蒸汽混合的）热压泵增压后作为第一效蒸发器和预热器的加热蒸汽使用；第二效分离器所产生的二次蒸汽，被引入第三效蒸发器作为热源蒸汽；第三效分离器处的二次蒸汽导入冷凝器，经与冷却水混合冷凝后由冷凝水泵排出。各效产生的不凝气体均进入冷凝器，由水环式真空泵抽出。

（四）冷冻浓缩设备识图

1. 冷却结晶设备

以一种具有芳香物回收的真空结晶装置为例，其结构如图 9-20 所示。工作时，料液进入真空结晶器后，在 267Pa 绝对压强下部分蒸发，部分水分成为冰晶。从结晶器出来的冰晶悬浮液经分离器分离后，冰晶排出，浓缩液从顶部进入吸收器。而从真空结晶器出来的带芳香物的蒸汽先经冷凝器除去水分后，从底部进入吸收器。在吸收器内，浓缩液与芳香物的惰性气体逆流流动，芳香物被浓缩液吸收，然后惰性气体由吸收器顶部排出，而吸收了芳香物的浓缩液从吸收器底部排出。

2. 冰晶悬浮液分离设备

以连续式洗涤塔（图 9-21）的工作原理为例：从结晶器来的晶体浆料从塔底进入，因冰晶密度比浓缩液小，故冰晶逐渐上浮到塔顶，浓缩液从塔底经过滤器排出。塔顶设有融冰器（加热器），使部分冰晶融化成水。融化的水大部分排到洗涤塔外，小部分向下返回，与上浮冰晶逆流接触，洗去冰晶表面的浓缩液。沿塔高方向冰晶夹带的溶质浓度逐渐降低，冰晶随浮随洗，夹带的溶质越来越少。当向下流动的洗涤水

184

量占融化水量的比例提高时，其洗涤效果明显提高。

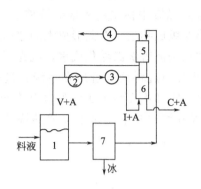

图 9-20　具有芳香物回收的真空结晶装置

1—真空结晶器；2—冷凝器；3—干式真空泵；

4—湿式真空泵；5—吸收器Ⅰ；

6—吸收器Ⅱ；7—冰晶分离器

V—水蒸气；A—芳香物；

C—浓缩液；I—惰性气体

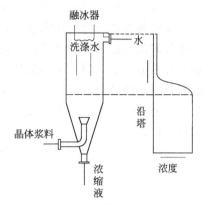

图 9-21　连续式洗涤塔

3. 冷冻浓缩设备的装置系统

（1）单级冷冻浓缩系统　其结构如图 9-22 所示，原料罐中稀溶液通过循环泵首先输入到刮板式热交换器，在冷媒作用下冷却，生成细微的冰晶，然后进入再结晶罐（成熟罐）。结晶罐保持一个较小的过冷却度，溶液的主体温度将介于该冰晶体系的大、小晶体平衡温度之间，高于小晶体的平衡温度而低于大晶体的平衡温度。小冰晶开始融化，大冰晶成长。结晶罐下部有一个过滤网，通过过滤网从罐底出来的浓缩液，一部分作为浓缩产物排出系统，另一部分与进料液一道再循环冷却进行结晶。未通过滤网的大冰晶料浆从罐底出来后进入活塞式洗涤塔。洗涤塔出来的浓缩液再循环

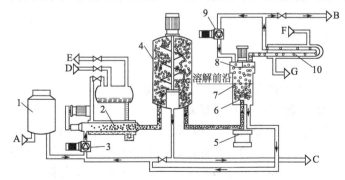

图 9-22　单级冷冻浓缩系统

1—原料罐；2—刮板式热交换器；3、9—循环泵；4—再结晶罐；5—液压装置；

6—多孔板活塞；7—冰洗涤柱；8—刮冰搅拌器；10—融冰加热器

A—原料液；B—冰水；C—浓缩液；D、G—制冷剂液；E、F—制冷剂蒸汽

冷却结晶，融化的冰水由系统排出。

（2）多级冷冻浓缩系统　其结构如图9-23所示，原料液进入进料罐后与从洗涤塔排放出来的稀溶液混合后由泵抽出，与第3级结晶罐中抽出的一部分溶液混合后，通过3级旋转刮板冻结器冷却成过冷液，进入第3级成熟罐。在此形成大的冰晶悬浮液。此悬浮液分离后，浮在上面的冰晶浆由泵抽至洗涤塔洗涤融化成水，沉在下层的浓缩液通过过滤网被泵抽出。抽出的浓缩液一部分与进料液混合后在本级再进行冻结，另一部分则由泵抽送至第2级进行结晶。第2级和第1级的工作原理基本与第3级的类似，但此二级成熟罐上层冰晶浆料是由螺旋输送器输送至下级成熟罐的，另外，第1级的浓缩液有一部分作为最终浓缩物形式输出系统。

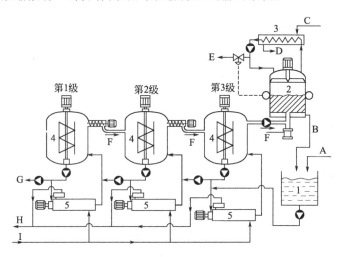

图 9-23　多级冷冻浓缩系统

1—进料罐；2—洗涤塔；3—融冰加热器；4—成熟罐；5—旋转刮板式冻结器
A—进料；B—排放液体；C—高压制冷剂蒸汽；D—制冷剂冷凝液；E—融化冰水；F—冰晶悬浮液；G—浓缩液；H—低压制冷剂气体；I—低压制冷剂液体

二、干燥机械设备识图

（一）真空干燥设备识图

真空干燥设备主要组件为真空室、供热系统、真空系统、水蒸气收集装置。

1. 间歇式真空干燥设备——真空干燥箱

箱式真空干燥器的结构如图9-24所示，真空干燥箱的主体是一真空密封的干燥室，室内装有通加热剂的加热管、加热板、夹套或蛇管等，其间壁则形成盘架。被干燥的物料均匀地散放于由钢板或铝板制成的活动托盘中，托盘置于盘架上。蒸汽等加热剂进入加热元件后，热量以传导方式经加热元件壁和托盘传给物料。盘架和干燥盘应尽可能做成表面平滑，以保证有良好的热接触。干燥过程产生的水蒸气由连接管导入混合冷凝器。

真空干燥箱的壳体可以为方形，也可以为圆筒形，两种形式真空干燥箱的外形如

图 9-25 所示。

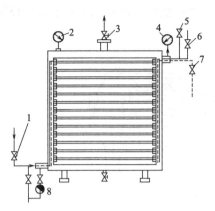

图 9-24　箱式真空干燥器

1—冷却水进阀；2—真空表；3—抽气口；

4—压力表；5—安全阀；6—加热蒸汽

进阀；7—冷却水排出阀；8—疏水器

图 9-25　方形和圆筒形真空干燥箱外形

2. 连续式真空干燥设备

连续式真空干燥设备的干燥室一般为卧式封闭圆筒，内装钢带式输送机械。带式真空干燥机有单层和多层两种形式。

（1）单层带式真空干燥机　单层带式真空干燥机结构如图 9-26 所示，由一连续的不锈钢带、加热滚筒、冷却滚筒、辐射元件、真空系统和加料装置等组成。供料口位于钢带下方，由一供料滚筒不断将浆料涂布在钢带的表面。涂在钢带上的浆料随钢带前移进入干燥器下方的红外线加热区。受热的料层因内部产生的水蒸气而膨松成多孔状态，与加热滚筒接触前已具有膨松骨架。料层随后经过滚筒加热，再进入干燥上方的红外线区进行干燥。干燥至符合水分含量要求的物料在绕过冷却滚筒时受到骤冷作用，料层变脆，再由刮刀刮下排出。

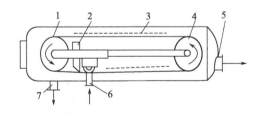

图 9-26　单层带式真空干燥机

1—冷却滚筒；2—脱气器；3—辐射元件；4—加热滚筒；

5—接真空系统；6—加料闭风装置；7—卸料闭风装置

（2）多层带式真空干燥机　多层带式真空干燥机如图 9-27 所示，三层输送带，沿输送方向采用夹套式换热板，设置了两个加热区和一个冷却区域，分别用蒸汽、热水、冷水进行加热和冷却。根据原料性质和干燥工艺要求，各段的加热温度可以调节。原料在输送带上边移动边蒸发水分，干燥成为泡沫片状物品，冷却后，经粉碎机粉碎成为颗粒状制品，最后由排出装置卸出。干燥产生的二次蒸汽和不凝性气体通过排气口，由冷凝和真空系统排出。

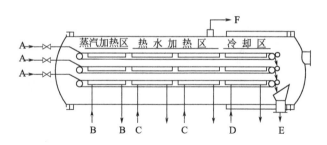

图 9-27　多层带式真空干燥机

A—料液；B—蒸汽；C—热水；D—冷水；E—干燥产品；
F—水汽至冷凝真空系统

(二) 喷雾干燥设备识图

1. 压力喷雾干燥机系统

立式压力喷雾干燥器装置系统如图 9-28 所示，主要由空气过滤器、进风机、空气加热器、热风分配器、压力喷雾器、干燥塔、布袋过滤器和排风机等组成。进风机、空气加热器和排风机安排在一个层面。

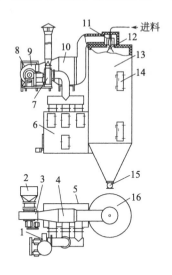

图 9-28　压力喷雾干燥器装置系统

1—排风机；2、8—布袋过滤器；3、9—进风机；
4、10—空气加热器；5、6—空气过滤器；7—排
风机；11—热风分配器；12、16—压力喷雾
器；13—干燥室；14—扫粉门；15—转鼓阀

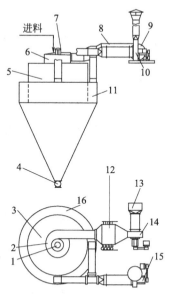

图 9-29　离心喷雾干燥机系统装置

1、7—离心喷雾器；2、6—热风分配器；3、5—干
燥室；4—出粉阀；8、12—空气加热器；
9、14—进风机；10、15—排风机；
11、16—布袋过滤器；13—空气过滤器

188

工作原理为：经空气过滤器过滤的洁净空气，由进风机吸入送入空气加热器加热至高温，通过塔顶的热风分配器进入塔体。热风分配器由呈锥形的均风器和调风管组成，它可使热风均匀地呈并流状以一定速度在喷嘴周围与雾化浓缩液微粒进行热质交换。经干燥后的粉粒落到塔体下部的圆锥部分，与布袋过滤器下螺旋输送器送来的细粉混合。不断由塔下转鼓阀卸出。塔体下部装有空气振荡器。可定时敲击锥体，使积粉松动而沿塔壁滑下。

2. 离心喷雾干燥机系统

离心喷雾干燥机系统装置如图 9-29 所示，其组成及原理基本同压力喷雾干燥机。最大区别在于雾化器形式不同。离心式雾化器的雾化机理是借助高速转盘产生离心力，将料液高速甩出成薄膜、细丝，并受到腔体空气的摩擦和撕裂作用而雾化，喷雾的均匀性随着圆盘的转速的增加而提高。

(三) 流化床干燥设备识图

典型流化床干燥机系统如图 9-30 所示。风机驱使热空气以适当的速度通过床层，与颗粒状的湿物料接触，使物料颗粒保持悬浮状态。热空气既是流化介质，又是干燥介质。被干燥的物料颗粒在热气流中上下翻动，互相混合与碰撞，进行传热和传质，达到干燥的目的。当床层膨胀至一定高度时，因床层空隙率的增大而使气流速度下降，颗粒回落而不致被气流带走。经干燥后的颗粒由床侧面的出料口卸出。废气由顶部排出，并经旋风分离器回收所夹带的粉尘。

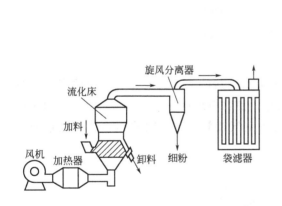

图 9-30　流化床干燥机系统

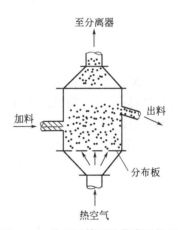

图 9-31　单层圆筒形流化床干燥机

1. 单层圆筒形流化床干燥机

单层圆筒形流化床干燥机结构如图 9-31 所示，湿物料由胶带输送机送到加料斗，再经抛料机送入干燥机内，空气经过滤器由鼓风机送入空气加热器加热，热空气进入流化床底后由分布板控制流向，对湿物料进行干燥。物料在分布板上方形成流化床。干燥后的物料经溢流口由卸料管排出，夹带细粉的空气经旋风分离器分离后由抽风机排出。

2. 多层圆筒形流化床干燥机

溢流式多层流化床干燥机结构如图 9-32(a) 所示。湿物料颗粒由第一层加入，经初步干燥后由溢流管进入下一层，最后从最底层出料。由于颗粒在层与层之间没有混合，仅在每一层内流化时互相混合，且停留时间较长，所以产品能达到很低的含水量且较为均匀，热量利用率也显著提高。

穿流式多层流化床干燥机结构如图 9-32(b) 所示。干燥时，物料直接从筛板孔自上而下分散流动，气体则通过筛孔自下而上流动，在每块板上形成流化床。物料的流动主要依靠自重作用，气流还能阻止其下落速度过快，故所需气流速度较低，大多数情况下，气体的空塔气速与流化速度之比为 1.2～2。

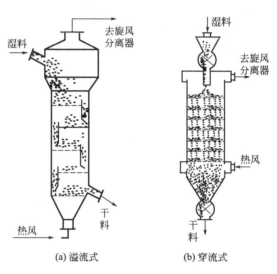

(a) 溢流式   (b) 穿流式

图 9-32 多层流化床干燥机

3. 卧式多室流化床干燥机

卧式多室流化床干燥机结构如图 9-33 所示。其横截面为长方形，用垂直挡板分隔成多室，挡板下端与多孔板之间留有间隙，使物料能从一室进入另一室。物料由第一室进入，从最后一室排出，在每一室与热空气接触，气、固两相总体上呈错流流

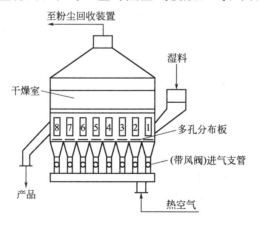

图 9-33 卧式多室流化床干燥机

190

动。不同小室中的热空气流量可以分别控制，其中前段物料湿度大，可以通入较多热空气，而最后一室，必要时可通入冷空气对产品进行冷却。

4. 振动流化床干燥机

振动流化床干燥机由分配段、流化段和筛选段三部分组成（图 9-34）。在分配段和筛选段下面都有热空气，物料干燥时，从喂料器进入流化床分配段，在平板振动和气流作用下，物料被均匀地供送到沸腾段，在沸腾段经过干燥后进筛选段，筛选段内装有不同规格的筛网，进行制品筛选及冷却，而后卸出产品。带粉尘的气体经集尘器回收细粉后排出。

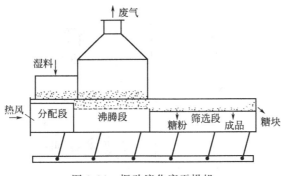

图 9-34　振动流化床干燥机

（四）气流干燥设备识图

1. 直管式气流干燥机

直管式气流干燥机结构如图 9-35 所示。被干燥物料经预热器加热后送入干燥管的底部，然后被从加热器送来的热空气吹起。气体与固体物料在流动过程中因剧烈的相对运动而充分接触，进行传热和传质，达到干燥的目的。干燥后的产品由干燥机顶部送出，废气由分离器回收夹带的粉末后，经排风机排入大气。

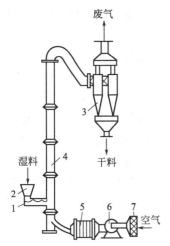

图 9-35　直管式气流干燥机
1—螺旋加料器；2—料斗；3—分离器；4—干燥管；5—预热器；6—风机；7—空气过滤器

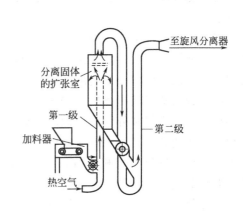

图 9-36　两级气流干燥机

191

2. 多级气流干燥机

两级气流干燥机结构如图 9-36 所示，它降低了干燥管的高度，第一段的扩张部分还可以起到对物料颗粒的分级作用。小颗粒物料随气流移动，大颗粒物料则由旁路通过星形加料器再进入第二段，以免沉积在底部转弯处将管道堵塞。

3. 其他新型气流干燥机

其他新型气流干燥机如脉冲式气流干燥机、套管式气流干燥机、旋风式气流干燥机、环形气流干燥机，其结构原理如图 9-37 所示。

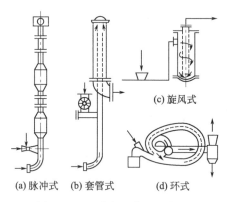

图 9-37　几种新型气流干燥机

（1）脉冲式气流干燥机　如图 9-37（a）所示，物料首先进入管径较小的干燥管内，此处气体以较高的速度流过，使颗粒产生加速运动。当颗粒的加速运动终了时，干燥管直径突然扩大。由于颗粒运动的惯性，在该段内颗粒的速度大于气流的速度，颗粒在运动过程中因气流阻力而不断减速。在减速终了时，干燥管直径再度突然缩小，颗粒又被加速。管径重复交替的缩小与扩大，使颗粒的运动速度也在加速和减速之间不断地变化，没有等速运动阶段，从而强化了传热和传质速率。

（2）套管式气流干燥机　如图 9-37（b）所示，气流干燥管由内管和外管组成，物料和气流同时由内管的下部进入。颗粒在管内加速运动至终了时，由顶部导入内外管间的环隙内，以较小的速度下降并排出。这种形式可以节约热量。

（3）旋风式气流干燥机　如图 9-37（c）所示，物料与热空气一起以切线方向进入干燥机内，在内管和外管间作螺旋运动。颗粒处于悬浮旋转运动的状态，所产生的离心加速作用使物料在很短的时间内（几秒）达到干燥的目的。

（4）环形气流干燥机　如图 9-37（d）所示，将干燥管设计成环状（或螺旋状）的主要目的是延长颗粒在干燥管内的停留时间。改善了一般的气流干燥机存在着不宜处理结晶物料及停留时间短的缺点。

（五）冷冻干燥设备识图

冷冻干燥装置系统由预冻、供热、蒸汽和不凝结气体排除系统及干燥室等部分构成，如图 9-38 所示。这些系统一般以冷冻干燥室为核心联系在一起。

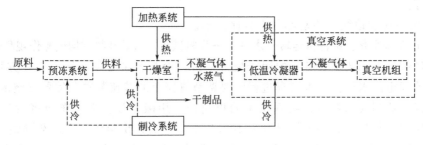

图 9-38　冷冻干燥设备

1. 间歇式冷冻干燥装置

间歇式冷冻干燥装置如图 9-39 所示，其干燥箱与一般的真空干燥箱相似，属盘架式。干燥箱有各种形状，多数为圆筒形。盘架可以是固定式，也可做成小车出入干燥箱，料盘置于各层加热板上。如采用辐射加热方式，则料盘置于辐射加热板之间，物料可于箱外预冻后装入箱内，或在箱内直接进行预冻。若为直接预冻，干燥箱必须与制冷系统相连接。

2. 半连续式冷冻干燥系统

半连续式冷冻干燥系统如图 9-40 所示。升华干燥过程是在大型隧道式真空箱内进行的，料盘以间歇方式通过隧道一端的大型真空密封门进入箱内，以同样的方式从另一端卸出。这样，隧道式干燥机就具有设备利用率高的优点，但不能同时生产不同的品种，且转换生产另一品种的灵活性小。

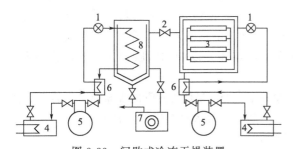

图 9-39　间歇式冷冻干燥装置

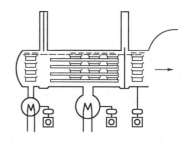

图 9-40　隧道式半连续式冷冻干燥装置

1—膨胀阀；2—冷阱进口阀；3—干燥箱；4—冷凝器；
5—制冷压缩机；6—热交换器；7—真空泵；8—冷阱

第三节　浓缩、干燥机械设备维修与保养

一、真空浓缩设备维修与保养

（一）真空浓缩设备操作要点

① 首次使用设备前，必须熟悉有关图纸，了解设备的结构、管路阀门和仪表的

操作规程。

② 电机应装地线，传动部分应装保护罩。

③ 试车步骤是：部件试运转→水试车→物料试车，水试和物试均按操作规程进行。

部件试运转主要检查各泵的运转是否正常，冷却水泵必须在给水后，方可启动，并应保持规定的水压。在水试车过程中要调节管路上的节流装置，使各真空部件的真空度和温度达到要求数据。物料试车的投料前，用碱、酸、水洗涤液将设备清洗干净。开始的投料量应比要求投料量大10％以上，然后按出料浓度，逐渐调整。

④ 当一个班次结束或一批原料处理完毕时，先关闭蒸汽阀，再关闭真空装置及真空度，抽出设备的浓缩液后关闭进、出料泵、冷却水阀。

⑤ 最后进行清洗。

（二）真空浓缩设备操作使用举例

1. 中央循环式浓缩设备的操作使用

① 一般开始操作时，先通入加热蒸汽于锅内赶走空气，后开启抽真空系统，造成锅内真空。

② 待加热器体内充满液体后，再开蒸汽阀门。

③ 取样检验，达到所需浓度时，解除真空即可出料。

④ 加热蒸汽压力应视不同物料选择，不宜太高，否则易发生焦管现象。

⑤ 各管路密封性能要好，连接可靠，要定期对密封垫进行更换和检查。

2. 升膜式真空浓缩设备的操作使用

① 操作时，应严格控制进料量，如果进料量过多，加热蒸汽不足，会造成管的下部积液过多，形成液柱上升而不能形成液膜，使传热效果大大降低；如进料量过少，则会发生管壁结焦现象，一般经过一次浓缩的蒸发水量不能大于进料量的80％。

② 料液一般先预热到沸点状态进入加热器体，以增加液膜比例，提高沸腾和传热系数。

③ 生成需连续进行，应尽量避免中途停车，否则易使加热管内表面结垢，甚至结焦。

④ 各管路密封性能要好，连接可靠，要定期对密封垫进行更换和检查。

3. 降膜式真空浓缩设备的安装及操作使用

① 安装降膜式蒸发器时必须保证降膜管与水平面垂直，否则就会引起偏流，降膜管周边不能有料液向下流动，那样会导致蒸发管结焦。

② 使用前，全面系统地认真检查设备安装的正确性、安全性和精密度，重点是蒸发器的垂直度。

③ 先开启真空泵及冷凝水排出泵，并输入冷却水，再开启进料泵，使料液自加热器顶部加入，当分离器切线口有料液喷出时，方可开启加热蒸汽。

④ 当蒸发开始或操作正常后，开启热压泵，待浓度达到要求，即可开始加料。

⑤ 设备投料运转过程中，绝对不允许断料，以免发生焦管现象。

4. 板式浓缩设备的使用及维护

① 组装时，要将板片洗刷干净，检查密封垫圈是否完好，按顺序悬挂放好，孔

对正，板片均匀压紧，使之整齐、密封良好，一般压紧至规定尺寸，以不泄漏为宜，压得过紧，会使橡胶垫圈失去弹性，发生老化。设备必须调整水平，否则会使料液不能均匀分布于板片表面，影响正常加热，严重时会造成结焦。

② 使用前，要进行试压和消毒，通入额定压力的清水，仔细检查有无泄漏，然后放掉清水，通入高压蒸汽5min。

③ 控制好压力和流量，开始时，输出的流体温度可能不符合要求，须待其温度正常后，方可正式投入运行。

④ 停车时，应先停止高温流体的流动，再停止低温流体的流动，直到热交换器内的流体流尽。

⑤ 清洗时，应根据热交换的流体性质选择清洗工艺，对于乳制品来说，一般使用碱液、酸液或热水进行清洗。

⑥ 定期检查各传热板的几何尺寸及清洗情况，同时检查各密封垫圈的密封性能。若密封垫圈太薄或经长期使用失去弹性，都会造成泄漏，应及时予以更换。更换时，必须将该段垫圈全部更换，以免各板间隙不均匀，引起泄漏，并应将新垫圈背部打毛，用有机溶剂擦净油迹，再涂覆黏合剂。

（三）真空浓缩设备的维修保养

① 为了保养好设备，保证正常安全运转，停车后就必须立即进行清洗，及时盖封，避免尘土污染。

② 每半年校验一次压力表、真空表、温度表。

③ 经常检查视孔、人孔各连接处的密封，必要时更换密封圈套。

④ 经常检查各阀门是否有漏气、漏水现象，如发现应及时更换。

⑤ 如中途遇机件损坏或断水等故障，应立即停止使用，先关蒸汽阀门后，破坏其真空度，再关冷却水阀。

⑥ 如出现结垢，先用冷水冲洗，后用洗涤剂（NaOH溶液）在真空和加热情况下煮沸，用刷子清除加热室和蒸发室内污垢，用饮用水冲洗干净。

⑦ 大修周期为一年，大修时对保温层应检查，损坏和失效者应更换或修补。

（四）浓缩设备与附属设备常见故障及其处理方法

1. 一般浓缩设备与附属设备常见故障及其处理方法

一般浓缩设备与附属设备常见故障及其处理方法见表9-1。

表9-1 浓缩设备与附属设备常见故障及其处理方法

常见故障	可能导致的原因	主要处理方法
真空度过低	设备或管路的连接处密封不严	停车检查泄漏部位,严格密封
	形成真空的系统有故障	停车检查真空设备
	冷却水的温度较高,冷却水的量少	检查水泵及阀门,疏通可能堵塞的管道
	热压泵的工作蒸汽压过高或喷嘴磨损	降低加热蒸汽流量,减少压力,或更换喷嘴

常见故障	可能导致的原因	主要处理方法
真空度过高	冷却水的进水温度过低	适当增加冷却水的进水温度
	加热蒸汽的压力或流量不足	增加加热蒸汽压力或流量
	汽水分离器阻塞或选择不当以及冷天蒸汽管道保温不良等	检查汽水分离器及蒸汽管道的保温效果
管内壁结垢较多（焦管）	进料量不足或短时断料	使物料全部浸没加热表面
	清洗不彻底	停车后就必须立即进行清洗干净
	液体分布器的部分小孔堵塞	停车疏通可能堵塞的液体分布器
	加热温度过高	调整加热温度
	不按停车顺序进行操作	停车后先关闭加热蒸汽阀门
倒罐（冷却水进入蒸发器）	未按顺序停车	设备停运时先关闭真空设备
	冷却水泵出现故障	及时检修冷却水泵
	冷却水进水量太大	降低冷却水进水量
	抽真空设备有故障	及时采取措施破坏锅内真空,检查真空设备
跑料（物料沿二次蒸汽管路排出）	进料量过大	控制适当的进料量
	设备内真空度过高或突然升高	保持恒定的适当的真空度
	分离器分离效果不好	检修或更换分离器
	加热蒸汽温度过高	降低蒸汽温度
	物料进料时温度过高	降低进料温度

2. 降膜式蒸发浓缩设备主要故障及原因

降膜式蒸发浓缩设备相对升膜式蒸发浓缩设备来说,其他方面的故障及原因大致相同,最突出的问题是料液分配不均,导致料液分配不均有以下三个方面的因素。

① 进料管直接向上分配板上进料,在料液的冲击下分配板难以匀料,大量料液来不及分配便从边缘流至下分配盘。

② 二次蒸汽流对下分配盘的液流有一定影响。当盘上料液以细流状向管板流淌时与来自蒸发管中的二次蒸汽相遇,二次蒸汽流冲击至下分配盘底时沿盘底横向流动,这样会对正在流动的料液产生一定的冲击,液流在蒸汽的干扰下产品偏斜,当进料发生波动时布料不均就更加明显。

③ 分配盘上料液分配孔径大小及数量设置不合理。分配孔过小容易堵塞,分配孔过大及数量过多则会导致局部发生断料。

3. 板式蒸发浓缩设备的主要故障原因分析及其处理方法

板式蒸发浓缩设备的主要故障原因分析及其处理方法见表9-2。

196

表 9-2　板式蒸发浓缩设备的主要故障原因分析及其处理方法

常见故障	可 能 导 致 的 原 因	主 要 处 理 方 法
外泄漏	板片损坏或密封垫片拓垫、伸长变形、老化和断料、物料压力过高等	停机检查,更换板片或垫片,正常生产情况下,一般不超过 3 个月就要更换一次垫圈
内泄漏	板片穿孔	更换板片,在使用过程中不可使用金属材质的刷子去清除板片
流量不稳定	进料泵出现故障	及时检修进料泵
	管路泄漏	检查并排除泄漏
	管路阻塞	清除堵塞物
	传热板严重结垢	清洗传热板
温度变化大	进料泵出现故障	及时检修进料泵
	管路泄漏	检查并排除泄漏
	管路阻塞	清除堵塞物
	传热板严重结垢等	清洗传热板
结垢严重	清洗不彻底	彻底清洁
	流体不清洁	增加过滤装置
	冷热温差过大	采取保护措施恒定温差
	物料抗热性差或已变性	正确选择物料
	流量过小,热片暴露	增加流量

二、干燥机械设备维修与保养

(一) 真空干燥箱的维修与保养

1. 真空干燥箱的使用注意事项

① 真空箱外壳必须有效接地,以保证使用安全。

② 真空箱相对湿度应≤85％ RH,周围无腐蚀性气体、无强烈振动源及强电磁场存在的环境中使用。

③ 真空箱工作室无防爆、防腐蚀等处理,不得放易燃、易爆、易产生腐蚀性气体的物品进行干燥。

④ 真空泵不能长期工作,因此当真空度达到干燥物品要求时,应先关闭真空阀,再关闭真空泵电源,待真空度小于干燥物品要求时,再打开真空阀及真空泵电源,继续抽真空,这样可延长真空泵使用寿命。

⑤ 干燥的物品如潮湿,则在真空箱与真空泵之间最好加入过滤器,防止潮湿气体进入真空泵,造成真空泵故障。

⑥ 干燥的物品如干燥后重量轻、体积小（为小颗粒状）,应在工作室内抽真空口加隔阻网,以防干燥物吸入而损坏真空泵（或电磁阀）。

⑦ 真空箱经多次使用后,会产生不能抽真空的现象,此时应更换门封条或调整箱体上的门扣伸出距离来解决。当真空箱干燥温度高于 200℃时,会产生慢漏气现象

（除 6050、6050B、6051、6053 外），此时拆开箱体背后盖板用内六角扳手拧松加热器底座，调换密封圈或拧紧加热器底座来解决。

⑧ 放气阀橡皮塞若旋转困难，可在内涂上适量油脂润滑（如凡士林）。

⑨ 除维修外，不能拆开左侧箱体盖（6090 及 6210 型除外），以免损坏电器控制系统。

⑩ 真空箱应经常保持清洁。箱门玻璃切忌用有反应的化学溶液擦拭，应用松软棉布擦拭。

⑪ 若真空箱长期不用，将露在外面的电镀件擦净后涂上中性油脂，以防腐蚀，并套上塑料薄膜防尘罩，放置于干燥的室内，以免电器元件受潮损坏，影响使用。

2. 真空干燥箱常见故障原因分析及处理方法

真空干燥箱常见故障原因分析及处理方法见表 9-3。

表 9-3　真空干燥箱常见故障原因分析及处理方法

常见故障	可能导致的原因	主要处理方法
真空抽不上	密封条老化失效	更换密封条
	真空泵失效	更换真空泵
	门未关紧	重新关紧并在开始抽真空时轻推玻璃
	真空表真空度显示假象	更换真空表
温度波动大	外界供电电压变化大	采取稳压措施,使之达到设备供电要求
	控温仪表漂移	更换控温仪表
不升温	加热器断路	排除接线断路可能后故障依旧则更换加热器
	传感器断路	排除接线断路可能后故障依旧则更换传感器
	继电器断路	排除接线断路可能后故障依旧则更换继电器
	控温仪表未设定好	按说明书规定要求重新设定控温仪表
控温失效,温度直升	继电器断路	更换继电器
	控温仪表失效	更换控温仪表

（二）连续式真空干燥设备维修与保养

1. 连续式真空干燥设备的使用与操作

① 检查各个工艺设备是否完好，传动部分是否准确，电气控制柜各种控制功能是否完好，严禁带故障运转。

② 在开机前，应检查干燥带松紧情况，不宜过紧或过松。

③ 使用时，应空载启动，待运转正常后，再开始给料。停机时，应先停止给料，待机上的物料输送完毕，再关闭电动机，并切断电源。当多级干燥机串联工作时，若无联动装置，开机的顺序应该是由后向前，最后开第一台干燥机；停机的顺序正好相反。在工作中间一台干燥机发生故障，则先停第一台干燥机，使进料停止，然后再停有故障的和其他干燥机。

④ 进料必须控制均匀，输送量应掌握适当。投料应在干燥带中部，防止走单边。

⑤ 要定期检查传动机的润滑情况，定期添加润滑脂。

⑥ 经常检查各个干燥段加热空气的温度，并及时调节，使其保持在预定的范围内自控；定期检查干燥前后的物料的水分和品质情况，以便于及时调整。

⑦ 突然停电或临时停机时，应首先关闭热风机闸门，防止停机状态热风继续进入干燥段，避免烘坏物料。

2. 连续式真空干燥设备的常见故障原因分析及处理方法

连续式真空干燥设备的常见故障原因分析及处理方法见表9-4。

表 9-4　连续式真空干燥设备的常见故障原因分析及处理方法

常见故障	可能导致的原因	主要处理方法
干燥成品含湿量过高	加料量过大	调节加料量
	热风量过小或温度过低	调节出风量或提高热风温度
干燥成品含湿量过低	加料量过小	加快排料速度
	热风量过大或温度过高	调节出风量或降低热风温度
输送带跑偏	驱动滚筒和张紧滚筒(或头尾滚筒装置)不平行	调整驱动滚筒轴承位置或调节张紧装置使之平行,输送带向右偏,紧右边螺杆,向左偏,紧左边螺杆
	托辊轴线与输送带中心线不垂直	将跑偏一边的托辊支架,顺带子运行方向,向前移动一些
	输送带接头不正	重新装正接头
	进料位置不正	调整进料位置
	机架放置不正	将机架放平
输送带松弛	输送带张力不够	调紧张紧装置
	滚筒表面太光滑	可在滚筒表面上覆一层胶体材料
	滚筒轴承转动不灵	重新拆洗、加油或更换轴承
	输送机过载	调整输送量、输送带时,两侧同时进行,以保证张紧轮的轴中心线与传动带传动方向垂直
轴承发热	缺油	加油
	油孔堵塞、轴承内有脏物	疏通油孔、拆洗轴承
	滚珠损坏	更换滚珠
	轴承安装不当	重新安装

(三) 喷雾干燥设备的维修与保养

1. 喷雾干燥设备的使用与维护

① 开车前，彻底清除干燥室内及其他系统残留的粉尘，对平衡槽、高压泵或料泵及其输入管路进行彻底清洗杀菌，安装好雾化器。检查各个工艺设备是否完好，传动部分是否准确，电气控制柜各种控制功能是否完好，严禁带故障运转。

② 将干燥塔所有的门洞全部关闭，检查风机闸门、风门、进料闸门是否可以灵

活启动和关闭，所有闸门在启动前应处于关闭状态。启动进、排风机，调整进、排风量，使干燥室内压力维持在 98～196Pa 的负压，开启流化床等部件。

③ 先让各个设备单机空载运转正常 8h 后，再进行联动空运转 8h，最后进行负载试运行。第一次往干燥塔中进料时，应使用干料透塔，待料位超过第一干燥段后才能进湿料。

④ 干燥塔及干燥风机的开启顺序：当湿料达到第一干燥段时，开启相应的干燥风机，并打开风机风门，通过调整风门来调节风量，并将热风温度调至热风温度参数表（由设计时制定）中所要求的温度；其余几段风机的开启顺序也参照第一干燥段。

⑤ 供汽加热：缓慢地开启蒸汽阀向空气加热器供汽。待冷凝水排净后，关闭旁通阀使蒸汽通过冷凝器阀门排出冷凝水，使蒸汽压稳定在要求的数值上。热空气进入干燥室及系统后需要在 95℃ 的条件下保持 10min，进行预杀菌。

⑥ 供料喷雾：对于压力喷雾干燥，启动高压泵送浓料液至喷嘴（按顺序开启阀门）开始喷雾，观察雾化情况并及时调整；对于离心喷雾干燥，开动送料泵，先送水至离心盘进行喷雾，调整泵的流量，待进、排风温度达到正常时，正式送料，观察雾化状态并及时调整。

⑦ 运行过程中必须保持进、排风温度稳定，料液的温度及浓度的稳定，雾化状态良好，一般是采用保持排风温度稳定。若物料的出机含水率过低时，应调节冷风门，降低送风温度，或加快排料速度，或减少热风的送风量。若物料的出机含水率偏高时，应减慢排速度，使物料在机内得到合适的干燥。但物料出机含水率仍偏高时，可采用热风温度推荐表的上限温度。当采用以上两种措施后，物料出机含水率仍偏高时，只能采用降低产量的方法来满足降水的要求。

⑧ 防止出现断料或其他突然的故障，如断水、电、汽或其他故障，避免造成质量问题。经常检查各个干燥段加热空气的温度，并及时调节，使其保持在预定的范围内自控。定期检查干燥前后的物料水分和品种情况，以便于及时调整。突然停电或临时停机时，应首先关闭热分机闸门，防止停机状态热风继续进入干燥段，避免烘坏物料。应保持干燥塔始终装满物料，干燥塔前后工艺设备的产量与干燥塔的产量匹配，连续不断地进行输送。干燥塔采用料位器（自动控制排料电动机工作）实现料位控制，使料位始终处于上料位和下料位之间，以保持干燥塔正常作业。当料位升高到中料位器时，自动启动排料电动机，开始排料。当料位低于中料位器时，应加快进料或减慢排料。当料位高于上料位器或低于下料位器时，应声光报警，提示操作人员按实际情况调整进料产量或排料产量。

⑨ 按一定顺序停车：停止高压泵或料泵；关闭主蒸汽阀门；停进、排风机；打开干燥室门扫粉。发现堵塞、段带、打滑时，应及时停机排除。

2. 喷雾干燥设备常见故障原因分析及处理方法

喷雾干燥设备常见故障原因分析及处理方法见表 9-5。

表 9-5 喷雾干燥设备常见故障原因分析及处理方法

常见故障	可能导致的原因	主要处理方法
设备运行中突然冒烟、报警	系统进风过滤器燃烧	把加热器进风管引出生产车间,避免加热箱过滤器受到粉尘黏附堵塞
	温度达到滤芯自燃温度,造成滤芯自燃	改造加热箱温度测试仪的安装方式,只将探头置于加热箱内,信号反馈线路经绝热、阻燃保护,附设在加热箱外部
高速雾化器剧烈振动发出噪声	电动机高速运转中润滑不良所致	检测电动机转子同轴度并做动平衡实验,在电动机轴承座处加装一波动弹簧,预紧压缩量1.5mm,使轴承的轴向位移得到补偿
产品含水量高	料液雾化不均匀,喷出的粒子太大	提高离心机转速,提高高压泵压力,发现喷嘴有线流时应及时更换
	进料量太大	适当改变进料量
	排出孔废气的相对湿度太高	提高进风温度,相应地提高排风温度
塔顶及喷雾器附近有积粉	热风分配未调节好	校正热风分配器的位置,使进风均匀,消除积粉
塔壁到处都黏着湿粉	进料太多,喷雾开始前干燥塔加热不足	降低进料泵进料速度,排风温度没有达到规定时不要喷雾
塔壁局部地方有积粉	气流分布不规则	调整热风分配器,使塔内空气均匀
	多喷嘴喷雾时喷嘴堵塞	更换堵塞喷嘴
	离心喷雾盘液体分配器的部分孔洞堵塞,使喷雾盘料液分布不规则	检查和清洗喷雾盘液体分配器
蒸发量降低	整个系统空气量减少	检查进、排风机转速是否正常,检查进、排风调节阀是否正确,检查空气过滤器及加热器管道是否堵塞
	热风入口温度太低	检查加热器压力是否符合要求,检查加热系统是否功率正常
	设备漏风会造成热量散失和引进冷风	检查设备,同时修补损坏处,特别注意各组件连接处的严密性
产品杂质度高	空气过滤器的效果差	提高空气效率,及时清洗或更换过滤器
	生产中焦粉混入产品	检查热风入口处焦粉情况,调整气流速度,克服涡流;在热风分配器出口边采用水冷或气冷夹套
	料液杂质度高	喷雾前将料液过滤
	设备不清洁	清洗设备
产品粉粒太细	料液固形物含量低	提高喷雾料液浓度
	喷嘴孔径太小	采用较大孔径
	高压泵压力太高	适当降低压力
	离心盘转速太快	适当降低转速
	离心喷雾进料太小	提高进料量
	离心盘选用不合适	改进喷雾结构,可用切向小孔代替径向小孔,或采用碟式转盘
产品得率低,跑粉损失大	旋风分离器效率低	检查旋风分离器是否由于敲击而变形,检查旋风分离器的气密性及器内出口是否有积料、堵塞
	袋滤器接口松脱或袋穿孔	修好接口,定期检查更换布袋

常见故障	可能导致的原因	主要处理方法
离心喷雾机速度降低，电流增大	进料速度太高,使其超负荷	降低供料量
	喷雾机和电动机机械故障	停止喷雾,检查、排除故障
喷雾机速率波动大	电动机缺陷,因此产生喷雾机和电动机的机械共振现象	严密检查电动机

（四）流化床干燥设备维修与保养

1. 流化床干燥设备的使用与维护

① 应定时清理风机内部及外部，风扇的空气通路，除去表面灰尘。若大量累积灰尘，散热效果差，会造成温度上升，风量减少，振动增加而造成故障。风机的轴承、油封及消声器、叶片等属于消耗品，有一定的寿命，需定期更换。

② 转盘旋转装置的轴承要定期检查，增加好或更换润滑油，防止缺油引起传动部件温升，造成转轴损坏。

③ 空气过滤器滤网、引风机消声器的消声海绵等要定期清洗或更换。若大量累积灰尘，通风量降低，影响流化状态的正常工作。消声海绵被粉粒堵塞，会出现不正常的噪声。

④ 机箱上的油雾器应经常检查，如缺油会造成汽缸故障或损坏，因此在用完前必须加油，润滑油为 5 号、7 号机械油。

⑤ 流化系统均可方便地拆卸、单独清洗，清洗后烘干还原或存放备用。

⑥ 设备闲置未使用时，应每隔 10 天启动一次，启动运行时间不少于 0.5h，防止气阀因时间过长润滑油干枯，造成气阀或汽缸损坏。同时，防止电控装置的元器件受潮损坏。

2. 流化床干燥设备常见故障原因分析及处理方法

流化床干燥设备常见故障原因分析及处理方法见表 9-6。

表 9-6　流化床干燥设备常见故障原因分析及处理方法

常见故障	可能导致的原因	主要处理方法
不连续出料	物料较黏	进入流化床前,尽量减少物料黏度
	生产负压过大	调节床内压力
风压过低，底料流化状态较差	空气预热管密封不严	改变空气预热管密封方式
	没有及时清理料袋,布袋上吸附的成分过多	检查料袋电磁阀及过滤袋
	床层负压过高,粉尘吸附在滤袋上	调小风机频率,抖袋清粉
	进风过滤器堵塞,风阻太大	检查清洗或更换过滤器
	油雾器缺油	油雾器加油
出现沟流或死角	物料含水分太高	降低物料水分
	湿物料进入原料容器里放置过久	先不装足量,等其稍干后再将湿物料加入
	温度过低	升温

常见故障	可能导致的原因	主要处理方法
排出空气中的细粉末过多	过滤袋破裂或破旧	修复或更换过滤袋
	床层负压过高将细粉抽出	调小风机频率
分布板在高温下产生变形	分布板受热后整体膨胀	对大型流化床,尽量不采用整体分布板
	沿着进料到出料方向,料温发生变化,分布板上下层受热不均匀	采用法兰夹持的分布板
	分布板四周固定端温度与中间温度不同	使用分块组装式分布板,分布板之间留出自由膨胀的间隙
	流化床内部局部死区与流化区分布板温度不同	采用薄分布板设计时,要充分考虑板变形以后的不平度给流化操作带来的影响

(五) 气流干燥设备维修与保养

1. 气流干燥设备的保养

(1) 每日保养内容

① 每天每班前检查前置过滤器上的自动排污阀。

② 检查换塔和升压的动作是否正常。

③ 检查运转条件、进口压力、进口温度和空气流量。

④ 检查水分指示器,蓝色表示干燥,粉红色表示潮湿。

⑤ 检查消声器是否脏堵,再生塔回冲压力过大表示消声器需更换。

⑥ 检查前置过滤器和后置过滤器压力降,如果压力降超过 0.5bar,更换滤芯。

(2) 每月保养内容

① 检查气流式干燥机的控制气路过滤器,必要时更换。

② 检查气流式干燥机导向过滤器的过滤芯,如有必要请更换。

③ 检查气流式干燥机的吸气过滤器,如有必要请更换。

(3) 每季度保养内容

① 检查前置和后置过滤芯,检查堵塞情况和可能的损坏,根据需要更换。

② 用压缩空气吹扫安全阀。

③ 检查输出的露点状态。

2. 气流干燥设备常见故障原因分析及处理方法

气流干燥设备常见故障原因分析及处理方法见表 9-7。

表 9-7 气流干燥设备常见故障原因分析及处理方法

常见故障	可能导致的原因	主要处理方法
成品水分含量高	空气加热器本身热量不足	提高蒸汽的压力或排出散热器内的冷水及冷空气
	空气加热器散热不良,散热器积满了灰尘和杂质	平日要设法保持散热器的清洁,定期清洗散热器
	设备封闭不严	对散热器除严格的密封还应很好的保温,注意经常检查设备的密封情况

常见故障	可能导致的原因	主要处理方法
粉尘飞扬和漏气	管道没有封严	封闭管道(正压)
产量下降	管道没封严,冷风侵入	封闭管道(负压)
	卸风端卸风不畅通,管道堵塞或排风器不良	清理管道排除障碍,改善排风器
卸料堵塞	卸风端卸风不畅通	提高技术,均匀投料,注意温度,适当投料

(六) 冷冻干燥设备维修与保养

1. 冷冻干燥设备的使用与维护

(1) 运转前的准备与检查　在日常生产中,冻干机启动前应做如下检查。

① 制冷系统的冷却水应畅通,水电磁阀灵敏,从高压排气到冷凝器之间的阀门已经打开。当停机关闭冷凝器的出液阀时,还应检查出液阀是否已经打开。压缩机的润滑油面应处于正常位置,油应清洁透明,油温已达到能启动的要求。

② 真空泵的冷却水应畅通,水电磁阀灵敏,油面在正常位置,油颜色清洁。膨胀容器的液面处于正常位置。

③ 自动控制系统的所有开关都已复位,各仪表指针都处在正常位置。

④ 冷阱中的冰已化完。冷阱和冻干箱中的水已放完,泄水阀已关闭。

⑤ 冻干箱、冷阱外侧的冷却水套中的水已放完,泄水阀和排空阀已打开。

⑥ 压缩气温处于待运转状态。

⑦ 确认制品的测温探头处于正确位置。

⑧ 箱门密封处没有任何杂物,在不过分用力的情况下关好箱门。

⑨ 确认没有报警信号显示。

⑩ 电气柜上的钥匙开关处于"开"的位置。

(2) 冻干机的工作程序　在冻干前,把需要冻干的产品分装在合适的容器内,装量要均匀,蒸发表面尽量大而厚度尽量薄;然后放入与冻干箱尺寸相适应的金属盘内。装箱之前,先将冻干箱进行空箱降温,然后将产品放入冻干箱内进行预冻,抽真空之前要根据冷凝器冷冻机的降温速度提前使冷凝器工作,抽真空时冷凝器应达到-40℃左右的温度,待真空度达到一定数值后,即可对箱内产品进行加热。一般加热分两步进行,第一步加温不使产品的温度超过共熔点的温度;待产品内水分基本干完后进行第二步加温,这时可迅速地使产品上升到规定的最高温度。在最高温度保持数小时后,即可结束冻干。

整个升华干燥的时间为12～24h,与产品在每瓶内的装量、总装量、玻璃容器的形状、规格、产品的种类、冻干曲线及机械的性能等有关。

冻干结束后,要放干燥无菌的空气进入干燥箱,然后尽快地进行加塞封口,以防重新吸收空气中的水分。

204

（3）冻干机的日常维护检查

① 经常注意冻干机的冻干过程中实测的冻干曲线是否与设定的冻干曲线吻合。

② 保持压缩机、真空泵组、溶液泵、液压泵、水环泵、冷却水泵等的摩擦部件有良好的润滑条件。保持压缩机曲轴箱、油封真空泵有足够的油位和压缩机油泵有油压。保持油的洁净，回油装置的回油状况良好。

③ 注意各设备的轴承温度和运转电流，监听其运转声音，检查压缩机的结霜情况和制冷剂视液镜中有无气泡出现。

④ 检查物料进、出搁板的温差。

⑤ 经常检查各检测仪表和控制系统的工作状态。

⑥ 经常保持设备处于清洁状态，特别是控制室的清洁，还应保持其适当的温度和相对湿度，以保证计算机等控制设备运转正常。

⑦ 注意各系统的焊缝、法兰、螺纹连接处是否有杂质（制冷剂、加热油、液压油）和空气（真空系统）泄漏。

2. 冻干机的常见故障原因分析及处理方法

以 JED-200 风冷型冷冻干燥机为例，其故障原因分析及处理方法如下。

（1）制冷系统泄漏故障

① 制冷系统泄漏部位　由于 R-22 制冷剂具有特别强的渗透性，所以在机组系统管道的各个焊接处，各部件（包括冷凝器、干燥过滤器、膨胀阀、蒸发器、气液分离器、回热器等）与管道的丝口连接部位，高、低压压力表等各个丝口连接部位，很容易发生泄漏现象。

② 制冷系统泄漏故障的表象　制冷系统泄漏故障主要有以下表象。

a. 制冷系统发生泄漏故障后，最明显的现象是机组除湿能力下降。由于制冷剂缺少，机组运行过程中，高、低压压力偏低（正常的高压在 0.8～1.2MPa，低压在 0.4MPa），制冷量减少，造成除湿能力下降。

b. 由于制冷剂缺少，制冷系统的蒸发压力（温度）下降，如果蒸发压力（温度）降低使得蒸发器的表面温度低于 0℃，那么蒸发器的表面就会结霜，随着霜层的增厚，蒸发器的管间（翅片式蒸发器的翅间）就会造成堵塞现象，从而影响机组的除湿。

c. 泄漏处有明显的油迹。因为 R-22 制冷剂与冷冻油能相互溶解，所以当制冷剂泄漏后，就会在泄漏处留下油迹。

d. 系统制冷剂缺少后，从视液镜的视窗中可以观察到制冷剂的流动不连续，有气泡出现。

③ 制冷系统泄漏故障的检查方法　制冷系统泄漏故障的检查方法如下。

a. 表面观察法：上面已经提及 R-22 制冷剂与冷冻油能相互溶解，因此哪里有冷冻油渗出，哪里必定有泄漏的地方。据此可以判断出泄漏处。

b. 肥皂水检查法：这是一种常规的检漏方法。检漏时，先把被检处的油滴擦拭干净，然后把配制好的肥皂水涂抹在需要检查的地方，这时要认真观察，如果发现有肥皂泡出现，就可以断定被检处有泄漏的现象。

c. 卤素灯（电子全漏仪）检查法：用卤素灯或电子检漏仪检漏是一种比较方便的检漏方法。检漏时把卤素灯或电子检漏仪的采样口靠近被检处，若卤素灯的火焰由黄色变成绿色，或者电子检漏仪发出报警声，据此可以初步判断出漏点。

④ 制冷系统泄漏故障的处理方法

a. 如果泄漏发生在各部件与管道的丝口连接部位或高、低压压力表的丝口连接部位，则只要用活动扳手紧固该处螺母就可以排除故障。如果连接部位的喇叭口已经损坏，紧固该处螺母不能解决问题，则必须重新制作喇叭口。上紧丝口前需排尽管道内的空气。

b. 若泄漏发生在系统低压部分的各部件或管道的焊接部位，则需回收系统管道内的制冷剂并存储于系统高压部分的冷凝器中，让需要焊接的部位接通大气，恢复至常压状态，然后将泄漏点补焊。若泄漏发生在系统的高压部位，则需将系统内的制冷剂回收至系统外的钢瓶内，恢复至常压状态后才能补焊。补焊后应对系统进行试压检漏并经过真空处理，最后加注制冷剂。

（2）制冷系统堵塞故障

原因分析：制造厂家在生产过程中，如果没有把系统内的污物（如部件、管道内的锈泥或焊渣等）清除干净，或者机组在修理过程中把污物带入系统，那么系统在运行过程中就会在流道面积相对较小的地方（如阀门等），或者直接在干燥过滤器、膨胀阀等处发生堵塞现象。这种现象在制冷技术上称为"脏堵"。系统一旦发生脏堵，制冷循环就无法实现。如何判断系统是否发生了脏堵？方法也十分简单，系统脏堵一般发生在干燥过滤器和膨胀阀这两个地方，干燥过滤器发生脏堵后，手摸干燥过滤器的表面会有发凉的感觉，严重时干燥过滤器表面甚至会出现结霜、结露现象；脏堵如果发生在膨胀阀的位置，那整个膨胀阀都会出现结霜现象，这时就必须清除系统内污物。

处理方法：系统脏堵现象出现后，首先应该把冷凝器出液阀关闭，把系统内的制冷剂回收于冷凝器中，然后拆下干燥过滤器或膨胀阀进行清洗，清洗后重新安装、抽空。有必要的话这个步骤可以重复多次，直到脏堵彻底排除为止。

（3）前置冷却器外表面脏堵

原因分析：压缩空气离开空压机后首先进入前置冷却器，由于空气离开空压机时携带一定数量的润滑油，这些油气经过前置冷却器时，因为被冷凝而沉积在前置冷却器的外表面，时间一长沉积在前置冷却器上面的油污越来越多，影响了机组的正常工作。

处理方法：人工清洗是最原始的方法，但人工清洗容易破坏前置冷却器外表面的翅片，且不易清洗干净。因此，用化学清洗是比较理想的方法之一。操作时先将前置冷却器外表面的污垢用水淋湿透，再将化学清洗剂（市场上销售的高级空调翅片洗涤剂）均匀地喷洒在前置冷却器外表面（也可以用刷子或软布蘸上洗涤剂涂在前置冷却器外表面），3～5min后用清水冲洗，即可光亮如新。

（4）控制电路故障

原因分析：电源电压偏高、偏低或者缺相，造成制冷压缩机不能正常启动，应及时排除；压力控制开关设定值不适当或失灵，致使机组不能正常运行或频繁启动。

处理方法：应及时排除电源电压偏高、偏低或者缺相现象；及时修理或更换压力控制开关。

思　考　题

1. 液体食品物料可用哪些类型的设备浓缩？最常用的是哪些类型？

2. 真空干燥设备主要组件有哪些？

3. 冷冻干燥装置系统的组成部分有哪些？

4. 说明真空浓度设备操作要点。

5. 说明中央循环式浓缩设备的操作使用方法。

6. 说明真空浓缩设备的维修保养内容。

7. 简述连续式真空干燥设备的使用与操作方法。

8. 说明喷雾干燥设备的使用与维护方法。

第十章　食品包装机械设备

第一节　食品包装机械概述

当前世界范围内对食品全面的质量和安全要求越来越高，使食品包装也迅速发展起来，各种包装技术与设备也逐步被广泛应用到各类食品中，有人称"包装是无声的促销员"。现代食品生产过程中，选用适宜的包装材料和容器，对保护食品、方便储运、促进销售有着重要的作用。然而选择一系列必要的相适宜的包装技术和方法，必须配置合理的包装工艺路线和机械包装设备，因此包装设备已成为现代规模化食品生产中保证产品质量和提高促销效果的重要因素。

一、食品包装机械

（一）食品包装技术方法

食品包装技术是指为实现食品包装目的和要求，以及适应食品包装各方面条件而采用的包装方法、机械仪器等各种操作手段及其包装操作遵循的工艺措施、监测控制手段及保证包装质量的技术措施等的总称。显然，食品包装技术的水平直接影响着食品包装质量和效果，影响着包装食品的储藏和销售。

不同食品有不同的包装目的和要求，根据不同的目的和要求应选择不同的包装材料和包装技术方法。随着包装机械和包装材料的发展，食品及其包装形式和要求的多样化，要求有各种各样的食品包装技术和方法、常见的可分为三类：食品包装基本技术方法、食品包装专用技术方法及其他食品包装技术方法。

（二）食品包装机械的基本构成

现代食品包装必须由食品包装机械来完成。尽管食品包装机械种类繁多，形式多样，但其结构一般由八个基本部分所组成（图10-1）。

1. 主传送系统

将被包装食品连同包装材料从一个包装工位传送至另一个包装工位的机构组合，称为包装机的主传送系统。它可以是间歇运动的，如封罐机；也可以是连续运动的，如罐装机。它可作直线运动，如速煮面枕式包装机；也可做旋转运动，如糖果扭结裹包机。主传送机构的运动形式往往决定了包装机的整体结构和布局。

2. 被包装食品供送系统

被包装食品供送系统一般包括食品的储藏、整理、计量、供送等部分。为满足一定的生产能力，有时必须在包装机上设置物料储存装置，如灌装机的储液箱；对于块

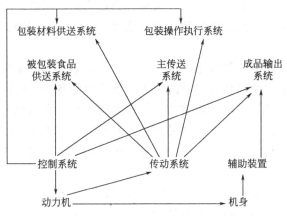

图 10-1　食品包装机械基本组成及其相互作用关系

料状食品，有时必须进行整理，使物料按一定规则排列起来，以便供送，如块料状食品的振动供料器。除单个食品的包装外，在供送部分一般还需设置计数、计容、计重等计量装置。经过整理，定量的块料状食品由储存计量工位送到包装执行工位，其运动形式根据主传送机构运动可选择间歇式的或连续式的，其运动方向根据总体布局，可选择水平方向、由上向下或由下向上供送的工艺路线。对于流体、粉体类食品，一般是经管道依靠自重或一定压差进行供送。

3. 包装材料供送系统

食品包装材料一般有柔性、刚性之分，柔性材料又可分为片材或筒材。单张柔性材料一般依靠摩擦力或真空吸头从片材架上间歇地分出单张后再供送到包装执行工位；而卷筒材料一般是连续地摩擦滚筒或机械夹头拉至剪切工位，对于印有商标的卷筒材料，还必须有定花控制和调节装置。刚性容器的供送必须先行整理并隔成一定间距，再依次供送到包装执行工位。

包装材料与被包装食品两部分供送必须相匹配。若被包装食品暂时缺位时，则相应的包装材料应自动停止供送；同样，若包装材料暂时缺位时，则相应的被包装食品就应自动停止供送。

4. 包装操作执行系统

直接完成各个包装操作的机构组合称为包装执行系统。食品包装的不同工艺要求，必然会有各种各样的执行机构。一般它们布置在主传送运动方向的周围，可以是单一的机构，也可以是多个机构的组合；它们可以作简单运动，也可以作复合运动。包装执行机构是整个包装机的中心部分，它的结构类型往往最能反映包装机的特色。

5. 成品输出系统

将包装件送出包装机的机构组合称为成品输出系统。输出时排列整齐，以便进行下道外包装作业，有的还要求在输出轨道旁安装检测装置，剔除不合格的产品。

6. 传动系统

包装机械具有一般机械传动系统的共性，即一般由原动机经变速装置反动力传给分配轴，再由分配轴经齿轮机构、连杆机构、凸轮机构、间歇运动机构等将旋转运动转变成各个包装工作构件所需的旋转运动、往复移动、往复摆动、间歇运动等各种运动形式。

食品包装机所需功率一般较小，常见 1～2kW 左右。一般采用无级变速装置，以便调节生产能力和满足更换包装产品的需要。包装机的各个工作构件运动配合要求精确，以便在一个工作循环中各个包装动作能够协调进行。食品包装机械还应特别注意传动系统的润滑和密封，以免影响食品卫生。现代食品包装机械常常是机械、电力、气动和液压等的组合传动机构，以便完成更复杂的包装操作和提高自动化程度。

7. 操纵控制系统

食品包装机械大都属于自动机械，这就要求被包装食品和包装材料自动供送，包装执行动作自动完成，包装过程中各种参数（温度、压力、速度、时间）自动调节，包装质量自动检测。因此常需设置电或气、液的自动控制系统，特别是微电脑的应用，更能大大提高自控功能。

8. 机身支架

机身支架支承包装机的全部零部件，同时起到一定的保护、美化、通风等作用。

（三）食品包装的一般工艺过程

食品包装的一般工艺过程如图 10-2 所示。

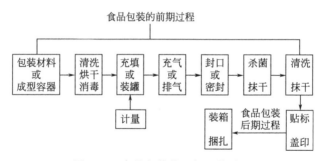

图 10-2　食品包装的一般工艺过程

二、包装机械设备的分类

包装机械设备大体可分为三大类：包装材料用制品加工机械，如制瓶机、制罐设备、吹塑机械等；包装印刷机械，如胶印机、平板印刷机等；产品包装机械。

按照国家《包装机械术语》标准规定，包装机械是指完成全部或部分包装过程的机器。按其功能分为充填机、封口机、裹包机、多功能包装机、贴标机、集装机，以及其他包装器械等。当然，包装机械除了上述按功能分类外，还可按机械自动化程度将其分为半自动包装机和全自动包装机。按其应用范围不同可分为专用型、多用型和通用型包装机。

1. 充填机

充填机主要有容积式充填机、称重式充填机、计数式充填机、罐装机、重力式充填机、推入式充填机和拾放式充填机。

（1）容积式充填机　主要有量杯式充填机、计量泵式充填机、螺杆式充填机、插管式充填机、料位式充填机和定时式充填机。

（2）称重式充填机　主要有间歇称重式充填机、连续称重式充填机和称重-离心等分式充填机。

（3）计数式充填机　主要有单件计数式充填机和多件计数式充填机。

（4）罐装机　主要有负压罐装机、常压罐装机和等压罐装机。

2. 封口机

根据封口材料情况，封口机可分为无封口材料的封口机、有封口材料的封口机以及有辅助封口材料的封口机。

（1）无封口材料的封口机　主要有热压式封口机、熔焊式封口机、压纹式封口机、折叠式封口机和插合式封口机。

（2）有封口材料的封口机　主要有滚压式封口机、卷边式封口机、压力式封口机和旋合式封口机。

（3）有辅助封口材料的封口机　主要有结扎封口机、胶带封口机、黏结封口机、缝合封口机和钉合机。

3. 裹包机

裹包机包括半裹式裹包机、全裹式裹包机、缠绕裹包机、拉伸裹包机、贴体包装机和收缩包装机。其中全裹式裹包机主要有折叠式裹包机、扭结式裹包机、封缝式裹包机以及覆盖式裹包机。

4. 多功能包装机

多功能包装机如充填-封口机、成型-充填-封口机、真空包装机、充气包装机以及裹包-贴标机等。其中成型-充填-封口机如箱、盒成型-充填-封口机、袋子成型-充填-封口机、冲压成型-充填-封口机、泡罩包装机、熔融成型-充填-封口机、开箱、盒-充填-封口机、开袋-充填-封口机、开瓶-充填-封口机。

5. 贴标机

贴标机包括压捺式贴标机、滚压式贴标机、搓滚式贴标机以及刷抚式贴标机等。

6. 集装机

集装机包括捆扎机、托盘集装机以及无托盘集装机等。

7. 其他包装器械

其他包装器械如清洗机、干燥机、杀菌机、堆码机、集装件拆卸机、开袋机、开箱机、封口器、涂胶器、封箱器、捆扎器、打印器、滚印器等。

三、典型食品包装机械设备

（一）薄膜包装机械

薄膜包装是利用塑料薄膜材料，对食品进行包装密封，从而达到保护食品的目的。常用的薄膜包装包括以下几种形式。

1. 两端开放式热收缩裹包装置

热收缩是指用热收缩薄膜对被包装物品实施包裹并按要求进行封口；之后对包装进行加热处理，使包装薄膜产生收缩而紧裹贴合在被包装物品表面。它们是热收缩包装中两个最基本的操作工序。用热收缩薄膜包裹物品和封口的工艺操作，称为包装工序，而对包装施热的工艺操作称热缩工序。热缩工艺主要取决于热收缩薄膜的特性和热收缩的温度与时间。热收缩包装中，裹包的工艺操作可采用手工或自动包装机构完成。采用自动包装机裹包时，随裹包方式、收缩薄膜材质、包装工艺等的不同，所用装置也不相同。

两端开放式裹包的方法中，当采用管状形式收缩薄膜时，需将管状膜开口扩展，再把物品用导槽送入膜管中，膜管尺寸比物品尺寸大 10％左右。这种装置比较适用于对圆柱体形物品包裹。如硬质水果糖、酒瓶的封口等。

2. 一端开放式裹包装置

一端开放的收缩包装，是将物品堆积于托盘上而后进行裹包，作运输包装用。它的工艺方法大多食品、物品都采用，此包装机械适应性很强。

3. 全封闭式裹包装置

全封闭式裹包是被包物品经收缩包装薄膜裹包并焊封后与外界间完全隔离的包装方式。经常有多种作用不同的机械装置完成。所用包装机械有管状薄膜套装热封裹包机、对折薄膜热封裹包机、平张薄膜对折热封裹包机、双张平膜四边封合裹包机等。

（1）管状薄膜套装热封裹包机　它适用于管状收缩包装薄膜裹包物品。包装时需将管状薄膜由扁平状态展开成为管筒形式，被包裹物品借助于导槽引力被推入管筒中，然后有封接装置封焊薄膜管筒两端开口，完成全封闭式裹包。由于采用管状薄膜封裹包，裹包封口接连少，比较美观；但裹包机构相对要复杂些，工作速率相对低些。

（2）对折薄膜热封裹包机　它适用于直接用对折薄膜或平张薄膜对折裹包装的物品。可用 L 形热熔接封口装置热封各开口部位（三边），以实现全封闭包裹。

（3）平张薄膜热封裹包机　这种包装机裹包物品为三面封口的枕式包装形式，所用机械有立式和卧式之分。其中以卧式应用较广泛。

（二）真空与充气包装机械

真空包装与充气包装的工艺程序基本相同，包装机大多设计成通用的结构形式，使之既可以用于真空包装，又可用作充气包装，也可用设计专用形式。真空与充气包装机有多种类型。按包装容器及其封口方式分，真空包装机可分为卡口式、滚压封口式、卷边封口式和热熔封口式。卡口式真空包装机是将食品装入真空包装用塑料袋后，抽去袋中空气，再用金属丝（通常用铝丝）进行结扎封口。充气包装机有真空充气包装机、瞬间充气包装机两类，而真空充气包装机又有喷嘴式、真空室式和喷嘴与真空室并用式之分。

真空包装以及充气包装机都有半自动和自动式、间歇式和连续式等类型，以适应多种生产情况的需要。目前主要用于肉制品、酱制品、膨化食品等。

212

（三）贴体包装机械

贴体包装也是一种热成型包装方式。但它与前面所述热成型包装有很大的区别，它的最大特点是不需用热成型模预先制备出相应包装容器，而是以包装材料本身经加热软化后自动覆盖在被包装物品上，以物品最大轮廓本身作模成型，且与承托被包装物品的纸板上粘接剂涂层融合，冷却时包裹薄膜贴附黏着被裹包物品的本身，而且固定在承托纸上，因而得名贴体包装。

贴体包装除薄膜加热贴体包装法外，尚有流动灌注真空贴体包装法。其原理是：将粒状树脂塑料经加热熔融后，从挤压机头挤出，通过特殊喷嘴而成热熔态薄膜，覆盖在输送机上的衬底纸板及被包装物品上。热熔态塑料膜层紧紧贴盖着被包装物品，且在真空作用下，衬于衬底纸板上，经模切和穿贴体包装的单件。流动灌注真空贴体包装使用的是纤维素树脂及聚烯烃塑料，目前以丁酸脂纤维素应用最广泛。

（四）高压蒸煮袋包装设备

高压蒸煮袋是指能包装食品且能经受 120℃蒸汽加热杀菌的复合薄膜袋。它能像金属罐一样，高压蒸煮袋所用复合薄膜一般可分为采用铝箔和不采用铝箔两类。采用铝箔的，袋里面食品与外界氧气、光线几乎隔绝，保存性特别好；不采用铝箔的是透明的，具有可以看到里面所装食品的优点。薄膜由聚酯、铝箔与聚烯烃系三层薄膜构成，各层之间有耐热性的粘接剂紧密地贴合。高压蒸煮袋的主要优点是：可以经受 120℃高压加热杀菌，内容物热传导要比同样容积的罐头快，空气、光线、水分可以完全隔绝，所有材料在食品卫生上要求极为安全的，并且热封性良好，携带方便，能原封不动地用热水加温，又能简单地开封食用。

高压蒸煮袋内食品加热温度高于 100℃时，封入袋内的残存空气膨胀，会使袋的内压增大，最后引起袋的破裂。为了防止袋破裂，有必要从高压锅的升温到杀菌、冷却的全部工序进行空气加压。外压高时，袋呈现极稳定状态不会破裂。袋内残存空气多，就会影响加热杀菌。残存空气量愈多，向内容物的热传导愈差，因而为了达到同等的杀菌效果，就必须延长杀菌时间。

高压蒸煮袋食品的加热面积比罐头食品大，而截面积较小。为此与同一容量的罐头食品相比，向包装中心的热传导时间就比较短。容易进行高温短时杀菌，还能防止糖分褐变和香味损失，对保持食品的风味和香味极为有效。

（五）液体灌装机械

将液体物料（简称液料）灌入包装容器内的装置称为灌装机或灌装设备。

1. 灌装的液料与容器

（1）液料品种　用于灌装的液料主要是低黏度的流体液料，有时也包括黏度大于 100mPa·s 的稠性液料。前者依靠自重即可产生一定速度的流动，如油类、酒类、果汁、牛奶、酱油、醋、墨水、糖浆、液体农药等，而后者则需在较大的外力作用下才能产生一定速度的流动，如番茄酱、牙膏、香脂等。根据是否溶解二氧化碳气体，又可将低黏度液料分为不含气及含气的两类。对于含气饮料，习惯于将不含有酒精成分的称为软饮料，如汽水、矿泉水、可乐饮料等，而将含有酒精成分的称为硬饮料，如啤酒、汽酒、香槟酒等。

（2）容器品种　用于灌装的容器主要有玻璃瓶、金属罐、塑料瓶（杯）等硬质容器，以及用塑料或其他柔性复合材料制成的盘、袋、管等软质容器。

塑料瓶易长期储存，无毒易清洗，可回收使用，透明美观，尤其适合包装高档商品。主要缺点则是较重、破碎率高、搬运不便。

金属罐主要采用铝质二片罐，其罐身为铝锰合金的深拔罐，罐盖为铝镁合金易开盖。主要用于灌装啤酒、可乐等含气饮料，对于不含气的果汁饮料，灌装后须充入微量液态氮再封口，以增加罐内压力，避免罐壁压陷变形。

塑料瓶主要是聚酯瓶。液料软包装则用多层塑料制成的袋，也可以用纸，铝、塑料组成的复合薄膜制成的盒，其成品形状多为长方体。另外国外还采用一种盒中袋进行液料的大剂量包装，容量一般为2L、20L、50L。

2. 灌装方法

由于液料的物理、化学性质各有差异，对灌装也就有不同的要求。液体物料由储液装置（通常称为储液箱）灌入包装容器中，常采用如下几种方法。

（1）常压灌装法　是指在大气压力下直接依靠被灌液料的自重流入包装容器内的灌装方法。常压灌装法主要用于灌装低黏度、不含气的液料，如牛奶、白酒、酱油、药水等。常压灌装的工艺过程为：①进液排气，即液料进入容器，同时容器内的空气被排出；②停止进液，即容器内液料达到定量要求时，进液自动停止；③排除余液，即排除排气管中的残液。

（2）等压灌装法　是指利用储液箱上部气室的压缩空气给包装容器充气，使二者的压力接近相等，然后使液料靠自重流入该容器内的灌装方法。等压灌装的工艺过程为：充气等压→进液排气→停止进液→释放压力（即释放瓶颈内残留的压缩气体至大气内，以免瓶内突然降压而引起大量冒泡，影响包装质量和定量精度）。等压法适用于含气饮料，如啤酒、汽水等的灌装，可减少其中所含二氧化碳气体的损失。

（3）真空灌装法　是指在低于大气压力的条件下进行灌装的方法。它有两种基本方式：一种是压差真空式，即让储液箱内部处于常压状态，只对包装容器内部抽气，使其形成一定的真空度，液料依靠两容器内的压力差，流入包装容器并完成灌装；另一种是重力真空式，即让储液箱和包装容器都处于接近相等的真空状态，液料靠自重流入该容器内。目前，国内常用的是压差真空式。其设备结构简单，工作可靠。真空法灌装的工艺过程为：瓶抽真空→进液排气→停止进液→余液回流（排气管中的残液经真空室回流至储液箱内）。真空法适用于灌装黏度低一些的液料，如油类、糖浆、含维生素的液料（如蔬菜汁、果子汁等）和有毒的液料如农药等。此法不但能提高灌装速度，而且能减少液料与容器内残存空气的接触和作用，故有利于延长某些产品的保存期。此外，还能限制毒性气体和液体的逸散，从而改善操作条件。但对灌装配制的、含有芳香性气体的液体是不适宜的，因为抽气会增加液体香气成分的损失。

（4）虹吸式灌装法　虹吸式灌装法应用虹吸原理使液料经虹吸管由储液箱被吸入容器，直至两者液位相等为止。此法适合灌装低黏度不含气的液料，设备结构简单，但灌装速度较低。

（5）机械压力式灌装　机械压力式灌装是借助机械或气液压等装置控制活塞往复运动，将黏度较高的液料从储料缸吸入活塞缸内，然后再强制压入待灌容器中的。这种方法有时也用于汽水之类软饮料的灌装，由于其中不含胶体物质，所形成的泡沫易于消失，故可依靠本身所具有的气体压力直接灌入未经预先充气的瓶内，从而大大提高了灌装速度。

3. 定量的基本方法

液料定量多用容积式定量法，大体上有以下三种。

（1）控制液位定量法　此法是通过整装时控制被灌容器（如瓶子）的液位来达到定量值的。习惯上称作"以瓶定量法"。由连通器原理可知，当瓶内液位升至排气管口时，气体不能再排出，随着液料的继续灌入，瓶颈部分的残留气体被压缩，当其与管口内截面上的静压力达到平衡时，则瓶内液位保持不变，而液料却沿排气管一直升到与储液箱的液位相等为止。可见，每次灌装液料的容积等于一定高度的瓶子内腔容积。要改变每次的灌装量，只需改变排气管口伸入瓶内的位置即可。这种方法设备结构简单，应用最广。

（2）定量杯定量法　此法是将液料先注入定量杯中，然后再进行灌装的。若不考虑滴液等损失，则每次灌装的液料容积应与定量杯的相应容积相等。要改变每次的灌装量，只需改变调节管在定量杯中的高度或更换定量杯。这种方法避免了瓶子本身的制造误差带来的影响，故定量精度较高。但对于含气饮料，因储液箱内泡沫较多，不宜采用。

（3）定量泵定量法　这是采用机械压力灌装的一种定量方法。每次灌装物料的容积与活塞往复运动的行程成正比。要改变每次的灌装量，只需设法调节活塞的行程。

（六）贴标设备

贴标签机（简称贴标机）的功能在于对贴标对象物按要求圆满地完成粘贴标签的工作。由于贴标材质、形式和形状等方面的差别，贴标机械的类型、品种很多，再者贴标对象物上的标签要求不尽相同：有的只需贴一张商标，有的要求贴封口标签。此外，还需要适应不同生产率等。基于多种原因，满足不同条件下的贴标机也有很多类型。虽然不同类型的贴标机之间存在贴标工艺和有关装置结构上的差别，但是它们之间仍有其共同性。据此，就可以将各种各样的贴标机归纳为直线式和回转式贴标机两大类典型的贴标机。本章主要介绍用于圆柱形瓶罐的贴标机。

1. 直线式真空转鼓贴标机

直线式真空转鼓贴标是直线式贴标机的一类。这类型的贴标机中，转鼓是主要部件之一，它可以具有从标签盒中吸取标签、传送标签（传送过程中接受打印贴标日期及涂布胶液）和将标签粘贴在贴标对象物上面的一部分或全部。这种贴标机，按所用标签可分为使用页片标签和使用卷盘标签的两种。

2. 直线式真空机械手贴标机

直线式真空机械手贴标机有两大特点：应用固定式标签盒，标签盒容量较大，不需频繁添标，且加标方便。这种贴标机可给圆柱身瓶、罐包装件贴整周身标及小半周身标。最大贴标生产能力可达 360 件/min。

3. 龙门式贴标机

龙门式贴标机是单排移动式玻璃瓶、罐贴标签机。这种贴标机只能贴标纸长度大致等于半个瓶身周长的标纸，过长和过短都不能贴，而且只能贴圆柱形瓶身标。由于标签是靠本身的自重下落至贴标位置，因此提高该贴标机的生产能力受到限制，并且标签的粘贴位置不够准确。但由于这类贴标机具有结构简单的显著特点，因此适合于中小型食品工厂使用。

4. 门框直线式多功能贴标机

这种贴标机适用于给圆柱身及非圆柱身结构形式的瓶罐包装件进行贴标。

四、对我国未来食品包装机械和包装技术发展的思考

随着我国商品经济的繁荣和人民生活水平的提高，食品包装机械和包装技术的前景十分乐观。近年来，党中央国务院制定了有力的措施，加大对食品的质量和安全的监督力度，对食品的生产加工和包装技术都提出了新的要求。一批食品生产企业先后投入资金进行包装设备的技术改造和生产技术的创新，在一定程度上提升了我国食品行业的水平和市场竞争力。尽管我国食品包装机械和包装技术的水平有了提高，但是我国的食品包装机械和包装技术与发达国家的相比在竞争中还是明显处于弱势。我国包装机械行业 30% 左右的企业存在低水平的重复建设。这种状况不但浪费了有限的资金、人力等重要资源，还造成了包装机械市场的无序混乱，阻碍了行业的健康发展，制约了我国中小食品企业包装机械的升级换代和包装技术的创新。

目前，我国的食品包装机械多以单机为主，科技含量和自动化程度低，在新技术、新工艺、新材料方面应用得少，满足不了我国当前食品企业发展的要求。一些食品企业为了技术改造，不得不花费大量的资金从国外引进一些技术先进的、生产效率高、包装精度高的成套食品包装生产线，导致很大一部分国内的市场份额被国外品牌所占领。

(一) 国产的食品包装机械与国际先进水平相比的主要差距

生产效率低、能耗高、稳定性和可靠性差、产品的造型落后、外观粗糙、基础件和配套件寿命低、国产的气动件和电器元件质量差、控制技术应用得少，比如远距离遥控技术、步进电机技术、信息处理技术等。专家指出，世界上美国、德国、意大利和日本的包装机械水平处于领先地位。其中，美国的成型、充填、封口三种机械设备的技术更新很快。如美国的液体灌装设备公司（EJF）生产的液体灌装机，一台设备可以实现重力灌装、压力灌装以及正压移动泵式灌装。就是说，可以灌装任何黏度的液体，要改变灌装的方式只通过微机的控制就可以实现。

德国的包装机械在计量、制造、技术性能方面属于世界一流。该国生产的啤酒、饮料灌装成套设备生产速度快、自动化程度高、可靠性好。主要体现在：工艺流程的自动化、生产效率高、满足了交货期的要求；设备具有更高的柔性和灵活性，适应了

216

产品更新的需要；普遍利用了计算机和仿真技术提供成套设备，故障率低，出故障可以进行远程诊断服务；对环境污染（包括噪声、粉尘和废弃物）少。

意大利40％是食品包装机械，如糖果包装机、茶叶包装机、灌装机。产品的特点是外观考究、性能优良、价格便宜。意大利包装机械行业的最大优势在于他们可以按照用户的要求进行设计、生产。能保证很好地完成设计、生产、试验、实现监督、检验、组装、调整和用户需求分析等。

日本的食品包装机械虽然以中小单机为主，但是他们的设备体积小、精度高、易于安装、操作方便、自动化程度较高。

随着世界科技的发展，发达国家已经把核能技术、微电子技术、激光技术、生物技术和系统工程融入了传统的机械制造技术中。新的合金材料、高分子材料、复合材料、无机非金属材料等新材料得到了推广应用，食品包装机械的集成化、智能化、网络化、柔性化成为了未来发展的主流。现代制造技术呈现出以下的特点。

生产规模：小批量→少品种大批量→多品种大批量。资源配置：劳动密集型→设备密集型→信息密集型→知识密集型。生产方式：手工→机械化→单机自动化→刚性流水自动线→柔性自动线→智能自动线。工艺方法：重视加工前后处理、重视工艺装备，使制造技术成为集工艺方法、工艺装备、工艺材料为一体的成套技术。过程控制：把对物流、检验、包装、储存过程的控制作为制造技术的组成部分。建立产品的循环系统：设计→生产准备→加工制造→销售→维修→再生回收利用，整个过程形成一个良性循环。

面对市场的需求和我国食品包装机械的差距，如何加大自主创新的步伐，力争在短时间内开发出一批具有自主知识产权和国际先进水平的产品，是摆在我国食品包装机械企业面前的紧迫任务。

（二）我国的食品包装机械的创新

我国的食品包装机械的创新要在以下几方面技术上有所突破。

（1）生产效率化　机电一体化是实现包装机械自动化，保证设备的可靠性和稳定性的关键。未来的机械将向四个方向发展：一是功能多元化、弹性化，具有多种切换功能的包装机械才能适应市场的需要；二是结构设计标准化、模块化，充分利用原有机型进行模组设计，可以短时间内转换机型；三是控制智能化，目前食品包装机械普遍采用的是PLC动力负载控制器，虽然PLC弹性很大，但是仍然未具有电脑所拥有的强大功能；四是结构高精度化，在结构设计和结构控制等关系设备性能的关键部分都是通过电动机、编码器、NC数字控制和PLC动力负载控制来实现的，并适度的作产品的延伸，使食品包装机械成为一种高技术产品。

（2）资源高利用化　主要是提高设备对资源的综合利用率，做到物尽其用，提高有效成分的提取率，减少食品营养的损失。

（3）设备的节能化　广泛地在设备上采用节能技术，努力降低生产成本，提高经济效益。

（4）高技术的应用化　采用微机技术、真空技术、无菌包装技术、膜分离技术、超高温杀菌技术等，提高包装后的食品质量和储存期。

总之，食品包装机械应向知识密集化、技术综合化、产品智能化的方向发展。包装行业应集中科研力量，把研制我国食品包装急需的成套设备作为攻关的重点，推出新品种，填补空白。

（三）新技术在食品包装机械上的应用

（1）设计的标准化和模块化　国际上发达国家的制造商十分重视包装机械部件的通用性。一些通用的标准件不再由包装机械厂生产，把某些特殊的零件交给高度专业化的生产企业生产。模块化设计是指为了开发出具有多种功能的不同产品，不必对每一种产品施以单独的设计，而是设计出许多模块，再将这些模块依据不同的方式组合在一起，以解决产品品种规格在制造周期、成本之间的矛盾。模块化设计和标准化、系列化结合起来，会收到显著的效果。这样包装机械厂就可以是一个组装厂，不必做成大而全。还可以集中力量去攻克核心技术，掌握自主知识产权。从而从根本上摆脱低水平的重复开发生产，真正提升产品的技术含量和竞争力。

（2）机电一体化　食品包装机械实现机电一体化是当代科学迅速发展形势下出现的技术创新和必然趋势。机电一体化是集气动、液压、传感器、PLC技术、网络技术及通信技术等学科相互渗透形成的一体化技术，而不是这些技术简单的组合、拼凑。微机作为大脑取代了传统的控制系统，机械结构相当于主体和躯干，各种仪器仪表和传感器是神经感官，他们感觉着机械各种参数的变化，反馈到大脑中，各种执行机构是他的手足，用以完成包装机械各种动作。将机电一体化技术引入食品包装机械，可以开发出智能化包装技术，使得食品包装能够按照工艺要求实现全自动的生产。生产过程的监测和控制、故障的诊断和排除，都能自动完成。从而达到高速、优质、低消耗和安全生产。

（3）伺服电机的应用　在食品包装机械上许多企业都采用步进电机来代替普通的电机，对于提高设备的性能起到了重要的作用。步进电机是一种离散运动的装置，它和现代的数字控制技术有本质的联系，在数字控制中应用很广。但是，步进电机存在着控制精度不高、启动时间长（步进电机的启动时间是 $200 \sim 400$ ms，伺服电机的启动时间只有几毫秒）、过载能力差等弱点。用伺服电机代替步进电机可以提高食品包装机械的控制精度。

（四）未来食品包装技术

近年来许多包装技术在食品包装中得到了应用，比如泡罩及贴体包装技术、收缩与拉伸包装技术、真空和充气包装技术、防霉防腐包装技术、无菌包装技术等。在国际上还有以下一些新的包装技术将在未来得到普及和推广。

微波连续灭菌技术：微波连续灭菌技术是采用2500MHz的高频对食品进行加热的灭菌方法。微波在生物体内产生的极性分子在微波磁场中产生强烈的旋转效应，致使营养细胞推动活性或破坏微生物死亡。微波连续灭菌技术在固体食品的灭菌保鲜方面有广泛的应用前景。

超高压灭菌技术：超高压灭菌技术又称高静水压技术。这种技术是利用以液体为传压介质，使食品处于高压状态，导致微生物蛋白质变性，酶失去活性，最终使细菌死亡。这种灭菌方法可以保持食品的色、香、味不变，蛋白质和维生素都不会减少。

静电杀菌技术：食品不是直接放在电场之中，而是利用电场放电形成的粒子空气和臭氧对食品进行处理。臭氧的灭菌机理是 O_3/H_2O 形成的强氧化电极电位对向生物的细胞膜、细胞壁中的磷脂、蛋白质有破坏作用。当 O_3 进入细胞后会破坏酶和遗传物质，从而达到杀灭微生物的作用。

将臭氧与水混合形成臭氧水，可替代双氧水，处理无菌包装容器。据资料显示，臭氧水的灭菌速度比氯水快 $300\sim1000$ 倍，是一种高效安全的灭菌技术。

第二节　食品包装机械设备识图

一、薄膜包装机械识图

1. 两端开放式热收缩裹包装置

用平片薄膜包裹物品，有用单张平膜和双张平膜包裹的两种方式。薄膜要宽于物品，用单张平膜裹包物品时，先将平膜展开，将被包裹物品对着平膜中部送进，形成马蹄状裹包。之后折成封闭套筒，经热熔封口。双张平膜包裹时，用上、下两张薄膜来实施对被包物品的裹包和端封焊接。图 10-3 所示即为有两张平膜裹包物品的工作原理。两卷平膜筒配置于机器上、下两侧，经导辊送到横封装置 8 处焊接其前端接口，被包装物品 2 由气动推进装置推着前进，其前端及上、下表面被薄膜裹包；在被包物品行进到主要位置时，气动推动装置返回，由热熔焊接装置对其后端薄膜实施封接，它同时裹包下一包件的下、下两张薄膜，经切断完成两端开放的套筒式裹包。

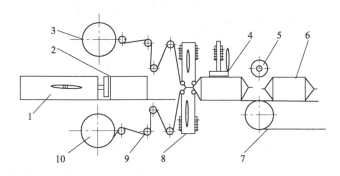

图 10-3　两平薄膜套筒式裹包工作原理

1—气动装置；2—被包装物品；3—上薄膜；4—压紧板；5—压辊；
6—成品；7—输送机；8—横封装置；9—导辊；10—下薄膜

2. 一端开放式裹包装置

一端开放式裹包装置原理如图 10-4 所示。它的工艺方法大多采用将收缩包装薄膜（管状膜或平膜），经制袋装置预制成收缩包装所用的包装袋（收缩包装袋比所要包装的托盘和堆积物尺寸约大 15%～20%）。裹包时，先将包装袋撑开，而后套入托盘和堆积物，无特殊密封要求时，下端开放不封合，然后带托盘进行热收缩。

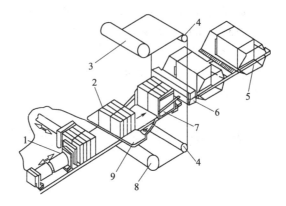

图 10-4　有纸托板双平膜裹包原理

1—气动推进装置；2—集积包装件；3—上部薄膜；4—导辊；5—成品；

6—横封切装置；7—折合导杆；8—下部薄膜；9—纸托板

3. 全封闭式裹包装置

（1）对折薄膜热封裹包机　图 10-5 所示为 L 形对折膜热封裹包原理。

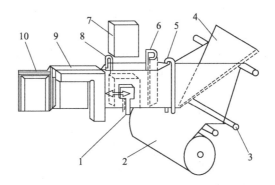

图 10-5　对折膜热封裹包原理

1—传送装置；2—薄膜卷筒；3—导辊；4—三角成型器；5—U 形杆；6—开口导板；

7—被包装物；8—开口器件；9—L 形装置；10—成品

（2）平张薄膜热封裹包机　它有多种规格型号，以适应对不同形状尺寸的物品进行全封闭式的裹包。图 10-6 所示为其中一种，它适用于长柱体形物品的裹包。

（3）双张薄膜四边热封裹包机　前述各裹包机中，被包物品用热收缩薄膜材料按要求完成裹包后由输送装置运送到热收缩装置中，进行热收缩处理，再经冷却而完成热收缩包装。工业性生产中采用的热收缩装置主要由热收缩加热烘道、载送包装件进出加热烘道的输送装置、冷却装置及隧道式或窑式的热收缩装置。图 10-7 为中、小尺寸包装件用热收缩装置的一种。

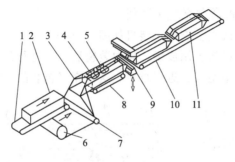

图 10-6　平张薄膜热封裹包原理

1、8、10—输送带；2—被包装物；3—成型器；4—牵引轮；5—纵封装置；

6—平张薄膜；7—导辊；9—横封切装置；11—成品

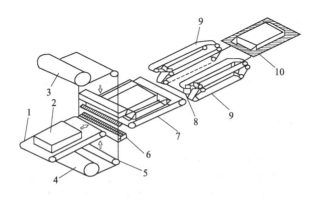

图 10-7　双张薄膜四边热封裹包原理

1—加热气流循环用鼓风机；2—气流通道；3—电加热器；4—输送；5—待热收缩包装件；

6—预热室；7—加热（保温）室；8—热气流通道；9—续热室；10—机架

二、真空与充气包装机械识图

1. 喷嘴式真空充气包装机

喷嘴式真空充气包装机工作原理如图 10-8(a) 所示。喷嘴式扁头伸入袋口，用压头夹住，借真空系统抽出袋内空气造成真空，转而充气，再用热熔封接压头对包装袋口实施热熔封口。

2. 真空室式真空充气包装机

真空室式真空充气包装机如图 10-8(b) 所示。其基本结构以真空室式为例，主要由真空室、真空及充（放）气装置、电气控制系统和机架等组成。装填了食品的包装袋，置于真空室内，关闭真空室，包装袋封口部位处在热熔封口压头之间，用真空泵抽出真空室和包装袋内空气，需充气时，转换到充气系统充入需要气体，再进行热熔接封口、冷却、放气。最后开启真空室取出成品。真空室式包装机比喷嘴式包装机好，因为前者在包装封口时袋内外真空度相等，热熔接封口中不易出现皱纹，可保证密封性，且空气置换率较高。

3. 喷嘴与真空室并用式真空充气包装机

喷嘴与真空室并用式真空充气包装机如图 10-8(c) 所示。瞬间充气包装机用卷筒薄膜在成型制袋充填封口机上制成袋，袋内装物后，在进行封口前的瞬间，充进所要的气体，以置换包装袋中空气，进行封口。这种充气包装的空气置换率比较低。

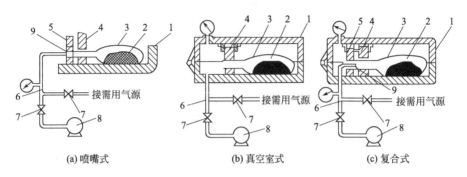

(a) 喷嘴式　　　　　　(b) 真空室式　　　　　(c) 复合式

图 10-8　真空与充气包装机工作原理

1—真空室（工作台）；2—被包装物品；3—包装袋；4、5—热熔封口装置；

6—夹装压头；7—气体流道路；8—真空泵；9—喷嘴

三、贴体包装机械识图

1. 塑料薄膜真空贴体包装自动包装机

贴体包装所用包装机与其他热成型包装机不相同。塑料薄膜真空贴体包装自动包装机工作原理如图 10-9 所示。它由衬底纸板供给装置、被包装物品供给装置、输送带、薄膜供给装置、加热装置、贴体黏着的抽真空装置、模切穿孔装置、成品及余物收卷装置等组成。衬底纸板或以单张形式供给，或以卷盘式带状供给，各自以相应方式送达输送机上。衬底纸板上印刷后，涂有热熔树脂塑料的被包装物品由机械手、自动料斗或其他机械装置供给到衬底纸板所要求的位置。输送机上有孔穴，在输送机载着衬底纸板通

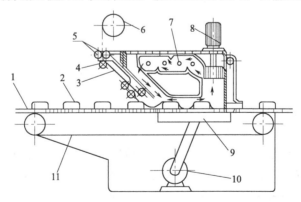

图 10-9　薄膜真空贴体包装机工艺原理

1—衬底纸板；2—被包装物；3—真空输送带；4—导辊；5—松卷辊；6—薄膜；

7—加热器；8—热网循环电机；9—真空箱；10—真空泵；11—输送机

222

过抽真空区时，抽真空装置对衬底纸板抽取真空，使受热软化了的塑料薄膜贴附黏着在衬底纸板上。薄膜的送进方式有多种，图10-9所示塑料薄膜经导辊进出后再由真空带吸着薄膜两侧边送进，加热装置由热风机、加热器和热风道组成，热风机驱动热空气流经加热器，最后再循着热风道对薄膜进行加热，使其软化，在热风驱动下热风微强制循环。模切穿孔装置按包装要求切去多余材料而成美观的贴体包装单件。

2. 流动灌注真空贴体包装机

流动灌注真空贴体包装机工艺原理如图10-10所示。它由衬底纸板供给装置、被包装物品供给装置、粒状树脂塑料热熔及挤压喷射薄膜装置、模切及穿孔装置、余料卷取装置及抽真空装置等构成。

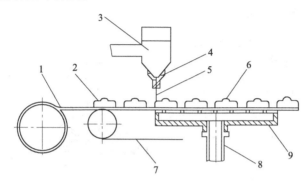

图 10-10　流动灌注真空贴体包装机工艺原理

1—衬底纸板；2—被包装物；3—塑料挤出机机头；4—薄膜喷嘴；5—挤出薄膜；

6—贴体薄膜；7—真空箱；8—真空管道；9—输送机

四、高压蒸煮袋包装设备识图

高压蒸煮袋包装装置工艺如图10-11所示。制好的复合薄膜袋存放在空袋箱1

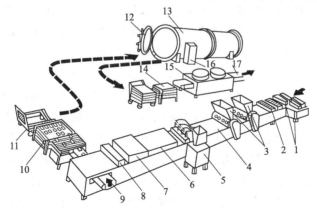

图 10-11　高压蒸煮包装装置

1—空袋箱；2—空气输送装置；3—回转式装料机；4—手工排列位置；5—活塞式液体装料机；

6—蒸汽汽化装置；7—热封装置；8—冷却装置；9—输送带；10—堆盘；11—杀菌车；

12—杀菌锅门；13—杀菌锅；14—卸货架；15—干燥器；16—控制台；17—输送机

中，输送装置 2 将其送至回转式装料机 3 中填装食品，经手工排位，将排列整齐的产品送入活塞式液体装料机 5 灌汤汁。灌汤后和蒸汽汽化装置 6 对袋内喷入蒸汽排除空气，然后经热封装置 7 封口，最后经冷却装置 8 使封口急速冷却，由输送带 9 将袋送到堆盘 10 上排列好，然后由杀菌车送到杀菌锅 13 内进行加压杀菌。杀菌条件由控制台 16 操作。杀菌后的"软罐"经空气干燥器 15 使表面干燥，然后由输送机 17 送至装箱储存。

五、液体灌装机械识图

旋转型灌装机结构如图 10-12 所示。它的主体结构由供料装置、灌装阀、托瓶转盘、供瓶装置 4 大部分组成。

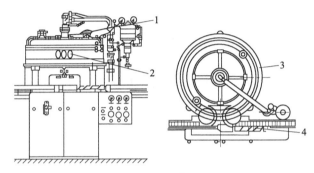

图 10-12　旋转型灌装机结构
1—供料装置；2—灌装阀；3—托瓶转盘；4—供瓶装置

在此主要介绍旋转型灌装机的等压法供料装置。图 10-13 为大型含气液料灌装机的等压法供料装置示意图。输液管 3 与灌装机顶部的分配头 9 相连，分配头下端匀布六根支管 14 与环形储液箱 12 相通。在未打开输液总阀前，通常先打开支管上的阀 1 以液料流速判断其压力的高低。待调好压力以后，才打开总阀。无菌压缩空气管 4 分两路：一路为管 7，它经分配头直接与环形储液箱相连，可在开车前对储液箱进行预充气，使之产生一定压力，以免液料刚灌入时因突然降压而冒泡，造成操作的混乱，当输液管总阀 2 打开后，则应关闭截止阀 5；另一路为管 8，它经分配头与高液面浮子 13 上的进气阀 11 相连，用来控制储液箱的液面上限。若气量减少、气压降低而液面过高时，该浮子即打开进气阀，随之无菌压缩空气即补入储液箱内，结果液位有所下降。反之，若进气量增多、气压偏高而使液面过低时，浮子 16 即打开放气阀 18，使液位有所上升。这样，储液箱内的气压趋于稳定，液面也能基本保持在视镜 17 中线的附近。在工作过程中，截止阀 6 始终处于被打开位置。除此之外，在某些用泵输送液料的管路中，还配备有薄膜阀，使液料与压缩空气大体上能维持均衡的压力比，从而保证液装过程正常进行。

在本例中，液料和压缩气体均从灌装机的顶部进入环形储液箱，也有采用分路配置（液体从下而气体从上）的，它有助于简化分配头结构，并能美化整机造型，但会

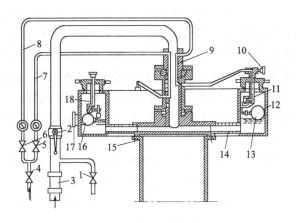

图 10-13　等压法供料装置

1—液压检测阀；2—输液管总阀；3—输液总管（透明段）；4—无菌压缩空气管（附单向阀）；

5、6—截止阀；7—预充气管；8—平衡气压管；9—分配头；10—调节针阀；

11—进气阀；12—环形储液箱；13—高液面浮子；14—输液支管；

15—主轴；16—低液面浮子；17—视镜；18—放气阀

给安装、维修带来一定困难。无论选择哪一种配置方案，对供料装置来说，都必须考虑如何将固定的输送管与转动的储液箱加以妥善连接、支撑和密封等问题。图 10-14 清楚地表示了上述有关结构。中心管 4 的上端与静止的输液总管 1、储液箱平衡气压管 2 及储液箱预充气管 3 相连。液料依次经中心管的偏心孔槽、管座 11 以及数根支管而流入环形储液箱内。压缩空气则从中心管厚壁一侧的两个小孔分别通过上端和下端的环形槽 5、8 而流入储液箱和高液面浮子所控制的进气阀。旋转的管座及外套 6 依靠两只滚动轴承 10 支撑在固定的中心。该管与外套之间用多层橡胶圈密封，以避免压缩空气、液料的外溢及相互渗透。

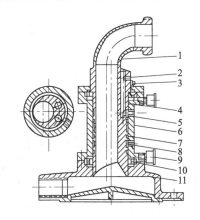

图 10-14　等压分配头结构

1—输液总管；2—平衡气压管；3—预充气管；

4—中心管；5—上端环形槽；6—旋转外套；

7—橡胶圈；8—下端环形槽；9—油杯；

10—滚动轴承；11—管座

六、贴标设备识图

1. 直线式真空转鼓贴标机

（1）页片标签直线式真空转鼓贴标机

图 10-15 为用于页片标签的圆柱身瓶、罐包装件直线式真空转鼓贴标机示意图。圆柱身瓶、罐包装件由板链输送机载运，自入口端送入，经由不等螺距分件供送螺杆 5 时，将瓶罐分隔成等间距排布，继续行进。页片式标签置放于摇摆运动的标签盒 1 中，标签的送出先由真空吸标递送辊 2 利用真空方式自标盒中吸取标签，并经回转传递给真空转鼓 3，真空转鼓 3 吸持着标签做回转传送，经过打印装置 10，在标签背面

225

打印上贴标日期（用打印装置9则可在标签正面打印）。之后经过涂胶装置4时，对标签背面涂布适量的黏结胶液，当转到与加压弧形板6相对位置时，正好与分件供送螺杆5中出来的待贴标瓶罐包装件相遇，此时瓶、罐贴标包装件圆柱身将受到挤压，为不使其受到挤压而损坏，加压弧形板6上与真空转鼓相对的一面粘接有高弹性材料的衬垫。在涂布有粘接胶液的标签与贴标包装件瓶罐表面相遇时，真空转鼓将破除对标签的吸持作用，标签将被贴到瓶罐包装件表面上去。然后进入由摩擦带8与贴附有弹性衬垫的施压衬垫板7组成的通道间，由于通道比瓶罐包装件圆柱身外径稍小，故瓶罐包装件通过其中时受到挤压，并在与摩擦带间摩擦力的带动下，沿施压衬垫板7弹性衬垫表面做滚转运动，在滚转运动中使标签舒展并牢实地贴附在瓶罐包装件圆柱身表面，最后由链板转送机排出。这种贴标机生产能力较高，最高可达18000瓶/h。

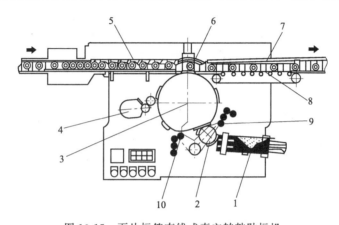

图 10-15　页片标签直线式真空转鼓贴标机

1—摇摆标签盒；2—真空吸标递送辊；3—真空转鼓；4—涂胶装置；5—分件供送螺杆；
6—加压弧形板；7—施压衬垫板；8—摩擦带；9—正面打印装置；10—背面打印装置

（2）卷盘标签直线式真空转鼓贴标机　卷盘标签直线式真空转鼓贴标机如图10-16所示。待贴标瓶、罐包装件，由板链输送机8载送供给，由分隔轮9定时分隔后，被锯齿形拨轮10拨送行进。标签卷盘1支撑于支撑装置上，标签自卷盘引出松展成带，绕经导辊2、打印装置3而到达由输送对辊组成的输送装置4，由输送对辊牵拉标签做输送喂进，回转式裁切装置5对喂送来的标签进行裁切，使之成为标签页片。标签裁切的长度与标签带上标签有间距相适应，为此，贴标机标签带输送系统应设置标签间距检测装置和及时调节输送装置4运行速度的装置，使裁切下的标签完全符合要求。被裁切下的标签页片由真空转鼓6接受，在真空吸力作用下吸持住做回转传送。传送中涂胶装置7在标签背面涂布上适量的粘接胶液，继续传送到与锯齿形拨轮10拨送过来的相应待贴标瓶、罐包装件圆柱身产生接触时，真空转鼓消除真空吸力，标签粘贴到瓶罐的表面。之后，粘贴上标签的瓶、罐包装件由板链输送机载送，进到由加压衬垫板11和摩擦带12组成的通道，贴标瓶罐包装件将以滚转运动的形式向前进行，在滚转运动中标签将舒展并牢实地贴住，贴好标签的包装件瓶罐最后由板链输送机8载送排出。卷盘标签的直线式真空转鼓贴标机有着更高的贴标速率。真空转鼓作为该类贴标机的主体构件之一，可设计成多种结构形式。

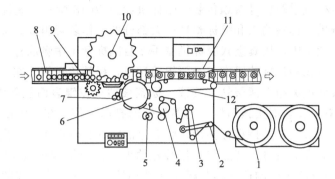

图 10-16　卷盘标签直线式真空转鼓贴标机

1—标签卷盘；2—导辊；3—打印装置；4—输送装置；5—裁切装置；6—真空转鼓；

7—涂胶装置；8—输送机；9—分隔轮；10—锯齿形拨轮；

11—加压衬垫板；12—摩擦带

　　图 10-17 所示为真空转鼓结构形式之一，它由转鼓鼓体 9、鼓盖 4、配气阀 11 及转轴 13 等组成。配气阀由上阀盘 7 及下阀盘 14 组成，上阀盘 7 与鼓体 9 固装成一体；下阀盘 14 与阀 11 固装在一起，其上设真空通道 12 和大气通道 15。鼓体 9 上按设计配置制作若干组气道 5，几个气道组成一个转鼓取标区段，各取标区段表面粘贴有橡胶鼓面 8。各气道与鼓体外圆柱面上的气孔 6 相通，气道 5 同时有通道与配气阀盘连通，鼓盖 4 密封安装在鼓体上表面。

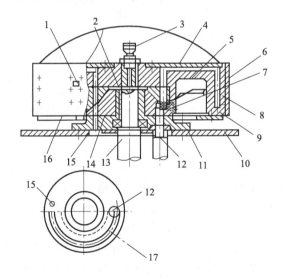

图 10-17　真空转鼓结构

1、9—鼓体；2、4—鼓盖；3、5—气道；6—气孔；7—上阀盘；8—橡胶鼓面；

10—工作台面板；11—阀；12—真空通道；13—转轴；14—下阀盘；

15—大气通道；16—转鼓；17—通道

227

2. 直线式真空机械手贴标机

直线式真空机械手圆柱身瓶罐包装件贴标机如图 10-18 所示。这种贴标机也由贴标瓶罐包装件输供、标签输供和贴标整理三大部分的工作装置组成。该贴标机标签放置在固定式贴标盒 1 中，用真空式吸标机械手 2 自贴标盒 1 中吸取标签递送到由加压辊 4 与传送辊 3 组成的送标装置中，经两辊输送出，标签传送辊 5 在回转中经过涂胶装置 6 时，其表面被涂布上薄层粘接胶液。标签被粘持在辊表面且随辊做回转传送，由打印装置 11 对标签表面实施贴标日期等代码的打印工作，在标签随辊传送到靠近贴标工位时，分标叉 7 将粘持在标签传送辊 5 上的标签自辊面掀起剥离，并引导它沿摩擦皮带传送辊 8 表面行进，使之与标签传送协调，由板链输送机 13 载送，与分件供送螺杆 14 进行分隔定位的待贴标瓶罐包装件相遇时，将标签转移贴附到瓶罐包装件表面。然后进入施压衬垫板 10 与摩擦皮带 9 所组成的通道中，在此通道内，贴标瓶罐包装件由摩擦皮带带动以滚转运动方式前进，将标签理顺并贴结实，最后由板链输送机将贴好标签的容器载送排出。

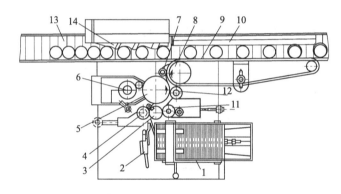

图 10-18　直线式真空机械手贴标机

1—贴标盒；2—真空式吸标机械手；3—传送辊；4—加压辊；5—标签传送辊；6—涂胶装置；
7—分标叉；8—摩擦皮带传送辊；9—摩擦皮带；10—施压衬垫板；11—打印装置；
12—导向辊；13—板链输送机；14—分件供送螺杆

3. 龙门式贴标机

龙门式贴标机的工作原理如图 10-19 所示，由皮带送罐、粘胶贴标、辊轮抹标、储罐转盘、机体传动等部分组成。整机由电动机通过皮带经齿轮、链轮、凸轮、连杆等实现。标签储放在标盒 2 中，标盒前的取标辊 1 不停地转动，将标签由标盒中一张张地取出，取出的标签逐张地向下通过拉标辊 4、涂抹辊 5，标签的背面两侧即被涂上胶水，然后标签被送入龙门架，沿标纸下落导轨 8 自由下落，在导轨的底部保持直立状态。需要贴标的玻璃瓶经输送带送入导轨时，即由带推爪的板将玻璃瓶等距推进，在通过龙门架时，瓶子将标签粘取带走，然后经过两排毛刷 10 之间的通道，标签被刷子抚平完好地贴在瓶子上。

4. 门框直线式多功能贴标机

门框直线式多功能贴标机如图 10-20 所示。贴标工作主要由贴标包装件输供装

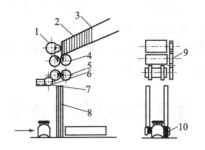

图 10-19　龙门式贴标机

1—取标辊；2—标盒；3—压标重块；4—拉标辊；5—涂抹辊；6—胶辊；7—胶水槽；

8—标纸下落导轨；9—传动齿轮；10—毛刷

置、标签输供装置及贴标摩擦装置等的协调一致的工作运动配合完成。贴标包装件输供与标签输供以相同的节律运行。页片式标签置放在标签盒 2 内，标签盒 2 以与待贴标瓶罐包装件运送相同节律做往复移动或摇摆运动，将标签贴附到已涂布有粘接胶液的取标转架 3 的取标挡叉上。取标转架 3 上匀布有 4 个取标挡叉，它由传动机构驱动做间歇回转运动，每次只转过一个 90°的分度角。取标转架每转过一周，其上每个取标挡叉依次经过下方的固定工位并做相应停留，在第一工位上，涂胶装置 1 往取标挡叉上涂布粘接胶液；第二工位为空工位，取标挡叉上的粘接胶液产生浓缩胶化；在第三工位，标签盒向取标挡叉进行了，标签自标签盒黏附到取标挡叉上，此即取标；在第四工位，将粘取的标签提供给传送标签用的真空机械手 4 吸持而后回转传送，到达真空门框 7 处时，转交给真空门框吸持住，以备粘贴到待贴标包装件上。待贴标瓶罐包装件由板链输送机 6 载送行进，先经过定位等分件供送螺杆 5 将包装件按贴标要求位置和间距排布好，接着上部定位压头作用于瓶罐包装件顶部可靠地保持瓶罐包装件在上部定位压头制约下由板链输送机 6 载送，行经过真空门框 7，此时真空门框 7 将及时破除真空，吸附于其上的标签就被粘贴到该包装件要求位置上。之后，在载送进行中经配置在输送机两边的毛刷 8 多次反复刷贴摩擦，标签即被摩擦舒展，且牢靠地

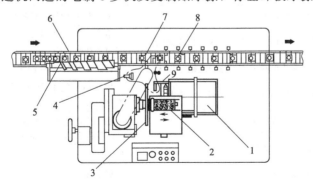

图 10-20　门框直线式多功能贴标机

1—涂胶装置；2—标签盒；3—取标转架；4—机械手；5—分件供送螺杆；

6—板链输送机；7—真空门框；8—毛刷；9—打印装置

229

贴合在瓶罐包装件表面上。完成贴标时，上部定位压头自动升起与贴标包装件相分离，已完成贴标的包装件由板链输送机载送排出。

此种贴标签机由于配置有定位压头和采用了回转式供送标签装置，因而贴标位置准确，且比其他门框式贴标机有较高的生产能力。

第三节　食品包装机械设备维修与保养

一、灌装机的维护、常见故障原因分析及处理方法

灌装机在每次开动时，必须保证 300～400 罐/min 转动 10min，在生产过程中，当出现瘪罐时，必须及时停机清理，以免撞坏注入针及链道错位。灌装机常见故障原因分析及处理方法见表 10-1。

表 10-1　灌装机常见故障原因分析及处理方法

故障现象	故障原因	处理方法
空罐	打开控制或蝶形阀柄安装不正确	重新调节打开控制或蝶形阀柄
	罐没有完全进入（中心位置）注入阀下	检查导向元件并在需要的地方进行调整
起沫过多	关闭控制和排气控制没接触上或安装不正确	靠紧控制和排气控制，排气期间由关闭控制关闭注入阀
	CO_2 回气阀的防磨压板磨损或安装不正确	更换或重新安装防磨压板
	饮料温度过高	检查灌装温度
	灌装压力太低	设定所需灌装的压力
	罐不干净	保证供罐干净
	机缸液位太低	由气体排放浮子调节机内液位
过量灌注	对中漏斗形阀中密封橡胶损坏、气管太短	更换对中漏斗形阀的密封橡胶、气管
	注入阀漏	正确安装注入阀、更换损坏的密封圈
	CO_2 回气控制没松开	检查 CO_2 回气控制是否松开
	CO_2 气体回气阀或排气阀卡住或泄漏	检查 CO_2 气体回气阀或排气阀的正确安装，需要时更换密封圈
液位低或不正确地注入	对中漏斗形阀中密封橡胶或罐口损坏	更换密封圈，从生产线上捡去损坏的罐
	CO_2 气体回气阀或排气阀卡住或泄漏	检查 CO_2 气体回气阀或排气阀的正确安装，更换密封圈
	蝶形阀柄没有正确安装	松开固定螺丝并调整蝶形阀柄
	机缸内液位太低	由浮子调节注入机内的饮料液位，检查设定压力
	液阀盖损坏	更换液阀盖
	气管不合适或过长	更换气管
	注入阀没有打开或堵塞	放开注入阀

故障现象	故障原因	处理方法
机缸进料不足	供给的产品有干扰,调节仪器没有完全打开	保证足够的产品供给
	气体排放浮子没有正确安装	将气体排放浮子安装到正确位置
	机缸内过压	将生产期间的 CO_2 压力调节器设到约高于饮料压力 0.1MPa
机缸液位不稳定	调节仪器没有正确设置	重设调节仪器
	气体排放浮子不稳定地打开或卡住	更换浮子密封圈,取下浮子检查浮子杆是否活动灵活
	不均匀地供给产品	保证稳定供给产品

二、卷封机的维护、常见故障原因分析及处理方法

卷封机需每日注油,保证轴承正常运转,每个班次需用热水冲洗卷封头,清除铝屑。发现瘪罐及时清理。卷封机常见故障原因分析及处理方法见表10-2。

表 10-2　卷封机常见故障原因分析及处理方法

故障现象	故障原因	处理方法
罐身钩过长(短)	销规高度小(大)	调整垫片厚度,减小(增大)销规高度
	底座压力大(小)	降低(增加)底座压力
盖钩过长(短)	滚轮过高	降低(提高)滚轮位置
盖位置不正	下盖星轮超前或滞后	将星轮向后或向前调整
	进罐链超前或滞后	将进罐链向后或向前调整
无糖	化糖间糖泵没有打开	打开糖泵混比器开关
无压缩空气	制冷间压缩空气机跳闸	修复
无二氧化碳	CO_2 间未送气	通知送气
	混比 CO_2 阀漏气	换阀

三、包装塑膜机的维护、常见故障原因分析及处理方法

包装塑膜机常见故障原因分析及处理方法见表10-3。

表 10-3　包装塑膜机常见故障原因分析及处理方法

故障现象	故障原因	处理方法
开箱	喷胶量少,胶枪堵塞或喷胶压力不足	调胶枪螺栓增加胶量,流通胶嘴,提高喷胶压力至正常
	胶质量不良	更换合适胶
	压板过松、纸箱过硬或压力不良,弹性过大	调整压板或更换纸板
成型不良	机器内部错位	立即停机,将机器内部清干净,调整各运动机构间相互位置

故障现象	故障原因	处理方法
机器内部散箱	整体错位,进纸板不良,送纸板装置故障	调整各运动机构间相互位置
喷胶位置不良	胶枪角度或高度不正确	调整胶枪角度或高度
	喷胶时间不正确	调整喷胶时间
断膜	黏合温度过高或过低	调整黏合温度
膜收缩过松	加热箱温度低	提高加热箱温度
	输箱链速度快	降低链速度
膜收缩后破损	加热箱温度过高	降低加热箱温度
	输箱链速度慢	提高输箱链速度

思 考 题

1. 与食品加工过程关系密切的包装设备有哪些类型?

2. 常用的液体灌装方法有哪些?

3. 液体食品的定量方式有哪些?

4. 举例说明常见的贴标机的类型。

5. 说明高压蒸煮袋包封装置设备的工作过程。

6. 简述旋转型灌装机的主要构件有哪些。

7. 说明直线式真空机械手贴标机的工作过程。

8. 举例说明灌装机的常见故障及处理方法。

第十一章 机械制图原理

第一节 机械制图基本知识

根据投影原理，按照制图标准规定及必须的技术要求绘制的工程图样简称图样。

图样是工程技术人员的共同语言，是人与人、企业与企业、国与国之间交流技术思想的重要工具；现代化工业产品的设计、制造施工、检验、安装、使用与维修等都需要图样才能实现，所以图样在现代化工业生产中是重要的技术文件。正确使用绘图工具和仪器，掌握正确的手工绘图方法和步骤，必须严格遵守机械制图国家标准中的有关规定。本节主要介绍国家标准对工程图样的一般规定。

一、图纸幅面及格式（根据 GB/T 14689—93）

为了合理使用图纸和便于装订、保管，国家标准（GB/T 14689—93）《技术制图》对图纸幅面尺寸和图框格式等作了统一规定。

（一）图纸幅面尺寸

绘制图样时，应首先采用表 11-1 中规定的五种基本幅面尺寸，其尺寸关系见图 11-1，必要时，也允许选用国家标准中规定的加长幅面。

表 11-1 图纸幅面和图框尺寸　　　　　　　　　　　　　　　　单位：mm

幅面代号	A0	A1	A2	A3	A4
$B×L$	841×1189	594×841	420×594	297×420	210×297
a	25				
c	10			5	
e	20			10	

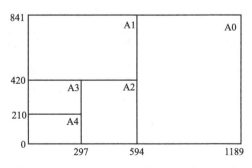

图 11-1 基本幅面图

（二）图框格式

在图纸上必须用粗实线画出图框，其格式分为不留装订边和留有装订边两种。但同一产品的图样只能采用一种格式。见图 11-2。

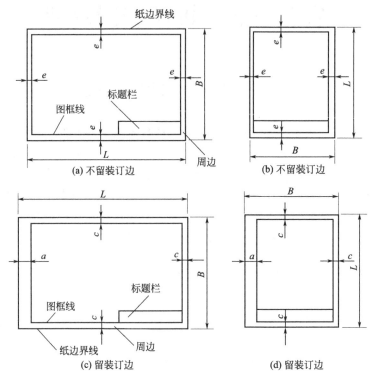

图 11-2　图框格式

（三）标题栏

标题栏的格式和尺寸应按（GB 10609.1—89）的规定，位置应位于图样的右下角。学生在校制图作业时，建议采用图 11-3 的简化格式。

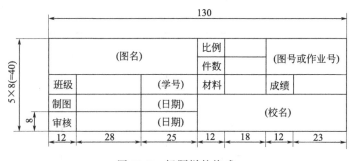

图 11-3　标题栏的格式

（四）对中符号

为了使图样复制或缩微摄影时定位方便，均应在图纸各边的中点处分别画出对中

234

符号，即从图纸边界开始伸入图框约 5mm，对中符号用线宽不小于 0.5mm 的粗实线绘制。见图 11-4。对中符号的位置误差应不大于 0.5mm。当对中符号处在标题栏范围内时，则伸入标题栏部分省略不画。见图 11-4(b)。

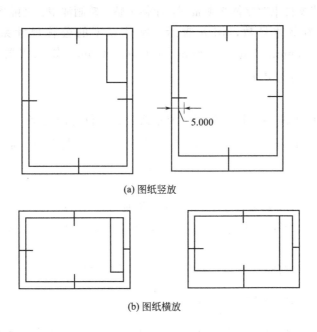

(a) 图纸竖放

(b) 图纸横放

图 11-4　对中符号

二、比例（根据 GB/T 14690—93）

图样的比例是指图与物相应要素的线性尺寸之比。

（一）比例的符号及其表示法

比例符号为"："。比例表示方法如 1∶1、1∶2、5∶1 等。比例一般应标注在标题栏中的比例栏内。必要时，也可按国标规定注写在视图下方或右侧。

（二）比例选择

按比例绘制图样时，应由表 11-2 规定的系列中选取适当比例。

表 11-2　比例

种　类	比　　例				
原值比例	1∶1				
放大比例	5∶1	$5 \times 10^n∶1$	2∶1	$2 \times 10^n∶1$	$1 \times 10^n∶1$
缩小比例	1∶2	$1∶2 \times 10^n$	1∶5	$1∶5 \times 10^n$	$1∶1 \times 10^n$

（三）注意事项

① 不论采用何种比例，图样中标注的尺寸数值必须是机件的实际尺寸。

② 绘制同一机件的各个视图应采用相同的比例。

235

三、字体（根据 GB/T 14691—93）

（一）基本要求

图样上和技术文件书写字体必须做到：字体工整、笔画清楚、间隔均匀、排列整齐。

字体高度即为字体号数，用 h 表示。字体高度的公称尺寸系列为：1.8mm、2.5mm、3.5mm、5mm、7mm、10mm、14mm、20mm。如果需要书写更大的字，其字体高度应按 $\sqrt{2}$ 的比率递增。

1. 汉字

汉字应写长仿宋体字，并应采用国家正式公布推行的简化字。汉字高度不应小于 3.5mm，其字宽一般为 $h/\sqrt{2}$。长仿宋字书写要领是：横竖要直，起落有力，结构匀称，写满方格。

2. 字母和数字

字母和数字分 A 型和 B 型。A 型字体的笔画宽度 $d=h/14$；B 型字体的笔画宽度 $d=h/10$。字母和数字可写成斜体和直体。斜体字头向右倾斜，与水平线成 75°。

（二）书写示例

在同一图样上书写时，只允许选用一种形式的字体。

四、图线（根据 GB 4457.4—84）

图样的图形是由各种直的和弯曲的图线构成的，国家标准《机械制图》规定了各种图线的名称、形式、代号、宽度等。见表 11-3。

表 11-3　基本线形及尺寸

图线种类及名称	图线形式	图线宽度	图线的应用举例
粗实线		b	可见轮廓线
虚线	4～6　≈1	$b/3$	不可见轮廓线
细点划线	15～30　≈3	$b/3$	轴线,对称中心线,轨迹线、节圆及节线
细实线		$b/3$	尺寸线,尺寸界线,剖面线,重合剖面轮廓线,螺纹牙底线和引出线
波浪线		$b/3$	断裂处的边界线,视图和剖视的分界线
双折线	2～4　15～30　3～6	$b/3$	断裂处的分界线

图线种类及名称	图线形式	图线宽度	图线的应用举例
粗点划线	▬ ▪ ▬ ▪ ▬ ▪ ▬ ▪ ▬	b	有特殊要求的线或表面的表示法
双点划线	15~30 ≈5	$b/3$	相邻辅助零件的轮廓线,极限位置的轮廓线,坯料的轮廓线或毛坯图中制成品的轮廓线,假想投影的轮廓线

注：国家标准规定粗实线的宽度在 0.5～2mm 之间选择，编者推荐学生作业时选择粗实线宽度 $b \approx$ 0.9～1.2mm。

五、尺寸注法（根据 GB 4458.4—84）

（一）本规则

① 机件的真实大小应以图样所注尺寸数字为依据，与图形大小及绘图准确度无关。

② 图样中的线形尺寸以毫米为单位，不需注写计量单位的代号和名称。若采用其他单位，则必须注明。

③ 机件上每一尺寸，只标注一次，并应标注在反映该结构最清晰的图形上。

（二）尺寸的组成

尺寸由尺寸界线、尺寸数字、尺寸线和箭头组成。

六、图样管理

（一）图档

生产现场和技术交流活动中的工程图样，是由底图或原图复制而成的复制图。复制图是正式文件，它保留有原有的基础面貌并反映技术的修改和变化过程，因此复制图应作为主要的技术资料存档。复制图一般需要两份保存。

底图是原始的正式文件，其上有设计者和有关负责人签字，准确可靠，应存档。

用于复制图样或描绘底图的原图有三种，第一是硬板原图，第二是计算机绘制的设计原图，第三是设计工作中产生的铅笔图。这三种原图中，通常只有硬板原图需要存档。

（二）分类编号

成套图纸必须进行系统的分类编号，以便有序存档和及时、便捷、准确地查阅利用。图样和文件的编号一般有分类编号和隶属编号两大类。每个产品、部件、零件的图样和文件均应有独立的分类编号。分类编号可按对象功能、形状的相似性，采用十进制分类法进行编号。图样的分类方法可按工程项目、产品型号、专业特征、地域和时间进行分类。

图样的编号还可按隶属关系进行编号。

（三）保管

① 成套图纸必须编制索引总目录，注明归档时间、总登记号、上架位置、张数、

237

来源、备注等，以便查找。

②底图禁止折叠存放，适宜平铺存放。通常是将底图装入大纸袋中平放在多层底图柜中封存，对于使用频繁的底图，可预先复制备份底图。

③为保证成套图纸的完整性，复制图一般复制两套。一套折叠装订存档。另一套折叠装入袋内供阅读。

④图纸存放过程中应注意防潮、防火、防晒。

⑤应注意保证图样的完整性，严格借阅制度。

（四）底图展平

底图受潮后纤维伸长，干燥后纤维收缩不均匀出现抽皱现象。抽皱的底图必须展平方可利用。展平的方式有以下几种。

1. 熨平法

将抽皱处的背面用水均匀喷潮，然后将图面向下铺平在光滑干燥的平台上，上面盖上一层纸，用温热电熨斗熨平。

2. 晒图机压平

将抽皱处的背面用水均匀喷潮，送入晒图机慢速滚压并烘干，一次压烘不平再压直伸平。

3. 压力机压平

底图大面积抽皱，可将背面喷潮，将其夹在两张一定厚度的垫纸之间，再用压力机加压一昼夜即可压平。

第二节　机械制图投影基础

一、机械制图投影基本知识

（一）投影法的概念

日常生活中常见物体被阳光或灯光照射后，在地面或墙面上出现物体的影子，这种自然现象就是投影。人们经过科学抽象，把光线称为投射线，地面或墙面称为投影面。图 11-5 中，过空间物体 $\triangle ABC$ 各顶点作投射线 SA、SB、SC，交投影面于 a'、b'、c' 点，每两点连直线即为 $\triangle ABC$ 在投影面上的投影。

上述这种用投射线通过物体，向选定的投影面投射，并在该面上得到图形的方法称为投影法。

（二）投影法的种类

根据 GB/T 14692—93（技术制图　投影法），投影法的种类有中心投影法和平行投影法。

1. 中心投影法

投射线汇交于一点的投影法称为中心投影法，如图 11-5 所示。中心投影法所得的图形大小随着投影面、物体和投影中心三者之间不同位置而变化。它立体感强，但

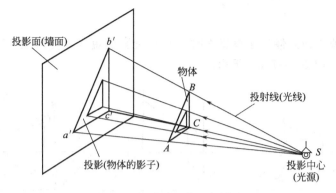

图 11-5　投影法（中心投影法）

不能真实反映物体的形状和大小，作图复杂。工程上常用这种方法绘制建筑物的透视图。机械图样很少采用。

2. 平行投影法

　　投射线相互平行的投影法称为平行投影法。按投射线与投影面是否垂直，平行投影法又分为正投影法和斜投影法两种。

　　（1）正投影法　投射线垂直于投影面，如图 11-6（a）所示。

　　（2）斜投影法　投射线倾斜于投影面，如图 11-6（b）所示。

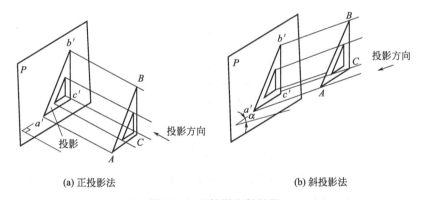

(a) 正投影法　　　　　　　　　　　　　(b) 斜投影法

图 11-6　正投影和斜投影

　　由于正投影能准确反映物体的形状大小，便于度量且作图简便，所以机械图样主要是用正投影法绘制的。

（三）几何要素的正投影特性

1. 真实性

　　当直线（或平面）平行于投影面时，则其投影反映实长（或实形）。这种投影性质称为真实性，如图 11-7（a）所示。

2. 积聚性

　　当直线（或平面）垂直于投影面时，则其投影积聚成一点（或一线）。这种投影

239

性质称为积聚性，如图 11-7(b) 所示。

3. 类似性

当直线（或平面）倾斜于投影面时，则其投影变短（或变形缩小）。这种投影性质称为类似性，如图 11-7(c) 所示。

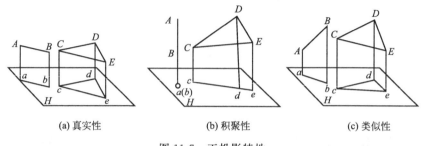

(a) 真实性　　　　　　　　　(b) 积聚性　　　　　　　　　(c) 类似性

图 11-7　正投影特性

（四）一角投影三投影面体系

1. 一角投影三投影面体系的建立

相互垂直的三投影面把空间分为八个区域，每个区域称为一个角，按图 11-8 所示排序。

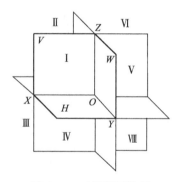

图 11-8　三投影面体系

我国国家标准规定机械图样采用第一分角画法。欧美、日本等国采用第三分角画法。本书下面所介绍的图样画法均为第一分角的投影。如图 11-9 粗实线所示。一角投影三投影面体系是由三个相互垂直的正立投影面 V（简称正面）、水平投影面 H（简称水平面）、侧立投影面 W（简称侧面）组成。投影面的交线称为投影轴，分别为 OX、OY、OZ。三投影轴的交点 O 称为投影原点。

2. 三投影面的展开

为了将物体的投影画在同一平面内，需将投影面展开，规定 V 面不动，H 面绕 OX 轴向下旋转 90°，W 面绕 OZ 轴向右旋转 90°，三个投影面便展成一个平面，投影面可视为任意大，故其边框线不必画出，如图 11-9 所示。

3. 体在三投影面内方向位置关系的确定

从 OY 轴的前端投射为正面投影，体的前面可见，后面不可见；从 OX 轴左端投

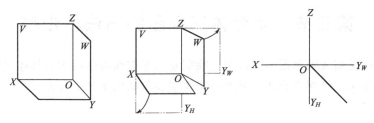

图 11-9　三投影面体系的展开

射为侧面投影，体的左面可见，右面不可见；从 OZ 轴的上端投射为水平投影，上面可见，下面不可见。

二、点、线、面、几何体投影

我们生活中的物体几乎都可以认为由点、线、面形成的几何体，我们把一个物体按照图 11-10 放置进行投影，然后把其投影按照下面一步步展开就形成了图 11-10(d) 这样的三视图。

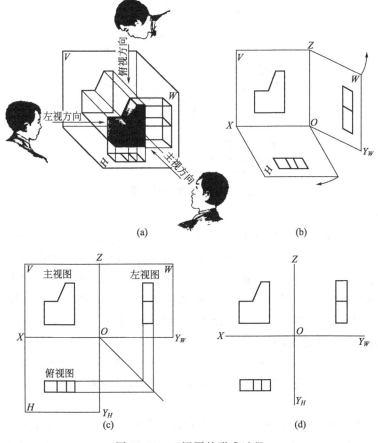

图 11-10　三视图的形成过程

241

第三节 组合体三视图的画法与步骤

绘制立体模型或轴测图的三视图，除需要掌握前面所学的内容外还应熟悉一般的画图步骤和方法。绘制组合体三视图的步骤主要包括以下几个方面。

1. 形体分析

画三视图之前，先作形体分析，把组合体分解成几块，弄清各块的形状、相对位置、体的组成及表面连接方式，然后再进行作图。

如图 11-11 所示支架，可假想分解为底板、凸台、支承板、圆筒四部分。支架前后对称，基本上属于叠加型组合体。各形体结合处表面连接情况为：支承板与底板前、后、右三个方向表面平齐，支承板左面与底板顶面垂直相交，支承板与圆筒左端面平齐，支承板前后两面与圆柱面相切，支承板的右面与圆柱面相交，交线为圆弧，凸台与底板及支承板表面均垂直相交。

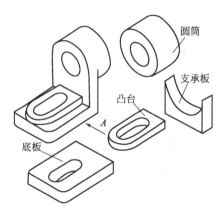

图 11-11 支架形体分析

2. 选择主视图

主视图是组合体最主要的视图，一般在组合体自然放置状态下，使它的对称面、主要平面、主要轴线与投影面垂直或平行，选择最能反映组合体整体形状物质特征及各部分相对位置的方向，作为主视图的投射方向。图 11-11 所示的支架在自然放置状态下，以箭头 A 所示方向作为主视图投射方向为最佳。另外，在选择视图时还应考虑：尽可能减少视图中的虚线；尽量使视图中的长度方向尺寸大于宽度方向尺寸。

3. 选择绘图比例和图纸幅面

根据组合体的大小，选定符合国家标准规定的绘图比例和图纸幅面。图幅大小应根据视图范围、尺寸标注、视图间空隙和标题栏等所需的面积而定。

4. 视图布置

每个视图画出两条作图基准线，用以确定视图在图纸上的位置，要使得视图间及周围空档适当、布置均匀。一般选择对称中心线、轴线、底平面及端面的积聚线作为基准线。

5. 画底稿图

按组合体各部分逐个画出三视图。通常是先画主要形体，后画次要形体；先画大形体，后画小形体；先画特征视图，再画其他视图；先画积聚性投影或反映实形的投影，再画另外投影；先画形体轮廓，再画形体细节；先画可见部分，再画不可见部分。画底稿图图线时各种图线均用很细、很轻的线条绘制，便于图线的修改。

6. 检查全图

完成底稿图后，应仔细检查全图，改正错画的图线，补齐漏画图线，擦去多余的图线。

7. 描深

按先描圆和圆弧、后描直线的顺序，根据国标规定的各种图线宽度，自上而下、从左到右加深图线，并注意同类线型应保持粗细、浓淡一致。

支架的画图步骤见图 11-12。

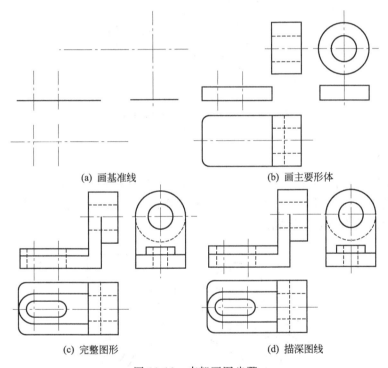

(a) 画基准线　　　　　　　　　　　　(b) 画主要形体

(c) 完整图形　　　　　　　　　　　　(d) 描深图线

图 11-12　支架画图步骤

第四节　机件的表达方法

一、视图

前面已说明了三视投影面的画法，这一节在此基础上再加三个投影面，这样就更

加清楚地表达机件的内外形状。这三个面分别是右视图、仰视图、后视图，如图
11-13所示。

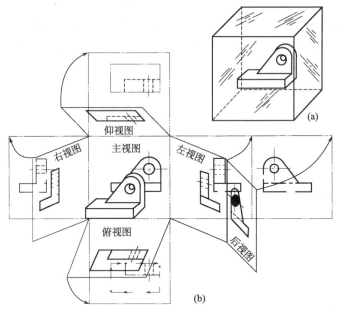

图 11-13　六个基本视图的形成及展开

二、剖视图

用视图表达机件内部结构时，图中会出现许多虚线（图 11-14）。由于视图上虚、实线交错重叠，往往影响图形的清晰，不利于看图。国家标准规定用剖视图的画法来解决机件内部结构的表达问题。

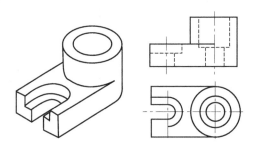

图 11-14　用虚线表示内部结构

剖视是假想用剖切平面切开机件，将处在观察者和剖切面之间的部分移去，而将其余部分向投影面投射所得的图形称为剖视图，如图 11-15 所示。

三、断面图

假想用剖切平面将机件的某处切断，仅画出剖切平面与物体接触部分的图形，这

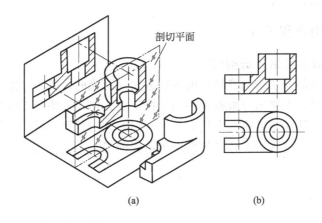

图 11-15　剖视图的形成和画法

种图形称为断面图，见图 11-16(a)、（b)。

断面图与剖视图的区别是：断面图只画出物体被切处的断面形状，而剖视图除了画出其断面形状之外，还必须画出断面后物体所有可见部分的投影，见图11-16（c)。

断面图分为移出断面图和重合断面图。

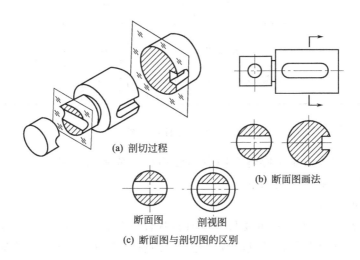

(a) 剖切过程

(b) 断面图画法

断面图　剖视图

(c) 断面图与剖切图的区别

图 11-16　断面图与剖切图

第五节　零　件　图

要制造机器就得先制造组成机器的每一个零件，再根据装配图将合格零件连同标准件、常用件组装成机器或部件，零件图则是加工制造、检验零件是否合格的唯一依据，用来表达零件的结构形状、尺寸大小和加工要求。零件图都应由图形、尺寸、技

245

术要求、标题栏四大部分内容组成。

一、零件图的构成和尺寸

（一）零件的图形由表达方法构成

零件的内、外部形状结构特征是由表达方法来完成的，其中，尤其对零件图的主视图选择更为重要，主视图应根据零件的结构形状、加工方法和工作位置来确定。主视图确定后，该零件还需要哪些表达方法（含视图、剖视图、断面图等）要看零件的结构复杂程度，在完整清晰表达零件的形体特征前提下，表达方法力求愈少愈好，如图 11-17 所示。

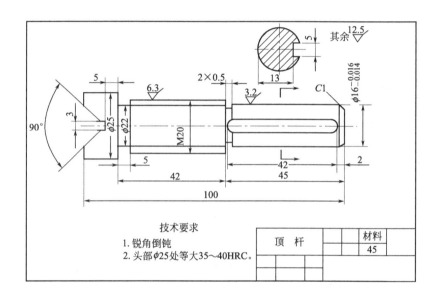

图 11-17　顶杆零件图

（二）零件的尺寸大小是由零件图中所标注的尺寸数字来决定

零件图的尺寸标注原则如下。

① 方便加工和测量。

② 方便看图。零件上的重要尺寸应直接标注，长、宽、高三个方向的尺寸基准选择应合理，一般选择零件的轴心线、底面、对称面作为该方向的尺寸基准。零件图的尺寸包含定形、定位尺寸和总体尺寸。见图 11-17。

二、零件图的技术要求

零件图上除应有完整表达方案和足够的尺寸外，还应有加工制造零件必需的尺寸精度、表面粗糙度、形状和位置精度、热处理及其检验、测试等方面的要求，否则，加工制造的零件不可能为合格。国家标准规定，这些技术要求常用规定的符号、代号或有关文字条目表示。

246

第六节 装　配　图

一、装配图的概述

(一) 装配图的作用

　　装配图是用来表达机器（或部件）各部分连接、装配关系的图样。装配图用来指导新产品的设计、机器（或部件）的装配、调整、检验、使用和维修等，它是设计部门提交给生产部门的重要技术文件。在设计、改造或测绘时，首先要绘制出装配图，然后再拆画零件图。装配图反映设计者的设计意图、指导生产及进行技术交流的重要技术文件。

(二) 装配图的内容

　　图 11-18 所示的是千斤顶的轴测图和装配图。装配图的内容包括以下四个方面。

1. 一组图形

　　用来表达装配体的工作原理、装配体的结构形状及零件的装配关系。

2. 必要的尺寸

　　用来表明装配体的规格、性能以及在装配、检验、使用时所需的必要尺寸。

3. 技术要求

　　用文字或符号说明装配体在装配、检验、调试、使用等方面的要求。

4. 标题栏与明细栏

　　标题栏中填写装配体的名称、序号、材料、数量及标准件的规格、标准代号等。

二、装配图的表达方法

　　在前几章中已经讨论了零件的表达方法，如视图、剖视图、断面图等，这些方法对装配体同样适用。但是，零件图表达的是单个零件，它侧重表达零件的结构形状、尺寸；装配图表达的是由较多零件组成的装配体，它侧重表达装配体的结构特点、工作原理及零件间的装配关系。两种图样侧重点不同，因此除了前面所学的机件的表达方法外，装配图还有它自己特殊的表达方法和规定画法。

(一) 规定画法

　　① 两个零件的接触表面（或相互配合的工作面），规定只用一条轮廓线表示，不能画成两条线。对于非接触表面（或非配合表面），不论其间隙多小，都必须画出两条线。

　　② 在剖视图中，相邻零件的剖面线方向应相反，或方向一致而间隔不等。在各视图中相同零件剖面线方向与间隔必须一致，当零件厚度小于 2mm 时，允许涂黑来代替剖面符号，如图 11-15 所示。

　　③ 对于一些标准件（螺栓、螺母、垫圈、键销等）和一些实心杆件（轴、杆），若被纵向剖切，且剖平面通过其轴线或对称平面时，这些零件均按不剖绘制。

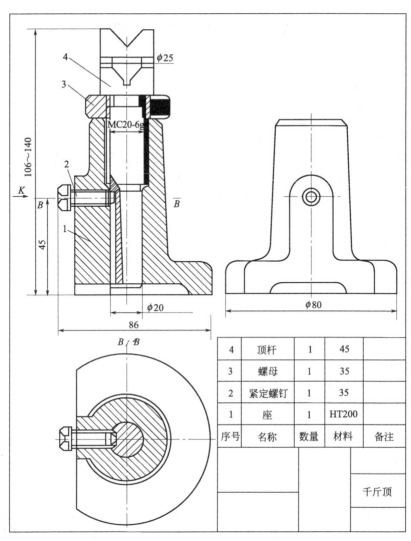

4	顶杆	1	45	
3	螺母	1	35	
2	紧定螺钉	1	35	
1	座	1	HT200	
序号	名称	数量	材料	备注
				千斤顶

图 11-18　千斤顶

（二）特殊画法

1．拆卸画法

拆卸画法的含义有以下两条。

① 当某些零件在装配体中的位置和连接关系已经在某一个视图中表达清楚时，为了避免遮盖其他零件的投影，在其他视图上可假想拆去这些零件不画。

② 在装配图中，可假想沿某些零件的结合面剖切，将观察者与剖切面之间的零件拆掉，然后进行投影，但要注意，在零件结合面上不画剖面线，被切部分必须画出剖面线。将某些零件拆卸后绘制，需要加以说明，在图形上方注明"拆去××等"。

2．假想画法

为了表示与本部件有装配关系但又不属于本部件的相邻零部件时，可采用假想画法，用双点划线将其他相邻零部件画出。

思 考 题

1. 根据 GB/T 14689—93，《技术制图》对图纸幅面尺寸和图框格式做了哪些方面的规定？

2. 根据 GB/T 14690—93，比例的表示方法有哪些？

3. 根据 GB/T 14691—93，图样上和技术文件书写字体必须做到哪些方面的要求？

4. 根据 GB 4457.4—84，举例说明《机械制图》规定了各种图线的名称、形式、宽度以及图线的应用。

5. 根据 GB 4458.4—84，尺寸由哪几部分组成？

6. 根据 GB/T 14692—93（技术制图　投影法），投影法的种类有哪些？

7. 说明几何要素的正投影特性有哪些。

8. 简述绘制组合体三视图的步骤。

9. 零件图都应由哪些内容组成？

10. 装配图的内容包括哪些方面？

参 考 文 献

[1] 田呈瑞，张福新. 软饮料工艺学 [M]. 西安：陕西科学技术出版社，1994.

[2] 莫慧平. 饮料生产技术 [M]. 北京：中国轻工业出版社，2005.

[3] 李里特. 粮油储藏加工工艺学 [M]. 北京：中国农业出版社，2002.

[4] 朱蓓薇. 饮料生产工艺与设备选用手册 [M]. 北京：化学工业出版，2003.

[5] 肖旭霖主编. 食品机械与设备 [M]. 北京：科学出版社，2006.

[6] 陈斌主编. 食品加工机械与设备 [M]. 北京：机械工业出版社，2008.

[7] 无锡轻工业大学，天津轻工业学院编. 食品工厂机械与设备. 北京：中国轻工业出版社，1981.

[8] 胡继强主编. 食品机械与设备 [M]. 北京：中国轻工业出版社，2005.

[9] 崔健云主编. 食品机械 [M]. 北京：化学工业出版社，2007.

[10] 中国机械工程学会设备与维修工程分会《机械设备维修问答丛书》编委会编. 输送设备维修问答 [M]. 北京：机械工业出版社，2004.

[11] 宋人楷，姜深，姜大伟主编. 食品机械设备的修理、维护与使用 [M]. 长春：吉林摄影出版社，2000.

[12] 刘晓杰主编. 食品加工机械与设备 [M]. 北京：高等教育出版社，2004.

[13] 雒亚洲，鲁永强，王文磊. 高压均质机的原理及应用 [J]. 中国乳品工业，2007，35（10）：55-58.

[14] 周文华. 粉碎机的常见机械故障及处理方法 [J]. 南方农机，2007（6）：36-37.

[15] 郑国伟，文德邦. 设备管理与维修工作手册 [M]. 长沙：湖南科学技术出版社，1989.

[16] 张军合主编. 食品机械与设备 [M]. 北京：化学工业出版社，2007.

[17] 农产品加工机械教研组. 农产品加工机械与设备 [M]. 北京：北京农业工程大学，1990.

[18] 章建浩. 食品包装学 [M]. 南京：江苏科学技术出版社，1994.

[19] 刘晓杰. 食品加工机械与设备 [M]. 北京：高等教育出版社，2004.

[20] 袁巧霞，任奕林. 食品机械使用维护与故障诊断 [M]. 北京：机械工业出版社，2009.

[21] 邱竟. 寻找差距学习先进勇于创新提升水平——对我国未来食品包装机械和包装技术发展的思考. 中国包装 [J]，2008，28（3）：1-2.

[22] 章建浩. 食品包装学 [M]. 南京：江苏科学技术出版社，1994.

[23] 许学勤主编. 食品工厂机械与设备 [M]. 北京：中国轻工业出版社，2009.

[24] 高海燕主编. 食品加工机械与设备 [M]. 北京：化学工业出版社，2008.

[25] 陈树国主编. 机械制图 [M]. 北京：机械工业出版社，2003.

[26] 宋志丹主编. 机械制图与计算机绘图 [M]. 北京：中国计量出版社，2006.